DAXUESHENG XINLI JIANKANG JIAOYU

大学生心理健康教育

丁新胜　主编

河南大学出版社
·郑州·

图书在版编目(CIP)数据

大学生心理健康教育/丁新胜主编. —郑州:河南大学出版社,2012.3(2013.9 重印)
ISBN 978-7-5649-0688-7

Ⅰ.①大… Ⅱ.①丁… Ⅲ.①大学生—心理健康—健康教育 Ⅳ.①B844.2

中国版本图书馆 CIP 数据核字(2012)第 046835 号

责任编辑 廖尚可 胡志宇
责任校对 刘利晓
封面设计 高清华

出　版 河南大学出版社
地址:郑州市郑东新区商务外环中华大厦 2401 号
邮编:450046
电话:0371—86059712(高等教育出版分社)
　　0371—86059715(营销部)
网址:www.hupress.com
排　版 郑州市今日文教印制有限公司
印　刷 郑州海华印务有限公司
版　次 2012 年 3 月第 1 版
印　次 2013 年 9 月第 3 次印刷
开　本 787mm×1092mm 1/16
印　张 15
字　数 356 千字
定　价 28.00 元

前　言

大学阶段是人才成长发展的重要阶段，大学生是高级人才的预备队。从个体发展的角度看，大学生正处于青春期向成年期的转变过程，这一特点决定了大学生活将是个体逐渐走向成熟、走向独立的重要历程。大学期间，每一个学生都将面临着一系列的人生重大课题，如专业知识储备、智力潜能开发、个体品质优化、思想道德修养、求职择业准备、交友恋爱等等。而这些人生课题的完成，与大学生的身心发展有着密切的关系。由于大学生的心理发展尚未完全成熟，自我调节和自我控制的能力还不强，加上对环境变化难以适应，因此，常常出现内心矛盾冲突，造成心理发展不平衡，带来不适感、焦虑感、压抑感等消极心理体验。如果这些消极体验长期积累得不到缓解、调节，就容易出现心理障碍，轻则影响到正常的学习与生活，重则导致心理疾病，影响以后的发展。因此，《中共中央国务院关于进一步加强和改进大学生思想政治教育的意见》（中发[2004]16 号）中明确指出：加强和改进大学生心理健康教育是新形势下全面贯彻党的教育方针、推进素质教育的重要举措，是促进大学生健康成长、培养高素质合格人才的重要途径，是加强和改进大学生思想政治教育的重要任务。教育部办公厅专门印发了《普通高等学校学生心理健康教育课程教学基本要求》（教思政厅[2011]5 号），进一步对大学生心理健康教育的课程设置、教学目标、教学内容、教学模式、教学方法及教学评估提出了明确而具体的要求。

为深入贯彻教育部的文件精神，依据《普通高等学校学生心理健康教育课程教学基本要求》，我们组织了南阳师院校级精品课程《大学生心理健康教育》（丁新胜主持）和南阳师院校级教研课题《大学生心理健康教育教学内容优化研究》（马福全主持）的参与人员，经过几个月的挑灯夜战，终于完成了本书的写作。参加编写的主要人员有：丁新胜、刘霄、马福生、杨红、王新民、孟小红、张香敏、李天志、曾宪言，其中丁新胜教授、刘霄教授、马福全副教授负责了全书的策划、组织与统稿工作。

本书在内容的编写上体现了如下特点：一是全面性。以全面提高大学生的心理素质为目标，内容涉及自我意识、人格发展、情绪管理、人际交往、恋爱、学习、职业规划等方面。二是针对性。针对大学生心理发展的特点而编写，所涉及的内容既可教学又适合自学。三是实用性。书中附有相应小专栏，可供学生知识拓展和自我测试，从而更好地了解自己。

本书在编写过程中引用了众多专家学者的研究成果，在此表示诚挚的感谢！

由于编写者水平有限，书中难免会有一些错误和不当之处，还望各位读者批评指正。

编者

2011 年 12 月 26 日

目　录

第一章

大学生心理健康教育导论

学习目标：

◆ 了解大学生心理发展的基本特点。
◆ 了解影响大学生心理健康的主要因素。
◆ 理解并掌握大学生心理健康的标准。
◆ 了解大学生心理健康教育的途径和方法。

她们的心理健康吗

走进大学校园的文文有3位来自不同地区的室友：章兰、伍娟和龙欣。刚到大学不久，文文和另外两个同学都发现了一个问题：同宿舍的章兰总是独自活动，也不太愿意和大家交流，有时候还会看到她独自落泪。文文和两个伙伴不免嘀咕起来，文文说："她一定是有病，要不然为什么不和大家一起活动？"伍娟说："不要乱猜，也许是刚来大学，还没有适应大学独立的生活。"龙欣说："也许她心理不健康，不然为什么老是哭哭啼啼的，问她又不说。"

章兰的心理健康吗？你是如何判断的？大学生的心理发展特点有哪些？又会有哪些常见的心理困惑？

第一节　大学生心理发展特点

大学生是一个特殊的群体，既有与其他群体的相似性，又有群体自身的特殊性。这一阶段的个体生理发展已基本完成，具备了成年人的体格以及各种生理功能。但在心理上尚未成熟，社会认知、情感、自我意识、性意识等方面仍需进一步发展。所以，了解大学生心理发展的特点，是大学生提高自身心理素质、促进心理健康的基础。

一、大学生生理发展特点

我国的大学生18岁左右进校，23岁左右毕业，正处于青年中期。李大钊先生讲："青年者，人生之王，人生之春，人生之华也。"

青年在这一时期的生理特点主要表现在体、力、脑、性四个方面的巨大变化：

体，突出地体现在身高和体重的急剧变化。人一生有两次生长高峰，一是出生到周岁，这一时期身高可增加50%，体重可增加一倍。第二个高峰是青年期，男青年平均每年身高长3至4厘米，平均增长45厘米，体重平均每年增加3～4公斤，平均增长35公斤；女青年平均每年身高长3厘米，平均增高25厘米，体重平均每年增加2～3公斤，平均增长25公斤。迅速的成长使青年人骨骼粗壮，肌肉发达，在体形上挤入了成人的行列。

力，青年期生命力处于最旺盛时期。身体的各系统、器官全面发展，内部机构、机能最发达、完善。心脏的重量猛增至出生时的10倍，肺活量达4800毫升，食欲极佳，胃肠容量达到最大，体温、脉搏、呼吸、血压发生明显变化，脑垂体加快各种激素的分泌，新陈代谢处于最佳状态。青年人充满了生机和活力。

脑，大脑和神经系统处于最发达状态。脑重量达到极值，脑的神经细胞的分化机能达到成人水平，大脑的第一和第二信号系统的功能已经完善。由于大脑的发达和完善，使得青年人能够理智地走向社会。

性，青春期是性萌发和性成熟最神秘、最敏感的时期。第一、第二性征突出变化，男女性别差异明显。在青年中期，个体的生理发育已接近完成，已具备了成年人的体格及种种生理功能，故又称此阶段为性成熟期。

青年时期的体、力、脑、性四方面的巨变，为青年的心理变化提供了良好的物质基础。

二、大学生心理发展的主要特点

人的成熟，应具备以下三个基本条件：第一是身体的成长。以个体生理成熟为标志，尤其是以性成熟为重要指标。第二是心理发展完善。即形成了完善的自我意识和稳定的个性。第三是社会化程度的提高。以人的社会成熟为标志，即个体对自己在社会中的角色和所担负的社会责任有正确的认识。

大学生的生理已基本成熟，但在心理发展、社会化程度上还有待于发展与完善。而且，整个大学阶段，大学生通过学习、生活、参加各种活动来促使心理成熟和社会成熟。大学生心理发展的主要特征可以概括为以下几方面。

（一）自我意识的增强和认知能力发展的不成熟

自我意识是指人对于自己、自己与他人、自己与社会三者关系的认识，包括自我认识、自我评价、自我控制和自我体验等。大学阶段是自我意识迅速发展并趋向成熟的阶段。大学生自我意识的增强主要表现在以下几方面：

1. 自我认识更具有主动性。大学生注重对自己的体察和分析，探索自己微妙的内心世界，力图理解自己的情感、心理变化，自觉、主动地从各方面了解自己，塑造自己的形象。

2. 自我评价开始逐渐与实际相符合。大学生的自我评价不再完全依赖于他人的评价，表现出较明显的独立性和自主性。

3. 自我体验具有丰富性。大学生自我体验的基调是积极健康的，倾向于热情、憧憬、自信、舒畅、紧张、急躁等。

4. 自我控制有所增强。一方面大学生自我设计的愿望强烈，能够根据所学专业和以后将要从事的工作来规划自己的学习生活，确立自己的奋斗目标，不断激励自我修养、自我锻炼；另一方面大学生具有强烈的独立倾向。

大学校园宽松自由的环境允许大学生较大程度上自主地安排自己的生活，加上大学生所处的独特的社会层次及较高的文化素质，往往喜欢独立地观察和思考事物，独立地提出对事物的看法与见解，自制与自立性提高。尽管大学生的自我意识在增强，但是由于认知能力发展的限制，在自我评价上存在片面性，要么过高，要么过低；对于事物的见解和看法往往带有幻想的色彩，不能切合实际；自我体验存在波动性、敏感性。

（二）情感丰富而不稳定

大学生是一个处于成长中的、极其敏感的群体，其内心体验极其细腻与微妙，对于与自身有关的事物往往体察得细致入微。随着文化层次的提高，生活空间的扩大，社会性需要的增多，特别是对爱情的渴望与追求，使其情感变得日益强烈而丰富。同时大学生的情绪调控能力也由弱变强，大多数人的内心体验渐趋平稳。

由于大学生心理发展滞后与生理成熟、价值观念尚不稳定以及追求的独特性，使得大学生在受到内心需要和外界环境影响的强烈刺激下，情绪容易产生波动而表现出两极性，既可能在短时间内从高度的振奋变为十分消沉，又可能从冷漠突然变为狂热，乃至造成消极的后果。其学业、生活、人际关系等都可能引起情绪变化与冲突。

（三）性意识的发展

大学生的生理发育已基本完成，所以性意识的明朗化与进一步发展都是正常的。而且大学校园环境的宽松与自由，为大学生提供了充分与同龄的异性进行接触的机会，因此性意识的发展以及与之相伴而来的恋爱问题成为大学生心理发展过程中的重要内容。一方面，性意识的发展带来强烈的按照性别特征来塑造个性和形象的精神向往；另一方面，性意识的发展也带来了对异性的倾慕与追求。但是这种愿望与大学生不善于处理异性之间的关系，或者与其经济地位和心理成熟度不能应付这种问题相冲突，进而带来焦虑、困惑与烦恼。

（四）智力发展达到高峰

大学生通过专业训练和系统学习，其抽象逻辑思维，尤其是辩证逻辑思维得到了迅速、充分的发展，逐渐在思维活动中占据了主导地位，使其智力水平大大提高，分析问题、解决问题的能力也有所增强。此外，大学生的智力层次含有较多的社会性和理论色彩，这一显著特点，使青年人心理活动的内容得到极大的丰富。

（五）社会需求迫切

大学生在四五年或更长的时间内，学习、生活在一个特殊的“社会生活环境”里，导致其和社会存在一定的距离。正因为如此，他们渴望加入社会的愿望也更为迫切。即使在校园里，他们也在关注着社会，评判着各种社会现象，并希望自己加入进去，按照自己的意愿改变各种令人不满的现象，用自己的专业知识服务于社会，体现自己的力量，实现自己的价值。这种迫切的社会需求与大学生正在形成的价值观相互作用，是其将来走向社会的重要依据。

三、不同年级大学生的心理特点

随着大学生年级的升高，其心理发展在不同年级表现出了不同的特点。

（一）低年级大学生的心理特点

一年级的大学生主要面临着如何适应新的环境、建立新的结构、实现新的心理平衡的心理问题。由于大学的生活环境、生活方式、人际关系、学习方式与方法以及管理方式较之中学阶段发生了巨大变化，使一年级的大学生入学后产生了一系列心理矛盾。

1. 自豪感与自卑感的交织

大学生往往是同龄人中的佼佼者，带着中学教师的赞誉、同学的羡慕、家长的喜悦走进了大学校园，难免有些自豪的感觉。但是经过一段时间的相互比较，逐渐地发现自己原来在中学的那种优势已不复存在，摆在自己面前的是一种重新分化、改组的严重局面。过去很少经历的失败与挫折的痛苦，现在却不断出现，造成其自信心直线下降，自豪感与优越感受到冲击，产生了自卑感。

2. 新鲜感与恋旧感的交织

进入大学之前，大学生往往把大学看得过于神秘，甚至看作“理想的天堂”、“生活的乐园”。进入大学后，新的环境、新的师友、新的学习内容等展现在面前，产生了一种说不出的新鲜感。然而熟悉后，发现现实中的大学与理想中的不一样，于是想家、留恋中学生活和朋友的念头就会接踵而来，甚至经常沉浸在对过去的回忆之中。这样，新鲜感与恋旧感交织在一起，造成心理上的冲突。

3. 轻松感与被动感的交织

经过激烈的高考竞争，高中几年的拼搏总算有了安慰，胜利后的轻松感油然而生。同时，大学校园宽松的环境、自主的管理方式也都使低年级的大学生产生轻松的感觉。但是轻松之余，大学生对于自己如何安排生活、学习、娱乐却感到茫然失措，学习上穷于应付，让作业、课程拖着走，生活上缺乏条理，不会安排时间，具有很大的被动性，导致内心紧张、焦虑。总之，低年级的大学生在心理上一般还具有依赖性、盲目性、理想化等特点，这些心态的存在，正是难以适应大学生活的一种具体表现。

（二）中年级大学生的心理特点

随着对大学环境的适应、年龄的增长和知识的加深，大学生活变得全面、丰富和深入起来。低年级阶段的单纯和盲目明显减少，大学生逐渐变得复杂、独立、有主见、喜欢表现自我，同时出现多层次的分化。具体地说，这一阶段的大学生具有以下共同特点。

1. 世界观、人生观逐渐趋于稳定与定型

大学生喜欢思考人生，一方面是思维、自我意识的发展已经达到一定的水平；另一方面是所学的专业已经与社会需要有一定的联系。低年级大学生对专业的了解和专业所指向的社会任务基本上是感性的认识，因而对人生的思考也比较简单，世界观、人生观只是初步确立。随着心理发展的不断成熟，专业学习的不断深入，兴趣的不断扩大，到大学中年级时，世界观、人生观才开始渐趋稳定。一般来说，这个阶段的大学生都有了比较明确的奋斗目标，而且对如何实现这个目标也有了比较切合实际的思考。尽管如此，大学生和成人相比还具有可塑性。

2.学习目标和态度出现了差异

中年级的大多数大学生逐渐有了明显的专业方向，在心目中已经形成了职业定向，对未来的考虑较多。因此，学习目标明确，学习动机强，学习态度认真，为将来目标的实现做着充分的准备。当然，也有一部分大学生由于多种原因变得胸无大志，思想没有压力，造成学习没有目标，学习无动力，不求有功、只求无过。所以到了中年级，大学生的学习状态出现明显的分化。

3.思想最活跃，兴趣爱好最广泛

中年级的大学生，既无新生的不适应，又无毕业的压力，学习、生活正在向深入和丰富发展，所以是大学阶段思想最活跃、兴趣爱好最广泛的群体。他们积极参加学校的各种社团，关注各类社会发展问题，多种途径地猎取知识，从而增长见识，扩大业余文化生活阵地，培养自己广泛的爱好与兴趣，并发展自己的中心兴趣。当然，这种中心兴趣一般来说与自己的专业学习有密切的关系，而且随着专业知识的扩大与加深，专业兴趣也会逐渐集中、稳定，甚至成为终身兴趣。

4.友谊关系日益加深，独立能力日益增加

随着年龄的增长和能力的提高，到大学中年级时，学生已逐渐适应大学的生活环境，独立生活的能力普遍增强了。由于同学间相互了解的加深，他们开始建立起比较稳定的友谊关系。共同学习，一起进行社会服务、社会调查、社会咨询等活动，又促进了独立能力和友谊关系的进一步发展。

（三）高年级大学生的心理特点

高年级大学生的学业已接近完成，掌握了基础课与大部分专业课的内容，面临着毕业和职业的选择。因此，在心理上表现出如下特点。

1.紧迫感

临近毕业的高年级学生，容易思考两样问题：一是对以往大学生活的回顾，二是对未来发展方向的设想。回顾过去，感觉有好多事没做，好多知识没有学，而对未来又感到不踏实，于是产生了一种紧迫感。因此，高年级大学生都显得非常忙，一方面抓紧时间学习，另一方面追踪各种信息，为就业做准备。

2.责任感

由于走向社会将成为现实，因而绝大多数高年级的大学生对社会政治、经济生活中的重大事件更为关心，并容易把这些事件和个人未来的发展联系起来。特别是市场经济的发展，使高年级大学生的社会责任感明显高于其他年级，他们不再像过去那样高谈阔论、指手画脚，面对理想与现实的矛盾，能从历史发展的观点、从社会的根本利益着眼，考虑主观与客观、个人与社会的关系，具有一定的社会责任感。

3.忧虑感

高年级大学生最关心的就是毕业后的去向，围绕着就业，许多人产生了忧虑感。往往担心工作地方、单位、岗位不理想，影响自己的奋斗目标；担心专业不对口；担心工作不符合自身的特点；担心自己找工作无“门路”等等。这些忧虑直接导致大学生产生两种行为：一是毕业竞争，大家都希望实现自己的工作愿望；二是肯定性的自我评价突出，很少有人说自己不行。

总之，大学生不同年级所具有的特点，可以使教育者有目的地帮助和指导不同年级大学生的心理素质得到发展，促进大学生的心理成熟。同时，也可以使大学生依据不同年级的心理特点，有针对性地提高自己，形成良好的心理素质。

第二节　大学生心理健康标准

一、什么叫心理健康

长期以来，一提到健康，人们自然而然就会想到身体上没有疾病，但随着时间的推移，人们对健康的理解已有了很大的拓展。世界卫生组织（WHO）在1948年提出，健康是一种生理、心理与社会适应都臻于完满的状态。由此可见，健康既包括生理健康，又包括心理健康，心理健康和生理健康密切相关。

专栏1－1

心理健康与生理健康的关系

美国生理学家爱尔马为了研究心理状态对健康的影响，设计了一个很简单的实验：把一支玻璃试管插在有冰水的容器中，然后收集人们在不同情绪状态下的“气水”。结果发现，当一个人心平气和时，呼出的气溶于水后是澄清透明的；悲痛时水中有白色沉淀；生气时有紫色沉淀。他把人在生气时呼出的“生气水”注射到大白鼠身上，几分钟后大白鼠就死了。由此他分析：生气10分钟会耗费人体大量精力，其程度不亚于参加一次3000米赛跑。生气时生理反应十分强烈，分泌物比任何情绪都复杂，都更具有毒性。因此动不动就生气的人很难健康。所以他告诫：人尽量不要生气，母亲切勿在生气时或刚生完气时给孩子喂奶，因为这时母体分泌的乳液是有毒的。

心理健康与生理健康相互影响，相互作用。首先，生理健康是心理健康的重要条件。主要体现在两个方面：第一，生理健康状况影响一个人的日常生活，从而影响其心理健康。研究表明，先天生理缺陷者的心理健康水平总体上低于普通人。第二，生理状态的改变会影响人的心理状况。如人在心情愉悦时，感到身体舒适，充满活力；在悲痛抑郁时，感到四肢无力，虚弱不堪；感冒生病时心情不好，运动娱乐时开心愉快。其次，心理健康对生理健康有重要的反作用。《黄帝内经》中，早就有“怒伤肝、喜伤心、忧伤肺、思伤脾、恐伤肾”的记载，说的是经常发怒会影响肝脏的功能，而狂喜则会损伤心脏，忧愁和焦虑会损伤肺部，思念会损伤脾脏，恐惧会影响肾脏功能。一个人如果长期处于紧张、焦虑、忧愁和愤懑的心境下，久而久之就会导致胃炎、胃肠溃疡等消化性疾病。相反，即便出现严重的生理疾病，如果保持积极乐观的心态，则会使病情朝好的方向发展。

对于生理健康的概念，人们已经有所了解并达成了基本统一的认识。但什么是心理健康呢？学术界存在着不同的见解。

归纳起来，心理健康的概念可分为4个方面。

一是经验的观点，即当事人按照自己的主观感受来判断自己的健康，研究者凭借自己的经验对当事人的心理健康进行判定。假如心理发展上没有任何异常或疾病，即可视为心理健康。总体上讲，这种观点将健康与疾病区分开来，有一定合理性，但忽视了健康与疾病没有泾渭分明的界限，且缺乏科学依据，仅凭个人经验判断心理健康与否具有一定的风险。

二是社会适应的观点，以能否适应社会生活环境为标准，如果能良好地适应社会生活环境，保持与周围人群和谐相处，就是心理健康。例如，精神病学家孟尼格尔认为，心理健康是指人们对于环境及相互之间具有最高效率以及快乐的适应情况。不只是要有效率，也不只是要能有满足感，或是能愉快地接受生活的规范，而是需要三者的同时具备。心理健康者应能保持平静的情绪，有敏锐的智能，适于社会环境的行为和令人愉快的气质。这种观点强调了社会适应是个体心理健康的重要标志，但忽略了心理健康概念所蕴含的价值取向，即“适应谁”、“适应什么群体”。如果是适应希特勒的要求，或适应一个犯罪群体的规范，那么，则很难说这个人的心理是健康的。

三是统计学的观点，依据对大量正常心理特征的测量取得一个常模，把当事人的心理与常模进行比较，合乎常模的即心理健康，否则为心理不健康。这种观点看到心理健康概念包含着与常态、特别是与个体所处的年龄阶段等一致的内容，有其合理的一面，但却把一些本属健康的非常态（如超常儿童、天才等）排斥在心理健康的范围之外，显然有失偏颇。

四是发展性的观点，即将心理健康定义为个人身心潜能的充分发挥，或将心理健康定义为个体沿着其生命的最高境界——自我实现或全面发展的轨道顺利发展的过程。如在第三届国际心理卫生大会上，心理健康被定义为“在身体、智能以及情感上与他人的心理不相矛盾的范围内，将个人心境发展成最佳的状态”。心理学家英格里斯认为，心理健康是指一种持续的心理情况，当事者在那种情况下能进行良好的适应，具有生命的活力，并能充分发展其身心的潜能。这乃是一种积极的状况，而不仅仅是免于心理疾病。人本主义心理学家马斯洛将心理健康定义为，心理的健康与否，可以并应该通过人性的现实化程度予以揭示，在动机上，成熟的状态可以描述为超动机的或非动机的，或描述为自我实现的、存在的、表现的而不是获得的；在认知能力、爱的能力上，成熟的认知是存在认知，成熟的爱为存在爱、目的爱；在行动上，当人性充分成熟——即自我实现之时，其行动则更主要是一种无动机的表现性行为。这种观点看到了心理健康与人的正常、全面的发展的关系，比较全面、准确，但对于什么是人的全面发展，全面发展的人有着什么样的标准等，仍存有许多可深入探究之处。

综合各家的观点，我们认为：心理健康就是指一种高效而满意、持续的心理状态。心理健康是人的基本心理活动协调一致的过程，即认识、情感、意志、行为和人格完整协调，能顺应社会，与社会保持同步的过程。

二、大学生心理健康的标准

与对心理健康的本质理解一样,有关心理健康的标准,也众说纷纭。

1946 年,世界心理卫生联合会提出,心理健康的标准为:①身体、智力、情绪十分调和。②适应环境,人际关系中彼此能谦让。③有幸福感。④在工作和职业中,能充分发挥自己的能力,过高效率的生活。

心理学家坎布斯认为,心理健康者具有 4 种特质:积极的自我观念;恰当地认同他人;面对和接受现实;主观经验丰富,可供人们取用。

北京师范大学发展心理研究所林崇德教授则把学生面对的发展问题作为制定标准的前提,认为学生心理健康的具体标准可以概括为:敬业、乐群和自我修养。一是敬业。学生学习的心理健康表现在如下 6 点:成为学习的主体;从学习中获得满足感;从学习中增进体、脑发展;在学习中保持与现实环境的接触;在学习中排除不必要的忧惧;形成良好的学习习惯。二是乐群。学生处理错综复杂的人际关系的能力直接体现了其心理健康水平。学生在人际关系方面,心理健康表现为如下 6 点:能了解彼此的权利和义务;能客观了解他人;关心他人的要求;诚心地赞美和善意地批评;积极地沟通;保持自身人格的完整性。三是自我修养,即心理健康的人要了解自己并悦纳自己。主要表现在以下 6 点:善于正确地评价自我;通过别人来认识自己;及时而正确地归因并能够达到自我认识的目的;扩展自己的生活经验;根据自身实际情况确立抱负水平;具有自制力。

专栏 1-2

美国心理学家马斯洛提出的心理健康 10 条标准

1. 充分的安全感。
2. 充分了解自己,并对自己的能力作适当的评估。
3. 生活的目标切合实际。
4. 与现实环境保持接触。
5. 保持人格的完整与和谐。
6. 具有从经验中学习的能力。
7. 能保持良好的人际关系。
8. 适度的情绪表达与控制。
9. 在不违背社会规范的条件下,对个人的基本需求作适当满足。
10. 在不违背团体的要求下,能作有限度的个性发挥。

我们认为,大学生心理健康的标准,一方面应能反映大学生心理发展的最终目标或者反映出大学生正处于实现这一目标的道路上;另一方面也应该反映大学生的心理与行为特征符合大学生群体的要求。

因此,大学生心理健康的标准应从以下 8 个方面把握。

一是智力正常。智力即一般能力，是人们从事任何活动都必须具备的能力。智力正常一方面指大学生的智力发展水平符合年龄特征；另一方面指大学生能正常地、充分地发挥智力的作用：即有强烈的求知欲，乐于学习，能够积极参与学习活动。

二是情绪健康。情绪是人的需要满足与否的反映。心理健康的大学生情绪稳定，心情愉快，乐观开朗，富有朝气，对生活充满希望；善于控制与调节自己的情绪，既能克制又能合理宣泄；情绪反应与环境相适应并符合其年龄特征。

三是意志健全。意志是人在完成一种有目的的活动时，所进行的选择、决定与执行的心理过程。意志健全的大学生在行动的自觉性、果断性、顽强性和自制力等方面都表现出较高的水平，能适时地作出决定并运用切实有准备的方式解决所遇到的问题，在困难和挫折面前，能采取合理的反应方式，而不是盲目行动、畏惧困难、顽固执拗。

四是人格完整。人格指的是个体比较稳定的心理特征的总和。人格完整就是指有健全统一的人格，即个人的所想、所说、所做都是协调一致的。心理健康的大学生具有正确的自我意识，不产生自我同一性混乱，以积极进取的人生观作为人格的核心，并以此为中心把自己的需要、目标和行动统一起来。

五是自我评价正确。正确的自我评价乃是大学生心理健康的重要条件。心理健康的大学生能够恰如其分地认识自己，摆正自己的位置，既不以自己在某些方面高于别人而自傲，也不以某些方面低于别人而自惭；能够悦纳自己，喜欢自己，接受自己，能够正确处理理想与现实之间的关系。

六是人际关系和谐。人际关系即人与人之间的关系。心理健康的大学生在人际关系方面主要表现在：乐于与人交往，既有广泛而深厚的人际关系，又有知心朋友；在交往中保持独立而完整的人格，有自知之明，不卑不亢；能客观评价别人和自己，善取他人之长以补己之短，宽以待人，乐于助人，交往动机端正。

七是社会适应正常。社会适应是指个体能与客观现实环境保持良好互动关系。心理健康者能正确认识环境，以有效的办法应对环境中的各种困难，不退缩、不逃避，能根据环境的特点和自我意识的情况努力进行协调，或改造环境适应个体需要，或改变自己适应环境。

八是心理与行为符合大学生的年龄特征。大学生是处于特定年龄阶段的特殊群体，心理健康的大学生应具有与年龄和角色相符的心理行为特征。

在理解大学生心理健康的标准时，应当注意：

一是标准的相对性。一方面，大学生心理健康与不健康并无明显界限，而是一个连续变化的过程。大学生出现的许多心理问题，往往是发展性的问题，是特定年龄阶段必然出现，又随着年龄增长逐渐消失的，对多数学生而言，在人生的发展过程中面临心理问题是正常的，不必大惊小怪，而应积极加以矫正；另一方面，这一标准是针对大学生而言的，适用于大学生群体，除大学生之外的其他人群，并不完全符合这一标准。

二是整体协调性。健康人的心理活动是一个完整统一的协调体，这种整体协调保证了个体在反映客观世界的过程中的高度准确性和有效性。对于大学生心理健康与否的判断，也应从大学生整体上出发，某一心理活动的临时变化并不一定是心理问题的表现。

三是发展性。一方面，大学生面临的某些心理问题，是人在发展过程中不可避免的问题，其症状随着心理发展会自行消失；另一方面，心理健康的标准也会随着时代的发展而变化，不同时期所确定的心理健康标准有所差异。

专栏1－3

你的心理健康吗

根据自己的实际情况，在选项“A. 是，B. 无法确定，C. 不是”中选出和自己最接近的选项，填在后面的括号里。

1. 心情总是闷闷不乐，情绪善变。（　　）

2. 老是担心门没锁好，因而多次检查，甚至走了好远还拐回来看看。（　　）

3. 虽未患过恶性疾病，却一直担心会染上什么严重的疾病。（　　）

4. 容易脸红，害怕站在高处，害怕当众发言。（　　）

5. 由于关心呼吸和心脏跳动的情况而难以入睡。（　　）

6. 每天总是多次洗手，认为公用物品不洁而不敢使用。（　　）

7. 总是担心：“这样做是否顺利？”以致无法放手去做该做的事。（　　）

8. 有些奇怪的念头老是出现在脑海，明知这些念头很无聊，却又无法摆脱它。（　　）

9. 离开家门时，如果不从某只脚开始走，心里总是不安。改变床附近的东西就无法入睡。（　　）

10. 尽管四周的人在欢乐地玩闹，自己也觉得没什么意思。（　　）

11. 外界的东西犹如影子一样朦胧，见到东西无法清晰地回忆起来。（　　）

12. 总觉得父母和亲友最近对自己太冷漠，或者不知为什么总是很反感或产生强烈的孤独感。（　　）

13. 心中无端地产生“这个世界正趋于灭亡，新的世界即将开始”的感觉。（　　）

14. 总觉得有人在注意、凝视自己或者追赶自己。（　　）

15. 有时会产生被人左右或身不由己的感觉。（　　）

16. 常自言自语或暗自发笑。（　　）

17. 虽然没人却总觉得有声音，晚上睡觉时总觉得有人进入了房间。（　　）

18. 遭遇失败或与旁人不和谐时，会很敏感地觉得“我被人嘲笑”。（　　）

19. 当自己的权利稍稍受到侵害时就拼死力争。（　　）

20. 当东西丢失时，便不由自主地想到“大概是某某偷去的”；当受到领导批评时，立即会想到“一定是某某告密的”。（　　）

评分标准：是：2分。不确定：1分。不是：0分。

结果统计：1～11题作为A类题的总分

12～17题作为B类题的总分

18～20题作为C类题的总分

结果分析：A类题和B类题的得分都在4分以下：心理非常健康，神经也很正常。

5～7分之间：你的心理健康程度一般，可算是一个很正常的人。

8～10 分之间：表明你的神经有些疲倦，你最好设法减轻工作和学习压力，适当娱乐以调节生活而放松神经。

A 类题 11 分以上：可能会有神经衰弱的倾向，你需要关心一下自己的心理健康了。

B 类题 11 分以上：你有预防精神分裂的必要，最好请专业心理人员进行辅导，早些预防。

C 类题 4 分以上：有强烈的妄想倾向，最好到精神科做必要的精神检查。

第三节　影响大学生心理健康的主要因素

一、生物遗传因素

生物遗传因素是影响大学生心理健康的先天因素，指的是与遗传基因相联系的、人类个体与生俱来的内在因素，如机体的构造、形态，神经系统的解剖生理特征等。生物遗传因素对心理健康的影响主要表现为三个方面：一是由于先天的生理缺陷或遗传疾病造成的心理压力，影响个体心理健康状况。研究表明，与正常人群相比，身体残疾者的心理健康水平更低，多数人时常伴有抑郁、焦虑、压抑等不良情绪，这可能是因为生理缺陷导致他们无法正常地学习与生活、顺利适应社会环境所造成的。二是在社会比较中，因生物遗传因素引起的自卑感，影响个体心理健康状况。社会比较几乎无处不在，作为一种自我认识的手段，社会比较对个体的发展有重要作用，但同时，因社会比较引起的自卑感也是很普遍的。如有的人将自己的外貌、体型、体能等与他人相比，发现自己不如他人，产生自卑感。这种自卑感又会进一步影响其他心理功能的发展，进而影响其心理健康状况。三是由于生物遗传因素导致器质性的病变，影响个体的心理健康状况。生物遗传学研究表明，遗传因素是人类生理疾病的重要源头之一，如结核病、精神分裂症等，有些疾病难以治愈，有些疾病会在特定的年龄阶段出现，患者难以过上正常生活，其心理健康状况远低于普通人群。

二、家庭环境因素

个体从出生到死亡，都处于特定的家庭中，因而家庭环境因素是影响大学生心理健康的重要因素，主要包括家庭结构、家庭教养方式、家庭经济状况、家庭成员个人因素等。

不少研究表明，家庭结构对大学生心理健康有重要影响。一般来说，家庭结构又有几种类型：多子女家庭、独生子女家庭、单亲家庭、留守儿童家庭等。多子女家庭即子女人数在两人或两人以上的家庭，相较于独生子女家庭，在经济负担、学业前途等方面，其父母和子女都要承受更多的压力，心理健康水平略低。独生子女家庭则是父母对子女过分溺爱，子女容易养成不良的生活方式、面对困难与挫折时心理承受力低等。因父母离异而形成的单亲家庭，其子女心理健康水平总体上要低于普通家庭的子女，抑郁、焦虑、敌对等是其常见的心理问题。留守儿童是当前社会关注的焦点之一，据中央电视台报道，全国有留守儿童5800万，留守儿童的心理问题也受到越来越多的关注。实践表明，留守儿童由于存在众多可能影响心理健康的不良因素，心理健康状况总体上要略低于普通儿童，而且面对心理问题时，较少采用积极的应对策略。

家庭教养方式也称家庭养育方式，发展心理学一般将其分为4类：权威型、民主型、溺爱型、放任型。权威型的教养方式是一种传统的家长制教育方式，子女必须服从家长的权威，否则就会受到惩罚；民主型教养方式强调父母与子女之间的平等关系，父母充当的是参谋者、咨询者而非权威者、独裁者的角色；溺爱型的父母将子女看做"心肝宝贝"和整个家庭的中心，所谓的家庭"小皇帝"就是这种教养方式的直接后果；与溺爱型的教养方式相比较，放任型的父母则走到另一个极端，即完全置子女于不顾，漠不关心。研究表明，民主型的教养方式有利于个体的心理健康和全面发展，权威型次之，在溺爱型与放任型的教养方式下，子女的心理健康水平较低。

家庭经济状况也会间接影响大学生的心理健康。在市场经济环境下，大学学费成为与大学生密切关联的生活事件之一。一方面，部分学生家庭经济困难，无力支付学费和生活费，造成巨大的心理压力；另一方面，部分家庭富裕的学生，缺乏自我管理能力，在经济上铺张浪费。两相比较，贫困学生易形成负面的自我评价，常常有强烈的自卑感，而富裕学生则常常产生盲目的优越感。

此外，家庭成员个人方面因素也会影响大学生心理健康水平。如父母的人格、品德、受教育程度、职业等。父母是子女的第一任老师，父母的人格和品德往往在无意识的状况下投射到子女身上，人们常说的"有其父必有其子"指的就是这个道理。父母人格有缺陷，子女在人格发展中也可能会形成人格缺陷；父母品德不良，则可能使子女形成错误的人生观和价值观，间接地影响子女心理健康；父母的受教育程度也会影响子女心理健康状况，曾美英等在2008年通过对北京市6165名大学生的问卷调查发现，父母的文化程度为初中或初中以下文化的大学生心理健康水平最差；父亲或母亲为城镇无固定职业者会对大学生的心理健康产生极为明显的不利影响。

三、学校教育因素

学校是大学生学习与生活的主要场所，其校园环境、师生关系与同学关系、学习与就业、情绪情感问题、学校心理健康教育等对大学生的心理健康都有重要的影响。大学校园是大学生生活的主要场所，校园环境的优劣客观上影响着大学生日常学习与生活。有的大学地处闹市区，周围遍布网吧、餐饮、KTV娱乐场所，在为学生的学习生活提供便利的同时，也对部分学生产生极大诱惑，如使大学生沉迷于网络的虚幻世界、逃课去娱乐等。大学生活最重要的内容是学习，学习也成为诱发大学生心理问题的重要源头。

研究表明，在影响大学生心理健康的因素中，学业压力占据第一位，其次是感情、人际交往、就业。因学业压力导致心理问题的学生数量占据学生总数的近1/10。目前我国每年大约有30%的应届本科毕业生推迟就业，部分学生缺乏承受挫折的能力，被动消极，这在大学四年级表现最为突出。大学生就业压力也成为心理健康的重要影响因素之一。

师生关系与同学关系是大学生在学校的主要人际关系，也是大学生心理健康的重要影响因素之一。在良好的师生关系与同学关系中，大学生能够平等地和他人交往，积极沟通，表达自己的观点，能够及时有效地缓解人际关系中的矛盾，这类大学生学习、生活效率高，心理健康水平也高。相反地，部分大学生缺少人际关系策略，不适应大学的学习与生活，时常因人际关系处于紧张与焦虑状态而使心理健康水平低下。

大学生的情感具有丰富性和波动性的特点，对爱情的憧憬和性心理发育不成熟造成了恋爱与性方面的多种心理问题，比较突出的如失恋、婚前性行为等。多数学生在校期间有恋爱经历，部分学生有性行为发生。对失恋的不理性态度、性生理成熟与性心理滞后的矛盾等严重影响大学生心理健康状况。

学校心理健康教育也对大学生心理健康状况有直接影响。一方面，学校心理健康教育工作水平高，做到了实处，学生总体心理健康水平也会比较高。相反，学校心理健康教育工作滞后，学生总体心理健康水平会比较低；另一方面，心理健康教育工作有良好成效，学生心理问题和危机事件出现的几率相应会比较低。

四、自我调控因素

如果说生物遗传、家庭环境、学校教育是影响大学生心理健康的客观因素、外在因素，那么自我调控则是影响大学生心理健康的主观因素、内在因素。自我调控，即自我调节和自我控制，它与人的需要、动机、性格、气质、能力、期望等紧密地联系在一起。心理学研究表明，每个人的自我调控能力并不完全一致。一般来说，具备较强的自我调控能力的人，能够客观地分析自己，积极面对和正确处理日常生活中出现的各类问题，在成功与失败的归因上，不会把遗传或生理方面的局限视为阻碍个人发展的因素，能够形成良好的自我评价，并能有效地利用个人资源，发挥个人长处，努力地改变自己和完善自我。

综上所述，心理健康既受先天遗传因素的影响，又受后天环境因素的影响，但最重要的影响因素则是个体的自我调控因素，大学生应正确认识自己、积极评价自己、善于控制自己，不断提升心理健康水平。

第四节　大学生心理健康教育的途径和方法

一、大学生心理健康教育的原则

大学生心理健康教育的原则，是长期实践工作的规律概括和经验总结，是根据学校教育的特殊要求和心理健康教育的任务确立的，它是学校开展心理健康教育工作必须遵循的基本要求，对实际工作的开展具有指导意义。那么，当前学校心理健康教育到底有哪些必须遵循的原则呢？根据学校心理健康教育的现实状况和实际需要，我们认为教育性、全体性、差异性、主体性、整体性和保密性等是当前学校开展心理健康教育必须遵循的原则。

（一）教育性原则

是指教育者进行心理健康教育的过程中根据具体情况，提出积极中肯的分析，始终注意培养学生积极进取的精神，帮助学生树立正确的人生观、价值观和世界观。心理健康教育是社会精神文明建设的重要组成部分，要充分体现社会精神文明的特征，以及它的时代性和进步性。

（二）全体性原则

是指心理健康教育要面向全校所有学生，全体学生都是心理健康教育的对象和参与者，学校的一切教育，特别是心理健康教育的设施、计划、组织活动都要着眼于全体学生的发展，考虑到绝大多数学生的共同需要和普遍存在的问题，以绝大多数直至全体学生的心理健康水平和心理素质的提高为学校心理健康教育的基本立足点和最终目标。另外，面向全体的原则还基于大学生中存在的心理问题带有普遍性，其心理需求也具有共同性，所以心理健康教育可用集体的方式进行。当然，面向全体并不意味着一定要忽视个别。实际工作中，还要考虑，具体问题具体对待，使心理健康教育发挥最大效益。

（三）差异性原则

是指学校心理健康教育要关注和重视学生的个别差异，根据不同学生的不同需要，开展形式多样的、针对性强的心理健康教育活动，以提高学生的心理健康水平。人是有差异的，大学生也不例外，他们具有自己的个性特点，拥有不同的社会背景、家庭环境、生活经验和价值观念。学校心理健康教育不是要消除这些特点与差异，相反是要使学生的差异性、独特性最合适而完美地展示出来，也可以说，这是学校心理健康教育的精髓所在。

（四）主体性原则

是指学校心理健康教育要以学生为主体，所有工作要以学生为出发点，同时要使学生的主体地位得到实实在在的体现，把教师的科学教育、辅导和学生的积极主动参与真正有机地结合起来。主体性原则集中而直接地体现了学校心理健康教育的关键特征，主体性原则要求学校心理健康教育必须充分尊重学生的主体地位，充分发挥学生的主体作用。

（五）整体性原则

是指学校心理健康教育过程中，教育者要运用系统论的观点指导教育工作，注意学生心理活动的有机联系和整体性，对学生的心理问题作全面考察和系统分析，防止和克服教育工作中的片面性。学校心理健康教育追求学生人格的整体性发展，最终达到提高学生心理素质和整体素质的目的。所以学校心理健康教育工作，绝不能“头痛医头，脚痛医脚”，而应从个体心理的完整性和统一性，个体身心因素与外部环境的制约性、协调性等综合因素出发，全面把握和分析学生心理问题的成因，采用相应的教育与辅导对策。只有这样，才能使学校心理健康教育工作更富有成效，更有意义。

（六）保密性原则

是指学校心理健康教育过程中，教育者有责任对学生的个人情况以及谈话内容等予以保密，学生的名誉和隐私权应受到道义上的维护和法律上的保障。保密性原则是学校心理健康教育极其重要的原则，是鼓励学生畅所欲言和建立相互信任的心理基础，同时也是对学生人格及隐私权的最大尊重。

根据我国大学生身心发展特点，以及学校心理健康教育的目标任务和形式等，在开展学校心理健康教育实际工作过程中，以及具体贯彻学校心理健康教育原则时，既要保持严肃性，又要具有灵活性。经过大量的实践探索和经验总结，我们可以作出这样的概括：

要主动接触，不要坐等回避；要热心真诚，不要冷漠做作；

要耐心倾听，不要肆意打断；要讨论启发，不要武断灌输；
要实事求是，不要主观臆断；要积极疏导，不要压抑遏制；
要因人而异，不要千篇一律；要协同配合，不要孤军奋战；
要量力而行，不要盲目包揽；要自觉自愿，不要强迫要求；
要平等相待，不要居高临下；要了解尊重，不要猎奇侦讯；
要适度接纳，不要指责训诫；要自我领悟，不要包办代替；
要科学引导，不要说教指责；要力求内化，不要强迫变化；
要守信保密，不要随意张扬；要心悦诚服，不要令人屈从。

二、大学生心理健康教育的途径和方法

（一）实践法

1.开设心理健康教育和相关课程。以课堂讲授为主，对学生系统地讲授心理健康知识，如开设《大学生心理健康教育》、《大学生心理学》、《社会心理学》等课程；定期举办心理健康讲座，有针对性地宣传心理健康知识，如《新生心理适应》、《考试心理》、《如何走上社会——毕业生心理》等；开设心理训练实践课程，以训练学生心理行为为主，如《大学生行为指导》课程等。

2.通过学校的传媒手段普及心理健康知识。可利用大学生黑板报、校内交流刊物、广播、网络等，宣传心理学知识，造成声势，扩大影响。

3.发动学生自我教育，自我保健。成立大学生心理健康教育自助性组织，积极开展丰富多彩的心理健康教育活动（如心理健康教育周）、大型心理咨询活动，组织各类宣传活动、校园情景剧大赛，以及开展同龄人帮助活动，如朋辈咨询。

4.做好积极的心理干预。建立三级保健网络，即班级（学生保健员）—系级（班主任）—校级（心理中心）之间的联系，定期培训学生心理保健员和班主任，普及心理保健知识，以积极的预防保健为主。

（二）调查法

1.全面普查。开展新生心理普查，建立新生心理档案，掌握新生心理健康状况，为高校人才培养、德育工作提供依据；特殊的学生要给予跟踪关怀。

2.专题调查。为心理健康教育提供依据，如“大学生心理健康现状调查”，“贫困生心理状况调查”，“大学生睡眠状况调查”，“优秀大学生心理健康调查”等。

（三）访谈法

1.做好心理咨询。在帮助学生自我调节的同时，心理压力大的学生可以通过心理咨询的专业帮助，经过交谈、协商、指导、领悟，帮助学生达到自助的目的，走向健康。心理咨询可以采用个别咨询、团体咨询的方法，必要的可以进行心理治疗。

2.关注新生。对新生在心理普查的基础上，约请有关同学了解进校后的情况以及周围同学情况，以利于给予及时帮助。

3.集体访谈。走访年级导师、班主任，针对学生的普遍问题，采用开放式的问卷方式，开展小型心理健康讲座，进行集体访谈，帮助学生共同成长。

心理健康教育的途径和方法很多，要在实践的基础上不断地总结，不断地完善，不断地

提高。

课堂活动与体验

一、两人一组自我介绍

目的：初步相识。

时间：约 10 分钟。

准备：纸和笔；足够的空间；可以挪动的椅子，如折叠椅。

操作：指导者先让团体成员在房间里自由漫步，见到其他成员，微笑着握握手。给一定的时间让成员自然相遇，鼓励成员尽可能地与其他人握手。当指导者说“停”，每个成员面对或正在握手的人就成了朋友，两人一组，席地而坐，或拿折叠椅面对面坐下。指导者发给每人一张纸，写下自己的姓名，所属系、班级、宿舍，分别画上三项自己喜欢的和不喜欢的东西或事。每人 3 分钟自我介绍，然后漫谈几分钟。当对方自我介绍时，倾听者要全身心地投入，通过语言与非语言的观察，尽可能多地了解对方。

二、四人一组他者介绍

目的：扩大交往圈子，拓展相识面。

时间：约 10 分钟。

操作：刚才自我介绍的两个组合并，形成 4 人一组，每位成员将自己刚才认识的朋友向另外两位新朋友介绍，每人 2～3 分钟。

三、八人一组自我介绍

目的：进一步扩大交往范围，引发个人参与团体的兴趣。

时间：约 8～10 分钟。

操作：两个 4 人小组合并，8 人围圈而坐。从其中一个人开始，每人用一句话介绍自己。一句话中必须包含三个内容：姓名、所属、自己与众不同的特征。规则是：当第 1 个人说完后，第 2 个人(左边)必须从第 1 个人开始讲起，第 3 个人一直到第 8 个人都必须从第 1 个人开始讲起，即：

A：我是来自○○学校，性格○○的○○。

B：我是来自○○学校，性格○○的○○左边的来自◎◎学校，喜欢◎◎的◎◎。

C：我是来自○○学校，性格○○的○○左边的来自◎◎学校，喜欢◎◎的◎◎左边的来自□□学校□□的□□。

……

这样做能使全组注意力集中，相互有协助他人表达完整正确的倾向，而且在多次重复中，不知不觉地记住了他人的信息。

第二章

大学生的自我意识与培养

学习目标：

- ◆ 能够认识到自我发展的重要性。
- ◆ 了解并掌握自我意识的发展特点。
- ◆ 能够识别自我意识过程中的偏差及原因，并能够对其进行调适。
- ◆ 能够建立起自尊、自信的自我意识。

到底是谁打碎了我的梦想

我是一个来自于教师家庭的孩子，父母视我为“掌中宝”，在父母关爱的目光中成长，我的心是自由而轻松的，重点小学、初中、高中就读的经历使我坚信我是属于全国一流大学的。然而，由于高考的失误，虽然我进入了全国重点大学读书，却不是我梦想中的学校。在接到通知的那一刻，我哭得天昏地暗，第一次遭此重创使我几乎站不起来，我怕听到中学同学到名牌大学读书的消息，我担心自己的失败成为同学的笑料。当九月明媚的阳光照在开心的大学新生脸上时，我却丝毫也高兴不起来。本来想既来之则安之，而心中的结并没有解开。由于盲目的自信，确信高考成绩超出其他同学八十分的我完全有能力应对大学的学习，于是学习没有了动力，生活没有了目标，正如大海上漂浮的小舟，完全失却了原来的方向，在茫然徘徊中迎来了期末考试，我意外地收获了不及格的结果，我并没有认真反思自己，而是将这一切归咎于我没有考取理想的大学，归咎于命运的不公平。第二学期，百无聊赖的我又在网上找到了久违的自信与上进心，我那颗曾经不服输的心复苏了，但这次不是为学习而是为网络，我彻夜上网聊天打游戏，在游戏中体现虚拟世界的成功。可想而知，第二学期五门功课同时亮起了红灯，学位没有了，不用说梦想中的名牌大学，连大学生的资格也将丢失，谁把我的青春弄丢了？正在此时，学校发出了让我回家的指令。我真的非常懊悔，第一次深深自责，作为我们家庭的第一位大学生，我辜负了家长厚重的期望，作为重点高中的学生，我对不起培养我的老师，更重要的是我有负于自己的年华，此刻，我才发现大学的灯光是那么明亮，校园是那么美丽，而大学生活是如此让人难以割舍……

古希腊哲学家柏拉图曾说：最先和最后的胜利是征服自我，只有科学地认识自我，正确地设计自我，严格地管理自我，才能站在历史的潮头去开创崭新的人生。渴望自我成熟是大学生的普遍心理。大学生刻意着装、尽心打扮，只为了给人一种成熟的感觉，企图为自己增加几分成功的筹码。难道成熟的外表就能证明自我的成熟吗？虚伪做作的表演真能掩饰你行为与内心的幼稚和空虚吗？那么怎样才算自我成熟，怎样才能正确地认识自我？怎么才能建立起自尊、自信的自我意识呢？

第一节　自我意识概述

一、自我意识及其特点

（一）自我意识的概念

自我意识是指个体对自己的身心状况以及自己与周围人和环境关系的一种认识，是人格结构中自我调节的子系统。自我意识是一种特殊的认知过程，认知的主体和客体都是自身（英语中的自身“Self”，既包括主我“I”，也包括客我“Me”），因此，自我意识是主我（“I”）对客我（“Me”）进行认识，并按照社会的要求对客我进行调控。自我意识是人的心理区别于动物所特有的，是人的意识发展的高级阶段和本质特征。

自我意识具有多个维度和层次，一般可从内容和形式上对其加以分析。

从结构形式上，自我意识表现为自我认识、自我体验和自我调控。自我认识是个体对自己的身心状况及自己与周围环境关系的认识，包括自我感觉、自我观察、自我概念、自我分析和自我评价等，主要涉及“我是什么样的人”和“我为什么是这样的人”等问题。自我体验是个体在认识自我的过程中所产生的情感体验，反映了个体对自己的态度，包括自爱、自尊、自信、自卑、内疚、自豪、责任感、优越感、成就感和自我效能感等，主要涉及“我是否满意自己”和“我能否悦纳自己”等问题。自我调控是个体对自己的行为和心理活动的调节与控制、自己对待他人和自己态度的调节与控制，包括自主、自立、自制、自强、自卫、自律、自励、自我设计、自我监控和自我教育等，主要涉及“我怎样调控自己”和“我怎样成为理想的那种人”。

从内容上看，自我意识可分为生理自我、社会自我和心理自我。生理自我是个体对自己身体和生理状况等的意识。社会自我是个体对自己在社会关系和人际关系中的角色、地位、作用、权利和义务等的意识。心理自我是个体对自己的心理和行为特征的意识，如对气质、性格、能力、兴趣、态度、理想、心理状态和行为表现等的意识。

另外，人们还从自我观念上把自我意识划分为现实我、理想我和投射我。现实我是对自己目前实际状况的看法，是个体对自己的现实观感。理想我是个体想要达到的完善的自我形象，是个体追求的目标。投射我是个体想象自己在他人心目中的形象，是由想象他人对自己的评价而产生的自我观感。投射我和现实我的差距过大，个体会感到自己不被别人所理解；理想我和现实我的差距过大，个体会丧失追求自我完善的勇气。这三种类型自我之间的距离和冲突是导致某些心理问题产生的原因。

(二) 自我意识的特点

自我意识是人格中具有调节作用的子系统。它具有一些本质的特点,如:个体性、社会性、能动性和同一性。

自我意识的个体性是指:自我意识是在个体身上发生、发展的;自我意识是以系统的、完整的形式存在的;每个人的自我意识存在个体差异。也就是说,每个个体秉承着遗传天赋,在后天环境的影响下,通过与周围人的相互作用,逐渐形成了自我意识这一具有相对独立性的自我认识和自我调控的人格子系统。

自我意识的社会性是指:从人类社会来看,自我意识是随着人类的进化、社会的分工等社会发展而产生的具有社会性、群体性的人类反思系统;从个体发展来看,自我意识的发生和发展是社会化的过程,是个体内化、整合别人对自己的态度和评价而产生的心理模式。

自我意识的个体性和社会性是统一的。自我既要努力成为社会中独特的一个,也要力争融入社会,成为其中和谐的一个。

自我意识的能动性是指:自我意识是独立的、完整的,能够成为个体自身心理活动和行为的调控系统,能动地指引和确定个体行为的方向,协调个体和环境的关系;自我意识不仅能够适应世界,而且能够自觉地创造世界、创造自己。

自我意识的同一性是指:虽然随着时间的推移和环境的变化,自我意识是不断变化和发展的,但是,个体在工作态度、生活方式等方面会表现出跨时间和跨情境的一致性,从而反映出支配它们的自我意识的始终一贯性;自我意识是自我形成与转化的形式,是一个动态的过程,真正的自我同一性是个体在与环境的互动中,不断将外在的评价转化为内在的认识,将理想我与现实我相结合所达到的。

二、自我意识的发生与发展

自我意识不是天生就有的,它作为一种个体对自己的反思,比认识外部世界更为复杂。心理学认为,自我意识从发生、发展到相对稳定和成熟,需要 20 多年的时间。个体自我意识的发展水平,受到其语言能力和思维能力的影响,二者基本上是平行对应的。

(一) 自我中心时期 (出生至 3 岁)

人初生时,处于主客体未分化的状态,例如不能区分自己的手指和母亲的乳头、自己的手臂和玩具等。至七八个月时,婴儿开始产生自我意识的萌芽,即能意识到自己的身体和外部世界的边界,听到别人叫自己的名字,会知道是在叫自己。至 2 岁左右,儿童掌握了人称代词“我”,会用“我”来表达自己的意愿,这是自我意识产生的重要标志。至 3 岁左右,儿童开始出现羞耻感、占有心和独立意愿,自我意识有了新的发展。但这一时期的幼儿是以自己的身体为中心,并以自己的想法和情绪来认识、投射外部世界,即他们能够分清“我”与“非我”,却分不清我与物之间的关系,因此客观认识带有强烈的主观性,被认为是生理自我时期,也叫自我中心时期。

(二) 客观化时期 (3 岁至青春期)

从 3 岁到青春期是个体接受社会文化、学习社会角色的重要时期。儿童在家庭、幼儿园和学校,通过游戏、学习和生产劳动等方式,逐步掌握了社会规范,形成了各种角色观念,并能有意识地调控自己的心理和行为。在这一时期，儿童通过练习、模仿和认同作用，学会了性别角色、家庭角色和同伴角色等各种角色。虽然这一时期青少年开始积极关注自己的内部世界，能够初步意识到自己的兴趣爱好和气质性格等，并具有一定的自主性和自信心，但是他们主要是根据他人的观点去认识世界，并根据他人对自己的评价来评价自我，因此被认为是社会自我发展阶段，也叫客观化时期。

（三）主观化时期（青春期至成年）

从青春期到成年的大约10年里，是个体的自我意识迅速发展并趋向成熟的关键期。这一时期个体性的成熟和逻辑思维的快速发展等，促使自我意识有了质的变化。由于面临"自我同一性"的危机，即理想我和现实我之间出现分化和矛盾，促使人们去解决矛盾、追求自我意识的统一。总的来说，这一时期，个体的自我意识发展呈现出如下特点：(1)个体能从自己的观点出发来认识事物，而不是人云亦云，思想和行为带有浓厚的个人主观色彩；(2)个体能根据自己所认识的人的特点，如气质性格和身体特征等，强调相应事物的重要性，从而形成自己特有的价值体系；(3)个体能追求理想目标，出现了理想我；(4)个体的抽象思维能力大大提高，使自我意识能超越具体的情境，进入精神领域，从而表现出对哲学、伦理学和文学等探讨人生问题的学科的兴趣。

三、自我意识发展的模式

自我意识发展的模式不是直线式的前进，而是螺旋式的上升。即自我意识的发展呈现出：自我分化、自我矛盾、自我统一再到新一轮的自我发展的过程。

（一）自我分化

个体进入青春期后，开始清晰地意识到自己的内心世界的存在。因此，笼统的自我分化为主我和客我。主我是处于观察地位的"我"，是理想我，客我是处于被观察地位的"我"，是现实我。正是这种分化过程，促进了个体成为思维和行为的主体，从而为客观地评价他人和自己、合理地调节自己的心理活动和行为奠定了基础。这一时期，可观察到个体有较多的自我观察和自我沉思行为，如写日记和与朋友倾心交谈等。

（二）自我矛盾

随着自我的分化，个体会发现理想我和现实我之间往往有较大的差距，于是产生内心冲突，引发不安甚至痛苦的体验。这一时期，可观察到个体对自己的评价具有矛盾性、对自我的态度具有波动性，如时而过高评价自己，认为自己很行、很成熟，并因此极为自豪或自信，时而又过低评价自己，认为自己很差、很幼稚，并因此极为自卑；自我体验的情绪变化幅度非常大、频率非常高。但这种现象是自我意识发展过程中不可避免的，是正常的。

（三）自我统一

一般地，个体在经过一段时间的自我矛盾冲突后，自我意识会在新的水平和方向上协调一致，达到自我统一。自我统一意味着主我和客我的统一；自我认识、自我体验和自我调控的统一；自我与外部世界的统一。要达到这种自我统一，需要个体从现实我出发，修正理想我；努力改善现实我，有效地控制自我。因此，它既不是放弃理想我，迁就现实我，也不是扭曲现实我，只顾理想我；它不仅包括认识自我，还包括体验自我和控制自我。总之，自我统一应该是积极的、健康的统一。当然，由于个体的情况各异，也可能出现自我消极的、不健康的统一，个体放弃了理想我或现实我而达到的虚假的统一。虚假的自我统一现象在大学生中也有一定的比例，实际上还处于自我矛盾中。

四、自我意识对个人发展的积极作用

当一个人失去了自我意识，不能觉察自己的思想和行为的时候，此人可能已经罹患精神病，即心理咨询中的无自知力症状。一个正常人应该具备的就是最起码的自我意识，一个成功的人则是需要具备一定水准的自我意识，一个既成功又幸福的人则是需要最高境界的自我意识水平了。因此，我们可以看出，自我意识对个人的发展起着巨大的阻碍或推动作用，我们需要做的就是大力发扬自我意识对个人发展的积极作用。

如前所述，自我意识是个体主动性存在和发挥的根本力量之源，个体主动性发挥的最大价值不仅在于利用客观世界的条件来改造客观世界，更重要的在于人可以通过自我意识发挥主观能动性来改造主观世界，从而促进个人的发展。自我意识在促进个人发展方面的积极作用主要表现在以下几个方面。

（一）促进主体不断完善人格

自我意识是人格的核心，一个具有健全人格的人通常是具有健康自我意识的人。一个人的人格完善是一个渐进的过程，而支撑这个渐进过程顺利进行的是个体的自我意识。可以说，人生的幸福和成功本质上就是通过自我意识不断实现人格完善的过程。人格又称个性，包括由需要、动机、信念、理想、价值观等组成的个性倾向性和由能力、气质、性格组成的个性心理特点两大系统。而整个人格的形成和绽放都是在心理活动过程中开展的。心理过程是由人的认识、情感和意志三个方面共同维系的。自我意识正是通过不断提高认识、丰富情感、锻造意志来调节和控制整个心理活动过程的，从而使得个体在个性倾向性以及个性心理特点上呈现出各种不同的带有明显“自我”色彩的人格烙印。

人格是相对稳定的，但是人格又是随着环境和条件的变化而不断完善的。自我意识通过调节和控制个体的认知结构、情感体验与行动意向来适应日益变化的需要，使得个体能积极而主动地适应不断变化的客观世界，这样的适应过程，其实就是一个人完善和优化人格的过程。可以看出，其动力根源就在人的自我意识。

（二）引导和调控主体成长成才

健康的自我意识是心理健康的重要标志，是人类自身内在的一种成功机制，在推进人成长成才方面起着导向、控制和监督教育的作用。个体通过正确的自我认识，确立较为合理的“理想自我”，这个“理想自我”就会对个体的发展起着导向作用，对个人的认知、情绪、意志、行为都会产生很大影响，是个体活动的动力和参照系。个体会在合理规划的基础上，对自己的注意力、情感、行为等加以控制，以实现自我的目标。另外，由于主客观条件的制约，“理想自我”的实现过程会出现很多阻碍，致使个体产生不同程度的挫折感。由于人有自我意识，在这种情况下就会对自己的认识、情感、意志、行为等进行自觉反省，找到目标受挫的主客观原因，并重新调整认识，形成新的“理想自我”的内容，使“现实自我”和理想自我获得统一，从而继续发挥理想自我的导向、监督功能。

（三）改善主体的生活状态

现实总是让不同自我意识水平的人呈现不同的生活状态。拥有健康自我意识的人，能

正确认识自我并接纳自我，对自己的现状既能知足又有前进的动力和目标。而对于很多自我意识并不健康的人来说，他们对自己的生活状态都不是很满意，有很多人出现了“迷失自我”的困惑和烦恼。这样的人群痛苦的根源大多是不能认同自我或者不能适应环境。如有的人不能正确认识自己的能力，过高或过低估价了自己的水平，从而确立了一个不适合自己能力水平的目标，使得在目标实现的过程中困难重重，甚至半途而废，让个体产生失望感和自卑感，而这样的情绪体验又带入下一次确立目标的过程，会让个体更加对自己的能力水平不信任，从而产生畏首畏尾、不敢前进的懈怠心理，甚至使个体的心理陷入一种自卑的恶性循环中。

如果要改善这种生活状态，就要利用和发扬自我意识认知、体验和控制的功能，合理正确地认识自我，获得积极乐观的情感体验，从而使得自我调控机制成为人改善自身不足、重塑目标信心的中介，不断推动个体脱离现实的不良生活状态，迈向快乐幸福的康庄大道。

第二节　大学生自我意识发展特点

我国当代的大学生年龄一般在17～23岁，处于从青年期向成年期的过渡时期，心理正从幼稚走向成熟。加上大学生生活在社会的转型期，传统价值观让位于多元价值取向、人们生活方式多样化和商业文化冲击力强大等，导致大学生的内心更加容易骚动不安，渴望向传统挑战，开拓新的生活，但是又缺乏足够的自信。大学生相对于其他社会群体在自我意识的发展上呈现出许多特点。

一、影响大学生自我意识发展的因素

（一）情境性因素

1.学习环境因素

在大学阶段，大学生的学习开始由中学的以基础知识和基本技能为主的特点向理论的系统化、专业化、技能化和高级化的方向转变，这既是一个学习方式和学习思维转变的过程，又是一个从单一文化知识层面的学习到理论与技能学习并重，并且尽可能进行知识复合的过程，同时还是一个由单纯业务学习到丰富自身综合素质与内心世界、陶冶情操、健全人格的过程。在这样一个复杂的转变过程中，难免会对大学生产生一些心理上的影响。

2.生活环境因素

进入大学校园，大学生开始了集体生活，由“两耳不闻窗外事，一心只读圣贤书”到自己独立支配经济开支及料理自己的生活。面对陌生的气候以及风土人情等等，都可能会给每一位大学生带来由依赖到独立的过渡期的某些不适，因而必须自觉地调整自己，主动适应新的生活方式。

3.社会环境因素

人们把大学生所处的环境称作“象牙塔”，然而它并不是一个封闭的环境。随着信息化社会的发展及通讯手段的日益丰富，社会环境的影响无孔不入地渗透进日益开放的大学校

园。不断改变的生活方式、不断加快的生活节奏，裹挟着大量的信息向大学生们扑面而来，这就迫使大学生们更加强烈地寻求适应社会，寻找个人与社会的结合点，在这一过程中很自然地会不同程度地承受一定的压力，不得不反过来更为严格地审视自己。

4.人际交往因素

大学生对人际交往有着强烈的渴望和要求，希望得到他人的认同和理解。然而由于自尊心等因素的影响，使得大学生们并不能轻易地向别人敞开心扉。同时，大学生们往往具有很强的个性，不能轻易接受别人的行为与观点，因此在人际交往过程中容易产生冲突与矛盾，进而会影响到大学生自我观念的形成与发展。

（二）主观性因素

1.自我期望水平的高低

大学生自我期望值的高低，直接影响着自我塑造的信心与决心。对自我期望值高的人，不容易达到自己的目标，易对自己产生失望的情绪，因此倾向于形成较低的自我评价。反之，自我期望水平低的人则容易形成较高的自我评价，能够接受自己。

2.自我评价能力的发展

能不能对自己有一个科学、合理的认识与评价，关系到大学生自我意识能否健康发展，特别是进入大学后，大学生们自身的优势发生变化，在新的起点应该怎样进行新的开始，也成为他们意识发展过程中一个新的考验。实际生活中，大学生很少有意识地进行自我评价，而且在以往的学习和生活过程中，大学生也没有学习到正确的自我评价方法，因此大学生本来所具有的自我评价能力就成为影响能否进行正确自我评价的关键因素。

二、大学生自我意识发展特点

（一）自我认识具有自觉性和理性

进入大学校园，大学生发现生活和学习的天地一下子变得开阔起来：生活上，摆脱了父母的约束，和同学住在集体宿舍里，基本上可以自由自在；知识学习上，摆脱了高考指挥棒的限制，不必紧盯着几本枯燥的课本；信息获得上，同学之间交流内容更为广泛，上网条件方便，对各种社会事件和文化信息都能及时了解。如此自由、宽松的生活和学习条件让大学生更迫切地反思自己，力图把握自己的人生方向。

因此，大学生在自我认识上更加主动自觉，并更加理论化和理性化。大学生不仅经常对“我是谁”之类的问题进行深入地、独立地思考，而且还热衷于就此类问题与同学交流，例如与同学争论人生目的的问题，向同学倾诉自己的人生经历和体验等。大学生经常暗中观察周围的同学，根据与别人的比较和别人对自己的评价来力图更客观地认识、评价自己。大学生常常会对哲学、伦理学和道德修养等课程表现出较浓厚的兴趣，原因是这些学科会系统地探讨人生的意义，并锻炼人的理性思维方式。大学生也对文学艺术感兴趣，因为它们提供了人生是怎样的范例，并启迪大学生对人生的深层次思考。大学生还经常参照现实生活中自己景仰的老师和成人，参照书本或媒介中宣传的学者、名人和模范等榜样，通过对他们的认同，将他们的品质内化为自己的人格特征。

（二）自我评价能力增强，但仍具片面性

自我评价是个体对自我所作的判断，是自我意识的核心部分。经观察发现，大学生自

我评价与老师、家长和同学对其的评价之间呈现显著的相关性，并且自我评价能力有随着年级的上升而增强的趋势。这表明，大学生随着年龄的增长、知识和经验的积累，自我评价能力在增强，日趋成熟。

但是，大学生要能客观有效地评价自我并非易事，其自我评价仍具有片面性。主要有两种倾向：一是高估自己，二是低估自己。经观察，大多数大学生喜欢高估自己。这主要是因为这些同学自尊心和优越感强，富于自我想象，以对自己目前和未来状况的美好想象代替现实；在与别人比较时，倾向于以己之长比他人之短，从而自信心过强。部分大学生则低估自己，主要是因为：自我期望偏高，以致难以实现，导致对现实我的不满；无法正确看待社会竞争激烈的事实，导致对自我现状和未来的焦虑；社会适应能力不强，而自尊心过强，极易受到挫折，导致自信心下降。

（三）自我同一性发展状况各异

根据美国著名心理学家埃里克森（E. Erikson）人格发展渐成理论，青少年阶段面临的核心任务和危险是能否发展出自我同一性（Self-identity）。自我同一性的涵义是个体对自己的身心特点，如能力、兴趣、理想、价值观、性格特征、交友方式和职业发展等的认识和认可。该时期的成长危险是自我同一性的混乱（Identity diffusion）。意思是个体对自我的认识和发展产生困惑和迷茫，理想我和现实我之间存在剧烈的矛盾冲突，两者不能实现积极的、健康的统一，导致不能确定自我形象和人生目标，情绪体验为焦虑、痛苦，严重的甚至导致人格障碍和精神病。

大学生处在青年中期，在自我同一性的探索中主要是确定“我到底是什么人”，并达到“这就是我”的自我认同。参照美国心理学家马萨（J. Marcia）关于青少年同一性的四种方式的分类，我国大学生自我同一性的发展状况也可以分为以下四种类型。

1. 达成型

这类大学生能做到较客观地认识和认可自我，能从现实我出发，修正和追求理想我，并控制、完善现实我，在一定程度上实现了现实我和理想我的积极、健康的统一。这类大学生一般具有许多优良的性格特点，如：善于独立思考、富于好奇心、具有刻苦钻研的精神、幽默大度和耐挫折能力强等。例如，某大学生从小父母就比较注意锻炼他的独立思考问题的精神，并引导他树立远大的理想，一步一个脚印地朝着目标奋斗。该生自上小学以来，基本上一直保持着昂扬的学习斗志，并在德、体和劳等方面也得到了较全面的锻炼和发展。他考入某名牌大学后，又在老师的帮助引导下，较快确立了自己的事业目标，并通过勤奋努力，取得了较好的成绩。该大学生的人格发展比较健全，其之所以能较早达成自我同一性，归功于父母、老师的正确要求、引导和帮助，以及他自身的积极努力。

由于主观和客观条件的限制，目前这种类型的大学生在大学生中只占少数。大多数的大学生仍处在探索和发展其自我同一性的过程中。

2. 早定型

这类大学生从小是听父母话的“乖孩子”，在学校则是听老师话的“好学生”，习惯于放弃自己的独立自主性，完全内化家长和老师的价值观，根据他们对自己的评价来评价自己，并完全按照家长和老师对自己未来的设计来确定自己的人生方向。这类大学生固然可以免除在自我确认和自我探索中的痛苦思考。但是，早定实际上并非好事。因为这种类型的大学生所达到自我认识和自我认可不是基于自己的独立思考和探索得出来的，所以当外界条件不顺利时，这类大学生的自我认识就会变得模糊不清，也无法再达到自我认可。例如，某大学生从小就很听父母和老师的话，按照他们对自己的设计顺利地考上了某大学名牌专业。但是，进入大学后，却越来越发现自己并不像他们认为的那样，具有在该专业上发展的巨大潜力，而且，自己远非像他们评价的那样具有完美的品质，如聪明、坚强、乐观和独立等，由此对“我究竟是怎样的人”和“我的前途会怎样”产生困惑和怀疑，甚至导致严重的倒退，不得不申请退学。

由于现在的很多大学生都是独生子女，父母出于对孩子过分的爱和害怕孩子在社会上吃亏的心理，在物质上尽一切可能满足大学生的各种需要，在精神上要求大学生依附自己，从而使大学生逐渐形成了缺乏独立性的性格。再加上现在的幼儿教育、基础教育和高中教育，并不太注重对学生健全人格的培养，而是片面强调学生要听老师的话，循规蹈矩，也使得不少学生形成了胆小怕事、缺乏自主性和创造性的平庸性格。鉴于以上的情况，早定型的大学生在大学生总数中可能占有一定的比例。

3. 延缓型

这类大学生在上中学时只顾埋头读书，对自我思考较少。进入大学以后，才发现生活和学习的天地很宽广，课程学习只是一部分，其他同学会把相当多的精力用在学习其他的有用的知识、了解社会、相互交往和娱乐休闲等方面。因此，在丰富多彩的大学生活里，这类大学生才开始反思“我究竟是怎样的人”和“我为什么是这样的人”等问题。在这样的反思中，常常会为自己只会学习、不懂生活而觉得自己是个枯燥乏味的人，并且还很可能发现自己在学习方面也不是出类拔萃的，因此而深感自卑自责。一些人经过痛苦的自我确认，逐渐发现了自己的特点和前进的方向，找到了理想我和现实我结合的最佳点，从而对未来充满了信心。而另一些人还处在自我探索的困惑中，暂时无法找到理想我和现实我结合的交点，为此深感不安和痛苦。对这部分大学生应给予安慰和鼓励，因为只要没有放弃对自我的反思和追寻，就一定会逐步实现自我同一性。例如，某大学生从小在极单纯的家庭环境下长大，父母对他的要求只是读好书。该大学生逐渐养成了善良天真而沉默的个性。进入大学后，他起初不能适应大学里同学之间较为复杂的人际关系，只好把自己封闭起来，刻意回避与人交往；相比于许多同学表现出的学习之外的多种兴趣和多才多艺，他感到自己一无是处，很自卑。后来，在班主任和班干部的耐心开导下，他逐渐融入了同学中间，也能积极参加学院、学校的各种社团活动。经过一年多的努力，他逐渐克服了自我确认的困惑，发现自己其实比较愿意与人打交道、能善解人意、口才也较好，而且这些性格特征和能力恰好非常适合所学的市场营销专业，他为此感到对未来信心倍增。

由于现行的教育还是过分强调智育，忽视全面发展，所以，这种延缓型的大学生在大学生总数中也有一定的比例。

4. 迷惘型

这种类型的大学生对现实我不满，又认为理想我难以实现，因此陷入了对自我确认的困惑之中，往往表现出对一切事物或活动都心灰意懒，如因为害怕别人知道了自己内心的困惑和苦恼会嘲笑自己，或认为别人根本无法理解自己、帮助自己，所以就把自己的内心封闭起来，很少与别人倾心交流；因为无法确定明确的学习目标或学习的知识对自己未来的意义，所以对学习不感兴趣，敷衍了事；因为觉得自己心境不佳，根本无法投入娱乐活动，或者觉得这些活动没有什么意义，所以对此不感兴趣，较少参加，或参加了也没法得到快乐。例如，某大学生对自己的能力和性格等都不甚满意，但他又对自己有很高的期待，幻想自己将来能做出一番大事业，像当个总经理什么的。于是，当一家他想去的公司要他去参加招聘面试时，他却意外地怯场了。他当时的心情很矛盾，既有害怕和慌乱，还有傲气和不屑。事后，他到校心理咨询中心寻求帮助。经过心理工作者的帮助，他明白了自己的问题主要在于对现实我的评价不客观。原来他一直受到母亲在他小时候说过的他有某种身体残疾的话的影响，从而对自己的能力和性格很不满。找到了问题的症结，他较快地恢复了自信，成功地通过了下一次面试。

迷惘型的大学生内心仍然有理想，但是因为不能从现实出发，所以难以将理想和现实很好地结合起来，从而在现实中屡屡有挫败感。因为迷惘型的大学生尚处在向成年期过渡的心理未成熟阶段，所以这类大学生在认识现实我上容易因一时的挫折而否定自己，也容易因过分富于想象力而使理想我变得遥不可及，这些问题一般会随着年龄的增长、知识经验的增多而在一定程度上得到好转。在大学阶段里，如果老师和同学对这些大学生给予积极关注，适当引导，可以更快地帮助其走出自我困惑的怪圈。目前，这种类型的大学生在大学生总数中也占有相当的比例。

（四）自我意识发展的矛盾性

矛盾性是大学生自我意识发展的一个最突出的特点。这种矛盾性从心理上看根源于大学生的心理尚处于从不成熟向成熟的过渡期，从社会上看则根源于大学生尚未真正走向社会，缺乏社会生活经验，尚未取得独立的社会地位和经济地位。大学生自我意识发展的矛盾性表现在许多方面，最主要的是：理想我与现实我的矛盾、交往需要与闭锁需要的矛盾、独立性与依附性的矛盾以及自尊心和自卑感的矛盾，除此之外，还有追求成功与避免失败的矛盾、求知欲强而识别力弱的矛盾、情感与理智的矛盾、对异性的向往与害怕的矛盾等。下面只探讨四个主要矛盾。

1. 理想我与现实我的矛盾

大学生的抽象逻辑思维能力已发展到高峰，加之大学生的情绪体验十分深刻和丰富，使得大学生对自己的未来具有丰富的想象力。但是，大学生又不得不面对自己的现实状况，譬如，学习成绩不尽如人意、体魄不够强健和社会交往技巧较差等。由于大学生是以群体的形式在大学校园里共同生活和学习，远离家长的管束，在一定程度上也较少受学校的约束，所以大学生相互之间的影响力很大，表现在：情绪上容易相互感染、行为上相互模仿、认识上相互传播，这在一定程度上容易使大学生的理想我更加远离现实，加重理想我和现实我之间的矛盾冲突。例如，大学生之间常就一些社会热点问题加以讨论，但由于对现实的批判往往过于简单、片面，从理想化的角度提出的解决方案常常引不起社会关注，从而加重了失落感。要注意的是，理想我与现实我之间的矛盾对大学生心理的影响是双向的：一方面，它给大学生带来了困惑和苦恼；另一方面，它为大学生的成长提供了动力和方向。在大学阶段，理想我与现实我之间的矛盾冲突是不可避免的，大学生要借此锻炼自己的心理承受力，重新认识和评价自己，寻找理想我与现实我的结合点。

2.交往需要与闭锁需要的矛盾

根据马斯洛的需要层次理论，人在基本满足了生理需要和安全需要的基础上，会产生归属和爱的需要。大学生基本上可以满足前两种低层次的需要，所以，大学生会受交往需要的支配，迫切地希望广交朋友，并能有几个知心朋友，大家彼此倾吐自己的心事，共同交流和探讨人生问题。但是，大学生又有强烈的封闭自己、与人隔绝的需要。这是因为内心向往一种个人的、独特的、自由的状态，希望在这种状态下独自思考和体验人生。大学生如果不能恰当地处理好交往需要与闭锁需要之间的矛盾，就会要么感到自己被朋友占据了、毫无自我，从而萌生失落感，要么感到没有朋友，从而产生孤独感。恰当地处理好交往需要与闭锁需要之间的矛盾，既能用友情抵御住孤独，又能守住自我内心世界那份独特和宁静。要做到这一点的关键是：与同学交往要真诚，即敞开心扉，切忌说假话骗人；对同学的困难要主动热情地关心，只有这样才能赢得同学的真情；保留交往的界限，即注意所交的人、场合和时间等因素，掌握好自我暴露的分寸。

3.独立性与依附性的矛盾

大学生既强烈地要求摆脱父母和老师的约束，独立自主地决定自己的生活、学习的方方面面，又仍在情感上和行为上对家庭、学校存在较大程度的依附。这是因为进入大学以后，大学生的独立意向迅速发展，他们已处于向成人角色的过渡时期，而由于缺乏社会生活经验、仍需要家庭的经济供给、与父母的感情深厚等原因，他们的依恋、依赖心理仍难以割舍。特别是对那些被父母过多保护、已经习惯于一切都依赖父母的大学生来说，独立性与依附性之间的矛盾会特别突出。要解决这个问题，关键是：增强独立意识；锻炼独立的才能；与父母和老师等建立、保持亲密的联系，但要逐渐增加关系的平等性质。

4.自尊感与自卑感的矛盾

自尊感是个体能悦纳自己并尊重自己，对自己抱着肯定的态度 。自卑感则是个体对自己不满，对自己持否定的态度。它们是自我体验中的两种相互对立的情感，但是在大学生身上经常交织在一起。一般来看，大学生的自尊感特别强，这与他们在中学时代相比于其他同学比较突出有关。而进入大学后，与其他同学重新比较，许多人会发现自己的优势不见了，从而感到焦虑、痛苦，自卑感强烈。另外，大学生在这一年龄阶段，往往对自己有着过高的接近完美的要求，一旦发现自己存在某些不足，如容貌不是很突出、身材不是很健美、学习算不上拔尖、家庭背景谈不上显赫和才艺算不上专业等，就容易夸大自己的不足，认为自己一无是处。要解决这一矛盾，关键是：学会客观地评价自己的优点，增强自尊心，减少自傲情绪；学会客观地评价自己的不足，增加进取心，减少自卑情绪；不要盲目地与别人比较，增强自信心和耐挫折能力。

专栏 2－1

自尊：心理健康的核心

自尊是人类生命的心理根源，它可以保持一个人生命的健康发展和完满，最重要的作用是保持人的心理健康。自尊最初对一个人起作用，是从其心理反应和心理健康开始的，而生命(尤其是人的社会生命和心理生命)的完满或残缺直接来源于心理健康的是与否。

维持个体社会生活的方式是各种各样的。印象整饰就是一个经常有效的手段,但只是一种很表面的手段,人维持良好形象的内在的、深层的心理机制其实就是自尊。心理学家R. Bednar曾指出,人都有一种保持积极的、健康的、向上的自我形象的需要,这种需要既是防止与避免生存环境带给人伤害与压力的有力武器,也是个体发展的基本力量。这正是自尊使人更好地适应社会环境、缓冲基本焦虑的一种具体体现:自尊策动人去追求和呈现一种良好的社会形象,从而更好地适应社会环境。而良好的社会适应是心理健康的重要标志之一。

如果自尊不足甚至缺乏,人就无法正确地对待自己和他人的评价,不能适时恰当地对社会环境的要求或事件作出合理反应,无法及时缓解生活中的基本焦虑,人就无法正常地进行社会生活。因此自尊不足(即低自尊)的人呈现给社会的通常是不好的自我形象,具体表现出两类行为或态度:一类是自伤性行为或态度,主要指向自我。其表现有自暴自弃、自怨自艾、自哀自怜、自轻自贱等,甚至可能放弃生命,自绝于世;另一类是自恋式或自我中心的行为与态度,主要指向他人与环境。可能出现不负责任、冷漠、自我中心、敌视、攻击他人、报复社会等偏激行为和罪错行为,甚至走上违法犯罪的道路。但无论哪类行为或态度,反映的都是心理健康问题。需要指出的是,自尊不足的人虽然没有呈现出良好的自我形象或社会形象,并不意味其不具有维持自身良好形象的需要。相反,是这种需要与自我意象之间产生了矛盾而导致心理失调,并表现出种种不健康的态度与行为。

具体而言,自尊需要在某种意义上说也就是维护良好自我形象的需要。但是,自尊水平的高低,取决于个体与社会环境的相互作用。这种相互作用如果是良性的,自尊水平往往可以发展得较高;如果是恶性的,自尊水平往往就会较低,也就是我们说的自尊不足。现实的自尊不足和理想的自尊需要发生严重冲突的时候,心理问题就会随之产生。

一个自尊不足的人常常会感到,一方面维护良好自我形象的需要非常迫切,另一方面,表现出的自我形象又不能令人满意(确切地说,是不能令自己满意),二者之间的差距和冲突促使个体主观上愈加追求自我尊重的情感体验。遗憾的是,在这种追求的过程中,自尊不足的个体常常走向两个极端:一个是由于二者之间的差距过大,个体无力弥合而产生习得性无力感,从而出现上述的第一类行为和态度,即自伤性行为和态度;另一个极端是走向自恋或自我中心。这是由于个体不是通过正常的途径去获取自尊需要的满足,而是退居于目前的自尊状态并夸大、固守这种自尊状态,从而对外界环境的要求表现得不屑一顾甚至故意对抗。这种自恋式的貌似高自尊的自尊状况,本质上是一虚弱的或虚假的自尊现象,个体内心深处其实极度渴望他人的尊重和关怀。

真正的高自尊是一种动态平衡的自尊。也就是说,自尊需要(或维护良好自我形象的需要)与自我现状(或当前的自我形象)之间呈现出一种动态的平衡。一方面,高自尊的人对自我现状常常是满意的,他们对自己的存在能力和存在价值充满自信,即使这种能力和价值并不比别人高;另一方面,高自尊的人虽然对自我现状很满意,但并非停滞不前。相反,正是由于他们对自己很满意、很自信,所以无论在生活中还是在工作中他们都恰恰表现出了社会所期待的良好形象,社会环境自然也就作出了良好的反馈,从而与社会环境形成了良性互动,进而不断改善和提高其自尊状况。正如Rosenberg所指出的,高自尊感不是指优越感。高自尊的人不一定把自己看得比别人好,他们只是能够怡人自得而已,高自尊感并不包括完美感。高自尊的人也会有失败和落魄的时候,他们的自我意象与自尊需要之间也会产生不和谐的冲突,但是他们在与社会环境的良性互动中可以较容易地化解掉这种冲突,并很快恢复心理平衡,从而保持心理的和谐与健康。

大量的实证研究证实,自尊与心理健康的关系极为密切。这不仅包括缺乏自尊(即低自尊)与许多重要的消极可能性如抑郁、焦虑、自杀意念、机能失调、问题行为等紧密联系在一起,而且也包括拥有足够自尊(即高自尊)经常与积极的心理健康和一般的心理幸福密切相关。

由此可见,自尊乃是心理健康的核心,是心理幸福的根源。这个核心的状态如何直接关系着心理健康的状况。

(五)自我塑造愿望强烈,主动性、自律性有所提高

对许多大学生来说,他们一旦意识到并认可了某种自我形象,就会产生强烈的自我塑造的愿望,并能够主动约束自己的行为。而且他们一般还会对自己身上的不足之处非常敏感,有改之而后快的决心,并可能切实在行动上有所体现。这些与大学生追求自我的完善甚至完美有关,是他们力图实现理想我、控制现实我的表现。大学生在大学里,可以汲取到广泛的知识,并结识性格各异、家庭背景不同甚至文化背景也有差异的同学和朋友,这给他们提供了多个认识自我、评价自我的参照系,激发了他们原来就有的自我塑造、自我完善的动机。大学集体的生活给了大学生更多的自由空间,对许多大学生来说,这会锻炼他们的自制力,并促进他们提高自控能力。但也有些大学生,在这更多的自由空间里失去了方向,变得意志消沉,行为懒散,缺乏自控力。还有极少部分的大学生抱着消极的宿命论,根本不相信自己改变自己的可能性。因此,要教育大学生客观地认识自己,并使他们了解改变自己的可能性和方式方法,促进他们积极地进行自我塑造,提高主动性和自律性。

专栏 2-2

你是否终日烦恼多端

"最近比较烦,比较烦,比较烦——"这首歌之所以红遍了大江南北,也许正因为它激起了人们的心灵共鸣吧。你今天是否在唱这首歌?你终日为烦恼所困吗?不妨测试一下吧!

说明:请仔细阅读下列问题,并对下列问题做出"是"或"否"的回答。

	是	否
1. 半夜醒来,你常常因某种事情惴惴不安而不能入睡。	□	□
2. 事情如若进行得不顺利,你常常会急得涕泪交加。	□	□
3. 在一些必须运用智慧来做的事中,你的确表现得比一般人差。	□	□
4. 当老师叫你去办公室时,你总怀疑自己做错了什么事。	□	□
5. 在困难的环境中,你总是无法保持乐观。	□	□

6. 搬家是一件令人极不愉快的事。 □ □
7. 不论是在极高的楼顶还是在很深的隧道里，你总感到胆怯不安。 □ □
8. 有时你会无缘无故地产生一种大祸临头的恐惧。 □ □
9. 你的童年时代，害怕黑暗的时候很多。 □ □
10. 你仅仅被认为是一个能够苦干并稍有成就的人而已。 □ □
11. 有时你会无缘无故地感到沮丧、痛苦。 □ □
12. 虽然知道自己确实没有过错，一旦别人提出反对意见，你就不能保持自己的观点。 □ □
13. 在不顺利的情况下，你无法保持精神振奋。 □ □
14. 你常常为过去的一些小事而烦恼。 □ □
15. 别人对你的误解，会使你久久不能从烦闷中解脱出来。 □ □
16. 每当考试失败时，你都会沮丧很长一段时间。 □ □
17. 你常常为面前要做的许多事而感到担忧。 □ □
18. 你常常为自己身上的某些缺陷而感到烦恼。 □ □
19. 你希望朋友都以你为中心，稍有不顺就感到朋友对你不忠。 □ □
20. 你认为父母对你不够关心，有一种被冷落的感觉。 □ □
21. 长期从事一项艰巨而又重要的事时，你会感到很厌烦，心情不好。 □ □

评分规则：每题回答“是”记 1 分，回答“否”记 0 分。各题得分相加，统计总分。

你的总分是：

0～5 分：你安详沉着，信心十足，相信自己有应付各种问题的能力，有安全感，但有时会因缺乏同情心而引起别人的反感。

6～9 分：你相信自己在一些一般性的问题上有应付能力，但在一些重大问题上则会忧虑抑郁、优柔寡断，甚至沮丧悲观。你要学会果断地行动。

10～21 分：你忧虑抑郁，烦恼多端。通常觉得世道艰辛，人生不如意，甚至沮丧悲观。时时有患得患失的感觉，觉得自己不如别人，缺乏和他人接近的勇气。你要培养生活的信心，自尊自爱，堂堂正正做人，那些无端的烦恼、莫名的忧愁都会烟消云散的。

第三节　大学生自我意识偏差及其调适

从心理学的角度出发，一般把自我意识分为健全与不健全两种水平或两种状态。健全的自我意识是心理健康的重要标志，是人类自身内在的一种成功机制；不健全的自我意识会造成人类自身一系列的心理障碍，进而影响到人们的身心健康和个人发展。因此，塑造健全的自我意识、纠正自我意识发展中的各种偏差，是促进大学生心理健康发展的重要保证。

一、大学生自我意识偏差的主要表现

（一）自我认识偏差：高估与低估

1.高估自我

生活中，不少大学生经常把自己看成是有价值的、令人喜欢的、优越的、能干的人。例如，他们认为自己的外貌是漂亮的，品德是高尚的，人际关系是融洽的，聪明才智是远远未发挥出来的等等。相反，这些大学生拿显微镜看他人的短处，把别人看得一无是处，正所谓“看自己，一朵花；看别人，豆腐渣”。这种“我好—他不好”的人际交往模式必然造成人际关系的紧张。另外，高估自我的人还容易产生盲目乐观、骄傲自满情绪，认识问题往往带有一定的偏激和固执，且行动目标往往力不能及。往往在实际行动中遭遇失败和冲突，从而引起情感损伤，严重时还会导致自我扩张的变态心理。

2.低估自我

有些大学生对自己的评价过低，往往看不到自己的价值，感到事事不如人，处处低人一等，对自己缺乏信心，自我否定，自我厌恶，自我绝望，甚至自杀。这些大学生人际交往的模式往往是“我不好—你好”或“我不好—你也不好”。大学生过低评价自己会导致对自己各种能力的怀疑，限制自己对未来事业及美好生活的憧憬，从而引起严重的情感挫伤和内心冲突。

（二）自我体验偏差：自负与自卑

1.自负

心理学研究表明，适当的自尊和自信是激励大学生力争上游、勇攀高峰、追求崇高理想的巨大动力，但过分自尊会导致自负。自负的人往往不允许别人的批评，唯我独尊，盛气凌人。这种人缺乏自知之明，总认为自己对而别人错，把自己的意志强加在别人身上，不能与人和睦相处，容易受伤害。

2.自卑

当一个人的自尊需要得不到满足，又不能恰如其分、实事求是地分析自己时，就容易产生自卑心理。大学生形成自卑心理后，往往会从怀疑自己的能力转变为不能表现自己的能力，从怯于与人交往转变为自我封闭，本来经过努力可以达到的目标，也会认为“我不行”而放弃追求。

（三）自我控制偏差：逆反与顺从

从自我控制来讲，大学生自我意识的偏差主要表现在逆反与顺从两个方面。

1.逆反心理

逆反心理是大学生自我意识发展中的一种非理性的产物，其具有以下特征：

(1)盲目性。一些大学生凡事不管正确还是不正确，都盲目抵制，反其道而行之；凡事无论是可行还是不可行，只要我想干就干，随心所欲，不考虑后果，表现出很大的盲目性。

(2)抵触性。大学生的逆反心理与社会的某些行为规范、道德要求存在着一定程度的不相容性，会产生应付、抵制、消极对抗的态度。

(3)自我中心。具有逆反心理的大学生往往听不进别人的忠告、劝阻、批评,我行我素,一切以自我为中心,以个人利益为出发点,盛气凌人,总是感到自己的利益没有得到满足,充满委屈,常常不能得到别人的好感和信任,人际关系多数不和谐,做事较难得到他人帮助,容易遭受挫折。

(4)极端性。逆反心理在很大程度上是一种极端性的表露,一些大学生对待别人要求自己做的事情,常常是你让我干,我偏不干。

2.顺从心理

有些大学生性格内向,独立能力差,无主见,甘当配角,缺乏独立意识和对问题的独到见解,具有趋同性,缺少独当一面的勇气。具有顺从心理的大学生容易接受暗示和受人指使,在紧急和困难情况下,常常惊惶失措,生活上多无头绪,害怕孤独、缺乏自信,部分大学生在现实生活中丧失自我,缺乏主见,遇到问题束手无策,影响心理健康发展。

二、大学生自我意识发展偏差的成因

(一)不恰当的家庭教育方式

当代的大学生们绝大多数是独生子女,从小在父母及四位隔代老人的精心呵护下长大,是名副其实的“小太阳”。很多孩子从小受到了过多的溺爱,在家里呼风唤雨,一切以自己为中心,对自己没有正确的认识和评价,造成了过分高估自己的结果。而这样的大学生一旦受到挫折,还可能完全否定自己,走到另一个极端。在当今社会教育制度影响下,家长们过分重视对孩子进行智力教育,忽视了孩子的心理及个性教育,孩子们有了心理上的困惑往往无法得到解决,日积月累之后就形成了错误的自我评价。有些父母对孩子寄予过高的期望,并在无形之中给孩子过高的压力,当孩子无法实现父母的期望时,就会形成很低的自我评价。

(二)不良个性发展的结果

由于人的神经系统活动过程的特性不同,有的大学生天生就具有忧虑、抑郁、依赖、顺从等人格特质,而具有这些人格特质的人倾向于否定自己,不易于接受自己。如果在这些学生的成长过程中得不到正确的引导,任由这些特质发展下去,则可能形成不良的自我评价,影响了他们的自我意识的健康发展。

(三)学校教育中缺乏合理的引导

大学生们的自我意识问题有的是在中小学阶段就已经形成的。一直以来,中小学校教育改革在不间断地进行着,各类学校以不同形式开展素质教育,同时也越来越重视学生们的全面发展。但是在学生们的心理素质的培养和教育方面还存在着有待于提高的地方,尤其是在学生自我意识的引导方面。在目前的中小学校教育中,还存在着以学习成绩作为评价学生的唯一标准的现象,这种评价学生的方式不利于学生们进行全面正确的自我评价。同时,多数中小学校没有对学生们的自我评价能力与自我接纳方面作专门的引导教育,学生们很容易出现这方面的问题。

(四)社会观念变革的影响

自从改革开放以来,中国社会发生了翻天覆地的变化,整个社会也越来越趋于多元化。当代大学生大都是改革开放以后的新生一代,他们对新鲜思想反应敏锐,接受彻底。他们比前代人更迫切地要求提倡自我，强调个性，张扬权利，独立意识显著增强。但是我们也应该看到，由于大学生们没有完全成熟，辨别是非的能力还很差，他们在张扬个性的同时，却没有对人生的意义作出正确的思考，导致有些大学生社会责任感缺失，行为消极，思想偏激，处于一种迷失自我的状态。

（五）不恰当的相互比较

有的大学生在与同龄人的相互比较中会发现自己一些不如别人的地方，如身材、外貌、交往与表达能力、家境等等，因而难免自惭形秽，产生自卑心理。处在自我同一性发展关键时期的大学生对这些问题尤其敏感，好胜心使他们不愿在任何一方面落后于别人。然而人与人的情况毕竟不会完全相同，如果盲目地与别人作比较，则可能会过多地关注自身的缺点，进而不能形成正确的自我观念。

（六）不正确的归因方式

归因是指个人从主观的感受与经验出发，将别人或自己所表现的行为、某事件的发生归属于某种原因的过程。归因方式不同，对大学生心理产生的影响也不同。如果大学生倾向于在事情失败时把原因归结为智力、能力等内部因素，则可能降低自我评价，丧失进一步努力的信心和勇气，最终导致大学生难以接受自己的不良后果。

专栏 2－3

健全自我意识的标准

自我意识对人的心理健康起着很重要的作用，它制约着人格的形成发展，在人格的优化中发挥着强大的动力功能。健全的自我意识是心理健康的重要标志，是人类自身内在的一种成功机制，在人才发展中发挥着重要作用。健全的自我意识有如下标准：

1. 自我意识健全的人，应该是一个有自知之明的人，既知道自己的优势，也知道自己的劣势，能正确评价自我和自我发展。

2. 自我意识健全的人，应该是自我认识、自我体验和自我控制相协调一致的人。

3. 自我意识健全的人，应该是积极自我肯定的、独立的并与外界保持一致的人。

4. 自我意识健全的人，应该是理想自我与现实自我统一的人，有积极的目标意识和内省意识，积极进取、永无止境。

三、大学生自我意识偏差的调适

（一）正确地认识自我

正确地认识自我是培养健全的自我意识的基础。如果一个人能够全面、正确地认识自我，客观、准确地评价自我，就能量力而行，为确立合适的理想自我，并实现理想自我而不懈努力。具体而言，可以通过以下几个方面来正确认识自我：

1. 在与他人的比较中认识和评价自我

个人认识与评价自己的能力，往往是通过与他人的比较而获得的。一般而言，一个人总是通过与自己条件相似的人作比较来评价自我。大学生将成为国家的建设者和接班人，因此，大学生不仅要与自己情况差不多的人相比，更要与优秀的人们相比，与理想的人物和标准相比，并且要见贤思齐。与他人相比，最重要的是要选定恰当的而不是盲目的参照物，这样才能做到既不妄自尊大，也不妄自菲薄，从而能合乎实际地确定自己的奋斗目标和行动计划。

2. 从他人对自己的态度中认识和评价自我

人们总是在与他人的相互交往中不断深化对自己的认识和评价，同时也在认识和评价他人的过程中接受他人对自己的评价。当一个人的自我评价与别人对他的客观评价有较大程度的一致性时，表明他的自我意识较为成熟。不少大学生比较在意他人对自己的评价，但值得注意的是，对别人的评价应有一个正确的态度，不因过高的评价而飘飘然，也不为过低的评价而失去信心。

3. 在经常的自省中认识自我

随着大学生自我认识和自我评价能力的提高，大学生要经常反思自我，勇于并善于将自我作为一个认识对象，严于解剖自我，敢于批评自我；要经常检查自己的行为和动机是否正确，行为过程中有什么不足，结果如何，有哪些收获和缺憾，从中发现长短得失，有的放矢地进行自我调整。

4. 积极参加实践活动，借活动成果来认识和评价自我

活动成果的价值有时直接标志着自身的价值，社会衡量一个人的价值主要是通过活动成果来认定的。理想的活动成果，可以使个体进一步认识自我的能力，发现自我的价值，从而进一步开发潜能、激发自信。

要客观辩证地认识和评价自我，还要学会将通过各种途径获得的关于自我的信息进行分析、综合与比较，实事求是地全面评价自己。要学会用发展的眼光、辩证的方法看待自己和他人，比较的视野越广阔、方法越科学，自我定位就越恰当。

（二）积极地悦纳自我

悦纳自我是指无条件地接受自己的一切，不对自己提出苛刻、非分的要求。悦纳自我是发展健全的自我意识的核心和关键，也是适应社会的前提。它关及到一个人是以积极的态度认可自我、形成自尊，还是以消极的态度拒绝自我、形成自卑。

1. 理智地看待自己的长处和短处

一个人固然有长短处，但更多的是有很多长处，即便短处也总有一定的限度，要对自己进行恰到好处的评价，不能夸大，也不能贬低。短处有两种，一种是能够改进的，如不良习惯等；另一种是无法补救的，如先天的身材矮小等。对前一种短处，要闻过则改，不可文过饰非；而对后一种短处则要勇敢地面对它、承认它、接受它。

2. 正确地对待失败

一个人成长过程中有成功也必然会有失败，有的人面对失败一味地贬低指责自己，使自己丧失信心。我们要清醒地认识到，眼前的失败并不代表永远的失败。大学生应正确对待失败，做生活的强者。

3. 积极地自我暗示

心理学家默顿曾提出“预言自动实现原则”，他认为人们具有一种自动促使预言实现的

倾向。因此，大学生要认识到积极的自我暗示的作用。当感到信心不足时，就可以通过进行积极的自我暗示，如"我有能力干好这件事"，"我能行"，"我一定会成功"等话鼓励自己，形成积极向上的心态，全心全意地投入到学习生活中。

（三）有效地控制自我

控制自我是主动定向地改造自我的过程，也是个体对待自己的态度具体化的过程，有效地控制自我是健全自我意识、完善自我的根本途径，帮助学生提高自我控制的能力，有效地控制自我，可以从以下方面着手。

1. 合理定位理想自我

理想自我是个人将来要实现的目标，确定其内容时，要面对现实，从自身实际出发，即要切合自己的知识程度、能力水平和生活经验等实际情况，通过努力实现适宜的目标。如果目标定得太高，就会使自我失去信心，从而放弃追求。反之，目标太低，则不能体现自我的人生价值。只有合理的目标才能激励一个人坚持不懈地为之努力奋斗。

2. 培养健全的意志品质

在实现人生目标的过程中，既有各种本能欲望的干扰，又有各种外部诱惑的侵袭，容易使人偏离正确的轨道，松懈奋进的斗志，放弃对远大理想的追求。所以一个人要想成就一番事业，就必须能够抵制诱惑，约束自己的情感，把握自己的行为，这就需要有健全的意志品质。意志健全的人，在行动的自觉性、果断性、自制力和顽强性等方面都表现出较高的水平。培养大学生健全的意志品质，可以通过组织学生参加具有挑战性的实践活动、体育竞赛，增强学生克服困难的毅力；树立榜样，尤其是以他们熟悉的、优秀的同龄人作为榜样，激发学生的意志力量；严肃纪律，促使学生养成遵守纪律的好习惯；引导学生自省觉悟，克服各种不良的意志品质。

3. 培养健康的情感

自尊、自爱、自信等健康的情感，是自我控制的激励因素和动力。如果一个大学生能认识到自己是对社会有用的人、有希望的人、能成功的人，周围的老师、同学都喜欢他、需要他、肯定他，那么他就会为改变现实和实现理想自我而更加努力。

（四）努力完善自我

完善自我是个体在认识自我、悦纳自我的基础上，自觉规划行为目标，主动调整自身行为，积极改造自己的个性，使个性全面发展以适应社会要求的过程。

自我完善是个体自我教育最重要的方式，它要求大学生要从点滴小事做起，从行动着手，知行并重地提高自我。不仅要注重自我的发展，而且要积极主动地服务社会，敢于担当历史的重任，注重在为国家和社会做贡献中实现自我价值，使自我在实践中一步步地得到扩展和深化，树立更加丰富、更加强大、更加健康和完善的自我。

总之，大学生自我意识的发展是一个不断反思与超越的过程。大学生要学会把完善自我、超越自我的意识贯彻到每一个具体的行动中去，将个人理想和社会现实结合起来，时刻感受到肩负的历史重任，充分发挥自我教育、自我创造的能动性，使自己的能力、品性得到最大限度的展示，不断提高自己的自信心与自制力，坚持不懈地在克服困难和实现理想的过程中完善自我、超越自我。

专栏2－4

思维方式比事实更重要

一位心理学家曾说:“思维方式比事实更重要。”的确,事物的美丑好坏有时完全取决于你的思维方式!

有位34岁的女性因为病弱无法做家务,还被诊断为不能生育,常跑医院,长期卧床,缺乏活力。

这种生活更养成了她悲观消极的思维方式,她失去了生子喜悦,使健康与活力更趋衰退。

她是接受天主教教育成长的,所以真诚相信祈祷的力量,相信能从祈祷中获得解决问题的方法。在她为健康问题而祈祷时,她开始逐渐相信一定能得到答案。

有一天,一个想法突然闪过她的脑际,使她无比惊讶。今天虽然已成为一般常识,但在当时乃是革命性的想法——不同的心态能使人增进健康或变得衰弱,甚至成为疾病的根源。

当时她突然领悟到,人往往会变成自己在意识深处所想象的那样。这样的领悟对她产生了改变人生的影响。

有了这个领悟之后,在一个春天的日子,她和丈夫走在林荫道上。树木都萌发了新芽,一派生命复苏的景象。

她突然停下来大声说:“我明白了。那是生命力,美妙的生命力!”

丈夫困惑地问道:“什么生命力?”

她指着树上一片片新绿、正从褐色转成绿色的草和从土里露出芽来的黄水仙、喇叭水仙、风信子说:“那就是生命力。在人们身体里,也有同样奇妙的使新的生命力复苏的力量。人是最高的造物,人应该也能像那样以新生命的奇迹重新诞生。”

说着,她的表情像是换了个人一般,脸色红润,眼睛炯炯有神,显露出内心正有源源不绝的活力诞生。她突然明确地断言道:“宇宙的生命力,正在使我复苏。这种强大的生命力进入我的头部、心脏、血管和整个身心。健康与精力、活力以及新的生命力,和树木、花草一样,现在在我的身体里就要复苏了。”

这样一心一意地想,有了确切的信念,又由于加深信仰,她开始脱离了病人的状态,获得了健康与旺盛的活力,成为了一个热情洋溢的人。因而拥有了比别人更美好的忙碌人生,她一直活到96岁高龄。

对观察力、信念以及深厚的信仰怀有信心,将会获得惊人的健康。

为了获得这种无限活力的泉源,每天至少要发出声音念以下的话语。要先挺身做一个深呼吸,然后才开始念:

我毫无问题。

我充满活力。

我拥有无止境的活力。

我有很好的健康。

我很快乐。

我充满了干劲。

我知道我的生命在宇宙中，宇宙的生命力在我身体里发生作用，请赐予我健康、活力与力量！

如果能忠实地持续这样的功课，就等于是在进行创造性的精神活动，精神世界的力量就会开始流向你。你要相信你一生都能健康、充满活力、强壮地生活。每天要对这件事心怀感谢，要大声说："上帝希望我快乐健康！"

课堂活动与体验

活动主题：我是谁

目的：了解自己、认识自己。

材料：纸、笔。

操作：

1. 写出20句"我是一个怎样的人"，要求尽量选择一些能反映个人风格的语句，避免出现类似"我是一个男生"、"我是一名中国人"这样的句子。

2. 归类：将上述20个句子根据内容作以下归类：

★身体状况（你的外貌、身高、体型等）。

编号：______________________________

★心理状况（你常持有的情绪情感，比如开朗、内向、心烦、多愁善感；你的才智状况，比如有能力、灵活、迟钝等）。

编号：______________________________

★社会状况（与他人的关系，对他人持有的态度和原则，如乐于助人、爱交朋友、坦诚的、孤独的等）。

编号：______________________________

3. 检查你的答案里是不是包括了这些方面，如果没有的话，再补充一些句子从三方面认识一下自己。

第三章

大学生人格发展与塑造

学习目标：

◆ 了解人格的基本知识、大学生的人格特征及发展状况
◆ 掌握大学生常见人格缺陷的表现及形成原因
◆ 学会调适大学生常见人格缺陷并塑造健全人格

小王怎么了

小王是某院校的一名女生。她在家是独生女，家庭条件一般，母亲性格软弱，是名工人；父亲暴躁粗鲁，经常喝酒、耍酒疯、打骂妻子，无业。小王从小在农村姥姥家长大，很少与父母交流。从小无朋友的她，进入大学后与宿舍同学的关系都不好，对别人的无意行为，她总怀疑是针对自己的，决不宽恕，因而经常与宿舍同学发生冲突，排斥整个宿舍，最后发展为排斥整个班级。小王认为别人都应该顺从她的意见，平时怀疑宿舍同学故意欺负她、伤害她，认为老师袒护别人，对她不公平。她还认为自己很聪明，能力很强，应该做班长，认为别人嫉妒她的才能所以不选她。常与老师、同学发生冲突，还经常告状到校长那里，要求给自己做主。别的同学劝她，她总是不等人家把话说完，就急于申辩、哭闹，始终把大家对她的好言相劝理解为是恶意、敌意。她这样无理取闹，导致与老师、同学的关系日益恶化，无奈之下她到大学生心理健康教育中心进行咨询。

今天的大学生都渴望把握人生，做自己命运的主人，最终能够成才成人。那么如何面对竞争激烈的社会？如何面对痛苦的失败？……本章内容会提示你：塑造良好的性格，发扬积极的气质特征，以健全的人格去面对生活的磨难，你的心中就会拥有一片晴空。

第一节　人格概述

“人有千面，各有不同。”人格是一个丰富而复杂的心理成分，它凝聚着文化、社会、家庭、教育与先天遗传的个体风貌。人格有着鲜明的个性特征，其差异铸就了个体千差万别、千姿百态的心理面貌。人格是伴随着人的一生不断成长的心理品质。

一、人格的界定

在我国古代，并没有人格这个词，但有像“人性”、“人品”以及“品性”等词语。我国的人格一词来源于日文，而日文中的人格一词来源于拉丁语 Persona（面具），意指古希腊罗马时代的戏剧演员在舞台上戴的假面具，好比我们今天戏剧舞台上不同角色的脸谱。它代表剧中人物的角色和身份，面具会随着角色的变化而不断变化。将“面具”规定为“人格”包括两层含义：一是个体在人生舞台上所表现出的种种言行举止，人格所遵从的社会准则，这就是我们可以观察到的外显行为和人格品质；另一方面是内隐的人格成分，即面具后面的真实自我，这是人格的内在特征。心理学借用了这个词，使之成为一个专门的术语，用来说明每个人在人生舞台上各自扮演的角色及其不同于他人的精神面貌。

那么，究竟什么是人格（Personality）？不同的流派有不同的定义，莫衷一是，至今还没有一个大家公认的说法。美国著名人格心理学家 G. W. 奥尔波特（Gordon Willard Allport，1897～1967）对人格的定义作了统计，发现心理学中关于人格的定义不下 50 个。归纳之，其一，广义的人格与个性同义，指一个人所具有的稳定的心理特征的总和，包括需要、气质、性格、能力等。这是心理学中通常的用法，如卡特尔、罗杰斯等主编的《心理学百科全书》以及《中国大百科全书·心理学卷》的定义都采用了这种用法。其二，狭义的人格与性格同义，如国外的心理学教科书常把能力列为一章，把人格列为一章。其三，从道德和伦理的角度来使用“人格”，对人作道德评价，如评价某人人格高尚，某人人格卑劣等等。

本章所说的人格，是相对于认知、情绪、意志等而言的一种心理现象，亦称个性，它反映了一个人总的心理面貌，是相对稳定、具有独特倾向性的心理特征的总和，是在长期的社会生活实践中形成、发展起来的。

二、人格的结构

在日常生活中，人们常常从伦理道德出发，运用“人格”一词对人的行为进行评价。如说某某人格高尚，某某人格卑劣，某某人格缺陷等。这里包含了心理学中关于“人格”这一术语的部分含义。人格是一个多侧面、多层次、多级水平构成的开放系统。一个人完整的人格结构包括人格的心理倾向性和人格特征两个方面。心理倾向包括需要、动机、兴趣、信念和世界观，它们构成了个性心理的动力系统和调节机制，其中需要是人格结构的动力源，动机、兴趣、理想、信念、人生观、价值观和世界观都是在需要的基础上形成的，而世界观又是人格结构的最高调节者。人格特征则主要包括气质、性格等内容。

（一）气质

气质是典型、稳定的心理特点，是心理活动的动力特征之总和。它包括心理活动的速度和强度、灵活性和稳定性以及指向性等，如思维的速度和灵活性、情绪的稳定性和指向性等。

气质具有天赋性。例如婴儿，有的喜吵闹，好动，不认生；有的比较平稳，安静，害怕生人。这就是气质差异的表现。简单说来，气质就是脾气秉性，是人的神经类型特点的外在表现，因此具有天赋性，而且很难改变。俗话说“江山易改，秉性难移”即在于此，但并非绝对如此，气质也具有一定的可塑性。

古希腊医学家希波克拉底认为人体内有血液、粘液、黑胆汁、黄胆汁四种体液，不同的人这四种体液的配置不同。血液优势者为多血质，粘液优势者为粘液质，黑胆汁优势者为抑郁质，黄胆汁优势者为胆汁质。

人们根据希波克拉底的学说一般把气质类型分为以下典型的四种。

胆汁质。这类人精力旺盛，直率、热情，行动敏捷，情绪易于激动，心境变换剧烈。这类大学生有理想、有抱负，有独立见解，反应迅速，行为果断，表里如一；不愿受人指挥，而喜欢指挥别人；一旦认准目标，就希望尽快实现，遇到困难也不折不挠。但学习和工作带有明显的周期性特点，能以极大的热情和旺盛的精力投入学习和工作，一旦精力消耗殆尽，便会失去信心，情绪顿时转为沮丧而心灰意冷。

多血质。多血质的人具有活泼好动、反应迅速、情绪发生快而多变、兴趣容易转移等特征。这类大学生易于适应环境的变化，性情活泼、热情，善于交际，在群体中精神愉快，相处自然，常能机智地摆脱困境；他们在学习和工作上肯动脑、主意多，不安于机械、刻板、循规蹈矩，常表现出较强的工作能力和办事效率；对外界事物兴趣广泛。但容易失于浮躁，见异思迁。

粘液质。粘液质的人安静、稳重，反应缓慢，沉默寡言，情绪不易外露，注意稳定难于转移，善于忍耐。这类大学生反应较为迟缓，但无论环境如何变化，都能基本保持心理平衡；凡事深思熟虑，力求稳妥，一般不做无把握的事情，在各种情况下都表现出较强的自我克制能力；他们外柔内刚，沉静多思，不愿流露内心的真情实感；与人交往时，态度适度，不卑不亢，不爱抛头露面和作空泛的清谈；学习、工作有板有眼，踏实肯干，恪守既定的生活秩序和制度。但他们过于拘谨，不善于随机应变，固定性有余而灵活性不足，有墨守成规、因循守旧的表现。

抑郁质。抑郁质的人孤僻，行动迟缓，情感体验深刻，善于觉察别人不易觉察到的细小事物。这类大学生在生理上难以忍受或大或小的神经紧张，厌恶那些强烈的刺激；他们的感情细腻而脆弱，常为区区小事引起情绪波动；自己心里有话，宁愿自己品味，不愿向别人倾诉；喜欢独处，与人交往时显得腼腆、忸怩；善于领会别人的意图，在团结友爱的集体中，很可能是一个容易相处的人；遇事三思而行，求稳不求快，对力所能及的工作能认真负责地完成。在学习、工作一段时间后，常比别人更感疲倦；在困难面前常怯懦、自卑和优柔寡断。

气质本身无优劣之分，任何一种气质都有其积极的方面和消极的方面，气质也不能决定一个人活动的社会价值和成就的高低。每一种气质类型的人都不乏成功者。据研究，俄国著名文学家普希金、赫尔岑、克雷洛夫、果戈理分别属于胆汁质、多血质、粘液质、抑郁质气质类型。唐代最伟大的诗人李白和杜甫，两人气质类型也不相同，但他们都同样取得了伟大的成绩，成为世界著名作家。因此，大学生要正确对待自己的气质类型，经常有意识地控制自己气质的消极品质，发扬积极品质，以有利于形成良好的个性。而且，更多的人是多种气质的混合体，只是在于哪种气质占主导性地位而已。

专栏 3－1

测测你的气质类型

请认真阅读下列各题，对于每一题，你认为非常符合自己情况的，在后面的括号里填“＋2”；比较符合自己情况的，在后面的括号里填“＋1”；拿不准的，在后面的括号里填“0”；不太符合自己情况的，在后面的括号里填“－1”；完全不符合自己情况的，在后面的括号里填“－2”。

1. 做事力求稳妥，不做无把握的事。（　　）
2. 遇到可气的事就怒不可遏，把心里话全说出来才痛快。（　　）
3. 宁肯一个人干事，不愿很多人在一起。（　　）
4. 到一个新环境很快就能适应。（　　）
5. 厌恶那些强烈的刺激，如尖叫、噪声、危险的镜头等。（　　）
6. 和人争吵时，总是先发制人，喜欢挑衅。（　　）
7. 喜欢安静的环境。（　　）
8. 喜欢和人交往。（　　）
9. 羡慕那种能克制自己感情的人。（　　）
10. 生活有规律，很少违反作息制度。（　　）
11. 在多数情况下情绪是乐观的。（　　）
12. 碰到陌生人时觉得很拘束。（　　）
13. 遇到令人气愤的事时，能很好地自我克制。（　　）
14. 做事总是有旺盛的精力。（　　）
15. 遇到问题常常举棋不定，优柔寡断。（　　）
16. 在人群中从不觉得过分拘束。（　　）
17. 情绪高昂时，觉得干什么都有趣。（　　）
18. 当注意力集中于一件事时，别的事很难使我分心。（　　）
19. 理解问题总比别人快。（　　）
20. 碰到危险情境时，常有一种极度恐怖感。（　　）
21. 对学习、工作、事业怀有很高的热情。（　　）
22. 能够长时间做枯燥、单调的工作。（　　）
23. 符合兴趣的事情，干起来劲头十足，否则就不想干。（　　）
24. 一点小事就能引起情绪波动。（　　）
25. 讨厌做那种需要耐心、细致的工作。（　　）

26. 与人交往不卑不亢。 （ ）
27. 喜欢参加热烈的活动。 （ ）
28. 爱看感情细腻、描写人物内心活动的文学作品。 （ ）
29. 工作、学习时间长了，常感到厌倦。 （ ）
30. 不喜欢长时间谈论一个问题，愿意实际动手干。 （ ）
31. 宁愿侃侃而谈，不愿窃窃私语。 （ ）
32. 别人说我总是闷闷不乐。 （ ）
33. 理解问题常比别人慢些。 （ ）
34. 疲倦时只要短暂的休息就能精神抖擞，重新投入工作。 （ ）
35. 心里有话宁愿自己想，不愿说出来。 （ ）
36. 认准一个目标就希望尽快实现，不达目的，誓不罢休。 （ ）
37. 学习、工作同样一段时间后，常比别人更疲倦。 （ ）
38. 做事有些莽撞，常常不考虑后果。 （ ）
39. 老师或师傅讲授新知识、技术时，总希望他讲慢些，多重复几遍。 （ ）
40. 能够很快忘记那些不愉快的事情。 （ ）
41. 做作业或完成一项工作总比别人花的时间多。 （ ）
42. 喜欢运动量大的、剧烈的体育活动，或参加各种文娱活动。 （ ）
43. 不能很快地把注意力从一件事转移到另一件事上去。 （ ）
44. 接受一个任务后，希望把它迅速完成。 （ ）
45. 认为墨守成规比冒风险强些。 （ ）
46. 能够同时注意几件事物。 （ ）
47. 当我烦闷的时候，别人很难使我高兴起来。 （ ）
48. 爱看情节起伏跌宕、激动人心的小说。 （ ）
49. 对工作抱有认真严谨、始终一贯的态度。 （ ）
50. 和周围人们的关系总是相处不好。 （ ）
51. 喜欢复习学过的知识，重复做已经掌握的工作。 （ ）
52. 喜欢做变化大、花样多的工作。 （ ）
53. 小时候会背的诗歌，我似乎比别人记得清楚。 （ ）
54. 别人说我“出语伤人”，可我并不觉得是这样。 （ ）
55. 在体育活动中，常因反应慢而落后。 （ ）
56. 反应敏捷，头脑机智。 （ ）
57. 喜欢有条理而不甚麻烦的工作。 （ ）
58. 兴奋的事常使我失眠。 （ ）
59. 老师讲新概念时，常常听不懂，但是弄懂以后就很难忘记。 （ ）
60. 假如工作枯燥无味，马上就会情绪低落。 （ ）

根据答案判断气质类型：一为胆汁质，包括2,6,9,14,17,21,27,31,36,38,42,48,50,54,58题。二为多血质，包括4,8,11,16,19,23,25,29,34,40,44,46,52,56,60题。三为粘

液质，包括 1，7，10，13，18，22，26，30，33，39，43，45，49，55，57 题。四为抑郁质，包括 3，5，12，15，20，24，28，32，35，37，41，47，51，53，59 题。分别把属于每一种类型的题的分数相加，得出的和即为该类型的得分。最后进行结果分析：如果某种气质得分明显高出其他三种（均高出 4 分以上），则可定为该种气质；如两种气质得分接近（差异低于 3 分）而又明显高于其他两种（高出 4 分以上），则可定为两种气质的混合型；如果三种气质均高于第四种的得分且相接近，则为三种气质的混合型。由此可以归纳为 13 种类型：①胆汁；②多血；③粘液；④抑郁；⑤胆汁—多血；⑥多血—粘液；⑦粘液—抑郁；⑧胆汁—抑郁；⑨胆汁—多血—粘液；⑩多血—粘液—抑郁；⑪胆汁—多血—抑郁；⑫胆汁—粘液—抑郁；⑬胆汁—多血—粘液—抑郁。

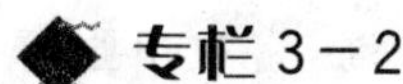
专栏 3-2

心理故事

苏联心理学家做过一个实验，让四个不同气质的人去看晚场戏，以观察其反应。四人到戏院时，戏已开演了。按照戏院规定，演出开始后，观众一般不能再入场擅自走动。检票员建议大家暂在大厅休息等候，待第一场结束后，中间休息时再进去。胆汁质的人性急，当时就与检票员吵了起来，并不顾阻拦强行闯了进去；多血质的人，非常机灵，趁着检票员没注意，悄悄溜到了楼上，恰巧有空位，就坐下来看戏；粘液质的人性情沉稳，做事有耐心，从不越雷池一步，他按照检票员的要求，耐心地在大厅等候，直到第一场戏结束休息时才进去；抑郁质的人感到十分沮丧，再也提不起看戏的兴致，转身回家了。

（二）性格

性格是人格的核心。性格心理学的研究表明，不同心理学家在确定性格的概念时有不同的理解。西方的许多心理学教科书把性格（Character）与个性（Personality）视为同义语。而在中国心理学教科书中，一般把性格确定为“一个人对现实的态度和行为方式中的比较稳定的独特的心理特征的总和”。

个人的性格一经形成就具有相对稳定性。在某种情况下，一个人总是表现出特定的生活感情和态度。所谓性格的稳定性是指人的性格基本结构是不变的。而在不同情况下同一种性格可以以不同形式表现出来。性格不是指某种个别的心理特征，而是某些心理特征在一个人身上的有机结合，体现出个人的独特风格。比如，一个人对工作勤勤恳恳、认真负责、勇于创新以及热心助人等就是他的性格的独特性。一个人的性格品质，如善与恶、公与私、有情与无情等都是属于道德品质的性格特征；而严肃、认真、自尊、固执等，虽不直接和道德品质相关联，但它们也涉及人和人的关系，常常依从于道德品质，因此，它们也要受到或好或坏的评价。

心理学家对性格有各种不同的分类，以下介绍两种常见的分类方法。

（一）心理活动倾向类型

瑞士心理学家荣格根据心理活动倾向于外部还是内部，把性格分为外倾型和内倾型两大类。

外倾型的人其特点表现为：适应能力强，对人对事都能很快熟悉起来；表情丰富，情感外露，易激发情绪；善交往，不太注意客观环境的反应；自己喜欢自由，缺乏谦虚态度；反应敏捷，动作迅速而好动，但不太多思考，做事不太仔细。

内倾型的人其特点表现为：不易适应环境，不轻易相信别人，不善与人交往；愿独处，喜欢安静；反应敏感，往往心胸狭窄，不宽容人，多思虑，好疑心；冷静，办事稳妥。

（二）A 型性格和 B 型性格

20 世纪 50 年代，美国心理学家弗雷德曼和罗斯曼（M. Friedreman，A. H. Rosenman）根据人们在时间匆忙感、紧迫感以及好胜心等方面的特点，而将人的性格划分为 A 型性格和 B 型性格两大类。

A 型性格者时间感特别强，生活节奏快，好激动，缺乏耐心，抱负水平高，喜欢争强好胜，对人一般怀有戒心或敌意。B 型性格者则表现为悠闲自得，不爱紧张，一般无时间紧迫感，与世无争，沉着镇静，有耐心，能容忍人，人际关系和谐等。以后，人们又划分出 M 型（A 与 B 的中间型）、MB 型（中偏 B 型）和 MA 型（中偏 A 型）等。性格不仅影响一个人的心理功能和社会活动效果，同时也与个体心理健康关系密切。比如，A 型性格的人由于情绪反应强烈，因而易患心脑血管疾病；而 B 型性格的人由于过分地压抑、克制、忍耐，而使屈辱、愤懑、焦虑等消极情绪得不到适当的疏泄，因而癌症的发病率较高。

专栏 3－3

测一测你是什么性格类型

下列 50 道题，每题有 3 种答案“是”、“否”和“?”，请在与你的情况相符合的答案上画√。

(1)我与观点不同的人也能友好地往来。 是□ 否□ ?□

(2)我读书较慢，力求完全看懂。 是□ 否□ ?□

(3)我做事较快，但较粗糙。 是□ 否□ ?□

(4)我经常分析自己，研究自己。 是□ 否□ ?□

(5)生气时我总是不加抑制地把怒气发泄出来。 是□ 否□ ?□

(6)在人多的场合我总是力求不引人注意。 是□ 否□ ?□

(7)我不喜欢写日记。 是□ 否□ ?□

(8)我待人总是很小心。 是□ 否□ ?□

(9)我是个不拘小节的人。 是□ 否□ ?□

(10)我不敢在众人面前发表演说。 是□ 否□ ?□

(11)我能够做好领导团体的工作。 是□ 否□ ?□

(12)我常会猜疑别人。 是□ 否□ ?□

(13)受到表扬后我会工作更努力。 是□ 否□ ?□

(14)我希望过平静、轻松的生活。 是□ 否□ ?□

(15)我从不考虑自己几年后的事情。 是□ 否□ ?□
(16)我常会一个人想入非非。 是□ 否□ ?□
(17)我喜欢变换工作。 是□ 否□ ?□
(18)我常常回忆自己过去的生活。 是□ 否□ ?□
(19)我喜欢参加集体娱乐活动。 是□ 否□ ?□
(20)我总是三思而后行。 是□ 否□ ?□
(21)使用金钱时我从不精打细算。 是□ 否□ ?□
(22)我讨厌在我工作时有人在旁边观看。 是□ 否□ ?□
(23)我始终以乐观的态度对待人生。 是□ 否□ ?□
(24)我总是独立思考问题。 是□ 否□ ?□
(25)我不怕应付麻烦的事情。 是□ 否□ ?□
(26)对陌生人我从不轻易相信。 是□ 否□ ?□
(27)我几乎从不主动制订学习或工作计划。 是□ 否□ ?□
(28)我不善于结交朋友。 是□ 否□ ?□
(29)我的意见和观点常会发生变化。 是□ 否□ ?□
(30)我很注意交通安全。 是□ 否□ ?□
(31)我肚里有话藏不住,总想对人说出来。 是□ 否□ ?□
(32)我常有自卑感。 是□ 否□ ?□
(33)我不大注意自己的服装是否整洁。 是□ 否□ ?□
(34)我很关心别人对我有什么看法。 是□ 否□ ?□
(35)和别人在一起时,我的话总是比别人多。 是□ 否□ ?□
(36)我喜欢独自一个人在房内休息。 是□ 否□ ?□
(37)我的情绪很容易波动。 是□ 否□ ?□
(38)看到房间里杂乱无章,我就静不下心来。 是□ 否□ ?□
(39)遇到不懂的问题我就去问别人。 是□ 否□ ?□
(40)旁边若有说话声或广播声,我就无法静下心来学习。 是□ 否□ ?□
(41)我的口头表达能力还不错。 是□ 否□ ?□
(42)我是个沉默寡言的人。 是□ 否□ ?□
(43)在一个新的环境里,我很快就能够熟悉。 是□ 否□ ?□
(44)我同陌生人打交道,常感到为难。 是□ 否□ ?□
(45)我常常会过高地估计自己的能力。 是□ 否□ ?□
(46)遭到失败后我总是忘却不了。 是□ 否□ ?□
(47)我感到脚踏实地的工作,比探索理论更重要。 是□ 否□ ?□
(48)我很注意同伴们的工作或学习成绩。 是□ 否□ ?□
(49)比起读小说和看电影来,我更喜欢郊游和跳舞。 是□ 否□ ?□
(50)买东西时,我常常犹豫不决。 是□ 否□ ?□

说明:题号为单数的题目,每圈一个"是"计 2 分,每圈一个"?"计 1 分,每圈一个"否"计

0 分；题号为双数的题目，每圈一个“否”计 2 分，每圈一个“?”计 1 分，每圈一个“是”计 0 分。最后将各题的分数相加，其和即为你的性格倾向指数。总分在 0～19 分，性格倾向于内向；总分在 20～39 分，性格倾向于偏内向；总分在 40～59 分，性格倾向于中间型；总分在 60～79 分，性格倾向于偏外向；总分在 80～100 分，性格倾向于外向。

温馨提示：内向型性格的人要发扬稳重、细心、自制力强、善于克制的良好品质；克服保守、缺乏创新精神、不善交际的缺点。外向型性格的人要发扬热情、开朗、善于交际、适应环境能力强、独立性强的良好品质；克服急躁、草率、缺乏耐心的缺点。

三、影响人格形成与发展的因素

在一个人的人生发展历程中有许多因素会影响到人格的发展，人格的塑造是先天、后天因素共同作用的结果。研究表明：人格是环境与遗传交互作用的产物。在人格培养过程中，既要看到个体的生物遗传的影响，更要看到社会文化的决定作用。

（一）生物遗传因素

研究结果表明：遗传是人格不可缺少的影响因素，但遗传因素对人格的作用程度因人格特征的不同而不同。通常在智力、气质这些与生物因素关系密切的特征上，遗传因素较为重要；而在价值观、信念、性格等与社会因素关系紧密的特征上，后天环境因素更为重要。

（二）家庭环境因素

家庭常被视为人格的加工厂，它塑造了人们不同的人格特征。家庭虽然是一个微观的社会单元，但它对人格的培育起到了至关重要的作用。父母们按照自己的意愿和方式教育孩子，使他们逐渐形成了某些人格特征。孩子的人格是在与父母的持续相互作用中逐渐形成的，孩子在批评中长大，就学会了责难；在敌意中长大，就学会了争斗；在虐待中长大，就学会了伤害；在支配中长大，就学会了依赖；在干涉中长大，就会被动与胆怯；在娇宠中长大，就学会了任性；在否定中长大，就学会了拒绝；在鼓励中长大，就增长了自信；在公平中长大，就学会了正义；在宽容中长大，就学会了耐心；在赞赏中长大，就学会了欣赏；在爱中长大，就学会了爱人。

上述说法尽管并不绝对，但也说明了家庭教养方式对孩子人格发展的重大影响。

家庭教养方式一般可以分为三类：

1. 权威型教养方式。成长在这种教育环境下的孩子容易形成消极、被动、依赖、服从、懦弱、做事缺乏主动性、自信心差等人格特征。

2. 放纵型教养方式。这种放养方式下的孩子多表现为任性、幼稚、自私、野蛮、无礼、独立性差、唯我独尊、蛮横等人格特征。

3. 民主型教养方式。这种教育方式更容易使孩子形成一些积极的人格品质，如：活泼、自信、直爽、自立、彬彬有礼、善于交往、善于合作、思想活跃等。由此可见，父母教养方式会直接影响孩子某些人格特征的形成。

（三）学校教育因素

学校是有目的、有计划地向学生施加影响的教育场所。教师、校风、班风、同龄群体都是学校教育的元素。

1.教师对大学生人格的发展具有指导定向作用。教师的人格特征、行为模式与思维方式会对学生产生巨大影响。在专制型、放任型和民主型等不同的风格下，学生表现出不同的人格特点。

2.教师的公平公正性对大学生人格的发展有着至关重要的影响。著名的“皮格马利翁效应”的传奇故事，说明了每个学生都需要老师的关爱，在教师的关注下，他们会朝着老师期望的方向发展。

3.校风、班风对大学生的人格发展也有不同影响。在文明友爱、积极上进、团结民主等氛围中学习和生活，学生容易养成良好的性格。

4.同龄群体对大学生人格也具有很大的影响。同龄群体之间的潜移默化在大学生人格形成发展中，有时也会起到意想不到的作用，“近朱者赤，近墨者黑”就是这个道理。总之，学校是大学生人格社会化的主要场所，对他们人格的形成与发展具有重要影响。

（四）社会文化因素

人一出生便置身于社会文化的包围之中，并受社会文化的熏陶与影响，而且这种影响伴随着人的终生。不同的社会文化，如民族文化、宗教信仰文化等，塑造了社会成员的不同的人格特征。社会文化对人格的影响力一直被人们所认可，特别是对后天形成的一些人格特征，如性格、价值观等。而且，社会文化因素常常决定了人格的某些共同性特征，它使同一社会的个体在人格上具有一定程度的相似性，如民族性格等。

（五）自然物理因素

生态环境、气候条件、空间拥挤程度等物理因素都会影响人格。一个著名的跨文化心理学研究实例是关于阿拉斯加的爱斯基摩人和非洲的特姆尼人的比较研究，这个研究说明了生态环境对人格的影响作用。

爱斯基摩人以渔猎为生，夏天在船上打渔，冬天在冰上打猎。主食为肉类，没有蔬菜。过着流浪生活，以帐篷遮风避雨。这个民族以家庭为单元，男女平等，社会结构比较松散，除了家庭约束外，很少有持久、集中的政治与宗教权威。在这种生存环境下，孩子们逐渐形成了坚定、独立、冒险的人格特征。而特姆尼人生活在杂色灌木丛生的地带，以农业为主，种田为生。居住环境固定，形成三五百人的村落。社会结构紧固，有分化明显的社会阶层，建立了比较完整的部落规则。在哺乳期时，父母对孩子很疼爱，断奶后就要予以严格管教，使孩子形成了依赖、服从、保守的人格特点。由此可见，不同的生存环境影响了人格的形成。

另外，气温也会导致某些人格特征的频率提高。如热天会使人烦躁不安，对他人采取负面反应，甚至发生进攻他人等反社会行为。世界上炎热的地方，也是攻击行为较多的地方。自然环境对人格不起决定性影响作用，更多地表现为一时性影响，而且多体现在行为层面上。自然物理环境可以为某些特定行为提供注解。在不同的物理环境中，人可以表现出不同的行为特点。

（六）自我教育因素

人在实践活动中，在接受环境影响的同时，个人的主观能动性也起着积极的作用，因为所有的环境因素和一切外来的影响都必须通过个体的自我调节才能起作用。大学阶段正是人生观、价值观、理想、信念等人格倾向性形成的关键时期，也是能力、性格等人格心理特征形成和发展的关键时期，因此，大学生的人格仍然具有较大的可塑性。大学生在人格形成的过程中，从环境接受什么、拒绝什么，希望成为什么样的人、不希望成为什么样的人，希望塑造什么样的人格特征、不希望形成什么样的人格特征等，在一定程度上说明自己具有主动权，自己要为自己人格的形成负主要责任。

第二节　大学生人格的特征

当今的大学生大多是18～22岁，处于心理发展趋向成熟但尚未完全成熟的青年中期，处于这个阶段的大学生群体经济上没有完全独立，大多过着象牙塔式的校园生活，具有了相对丰富的书本知识，也开始广泛参与一系列社会实践活动，积累了一定的社会经验。同时，由于年龄的限制以及社会阅历的贫乏，大学生的心理发展还存在一定的不足。因而，大学生人格的发展就表现出不同于其他阶段群体的独特性特征。

一、基本能正确认识自我，但自我意识不够成熟

一方面，能自我接纳，基本上能接受自身的一些特点，对自己有着较多积极的、正面的看法，也能容忍自我与他人在学习、经济实力等方面的差异；能有效自我调控，善于控制自己的情绪，遭遇挫折、失败时虽悲伤、难过，但经过一段时间的调节大多能从失败的阴影中走出，并重新振作，为了下一个目标和愿望而努力。但另一方面，对现实自我与理想自我之间的差距估计不足，往往对自己有太高的期望和目标，或者自我效能感不高，也就是常常认为自己不能胜任繁重的学习任务，这些都是自我意识发展不成熟的重要表现。

二、智能结构健全，但存在一定的认知偏差

大学生大多具有良好的观察力、记忆力、注意力、想象力、思维力，具有一定的独立解决问题的能力，没有认知障碍，各种认知能力不断发展、不断成熟，并在学习、生活中发挥其作用。大学生在学习、生活中，有时也会出现认识事物片面、绝对的错误，如有的大学生失恋后陷入痛苦中不能自拔，认为“除了他(她)，我再也不会爱其他人了”。或者，考试失败后，单纯认为“自己太笨了，不够聪明，所以才没有考过其他同学”。这些都是大学生常有的认知偏差。

三、情绪情感健康发展，但具有一定程度的急躁、不稳定性

情感丰富多彩，且多是积极、健康的情绪情感，并能认识自己的情绪；能用适当的方式表达、调节自己的情绪情感，表现出稳定性与波动性、外显性与内隐性并存的状态。如大多大学生在受到不公正对待时能大胆表达出自己的愤怒，而不压抑、委曲求全，在遇到烦恼时能主动与家人、朋友沟通，以让自己开心快乐，从而保持积极的情绪。处于这一阶段的大学生情绪情感发展良好，但在为人处世时也表现出好冲动、急躁、易怒等不良情绪表现。

四、社会适应能力有很大提高，但依然欠缺社会经验

社会适应，是个人或群体与社会环境之间的积极的互动关系处于一种良好的状态，具体是指个人或群体在与社会环境相互作用的过程中，通过不断调整自己的身心状态，使自己与社会环境协调、和谐的状态。大学生的社会适应性发展主要表现出以下特点。

（一）有一定的竞争意识

此阶段的大学生一般不害怕竞争与挑战，把学业看作大学生活的重要部分，在学业上有较强的进取心和责任感，不断具备步入社会所应有的专业素质。

（二）对外部世界有着浓厚的兴趣

大学生一般都有广泛的校园活动范围和爱好，积极参与各种形式的社会实践，并在实践活动中不断提高自身与社会相适应的能力；能较客观地认识社会现象，并能有效应对社会环境给自己带来的不良影响。但有些大学生要么低估社会的复杂性，夸大社会的负面现象，要么对社会的复杂性没有正确认识，比较单纯幼稚地看待社会，这都是大学生社会适应能力不足的表现。

（三）人际交往范围不断扩大

大学生人际交往能力不断提高，能与来自全国各地的同学成为朋友，并基本能较好地相处。但在人际交往中同样存在一些不可克服的心理障碍或困惑，显得有些轻狂或羞怯。

这些特点表明，我国大学生人格发展状况基本良好，大多数大学生的人格发展具有良好的自觉性和积极性，但同时也存在一些明显的不足，存在诸如人际交往、情感等方面的人格障碍问题，这不得不引起人们对大学生人格障碍问题的广泛关注。

第三节　大学生常见的人格障碍

总的来看，大学生人格发展状况的主流是积极的、健康的，但也不可否认，由于种种因素的影响，大学生在成长过程中仍存在着许多不容忽视的人格障碍。

一、什么是人格障碍

人格障碍，亦称病态人格，这个词来源于1806年发生在法国的一个故事：有一个农民，因为暴怒把一个和他无冤无仇的妇女扔到了井里。后来医学界就出现了一个新名词，叫精神病理性卑劣，当时还没有“人格障碍”这个说法。后来，人们用病态人格代替这个词，再后来就出现了现在通用的“人格障碍”这个词。对于“什么是人格障碍”，不同领域的学者也是各抒己见。

著名精神病学家施奈德对人格障碍的定义是：人格障碍是一种人格异常，由于其人格的异常而妨碍其人际关系，给本人带来痛苦，甚至给社会造成危害。

从病理学角度看，人格障碍是指人格特征显著偏离正常，使患者形成了特有的行为模式，对环境适应不良，常影响其社会功能，甚至与社会发生冲突，给自己或社会造成恶果的

一种症状，有时与精神疾病有相似之处，或易于发生精神疾病，但其本身并非病态。

从社会学角度看，它是指一种偏离自身所处的社会文化期望范围的、持久的非正常行为方式或内心体验。这种障碍会导致社会功能不良，或导致个人内心痛苦。

简单来看，具有人格障碍的人就是在性格、气质等方面表现出极端、负面特征，与人交往不顺利，无法适应社会环境，常出现焦虑、痛苦等极端症状，对自我、他人、社会都可能造成伤害。这些定义从不同侧面对人格障碍作了相关的描述，大多强调了人格障碍对自我或社会造成的不利影响。

人格障碍作为一种病态人格，无法像定义物理、化学的概念一样客观、量化，但通过了解临床表现可以有助于加深对人格障碍的理解。综合而言，临床上发现的人格障碍者，大多有下述几个特点：一是一般于早年有不同于大多数儿童的迹象，至青春期前后，畸形开始明显化；二是其人格明显偏离正常限度；三是社会适应不良和内心痛苦；四是矫正比较困难，而且人格特质难以协调，有偏执性。

二、常见的人格障碍类型及其表现

人格障碍是一些适应困难的人格类型，根据前人的相关研究，下面具体介绍几种常见的人格障碍类型及其在大学生群体中的主要表现。

（一）偏执型人格

偏执型人格又叫妄想型人格，《中国精神疾病分类方案与诊断标准》将偏执型人格的特征描述（患者的症状至少要符合下述项目中的三项方可诊断为偏执型人格障碍）为：

1.广泛猜疑，常将他人无意的、非恶意的甚至友好的行为误解为敌意或歧视，或无足够根据而怀疑会被人利用或伤害，因此过分警惕与防卫。

2.将周围事物解释为不符合实际情况的“阴谋”，并可成为执念。

3.易产生病态嫉妒。

4.过分自负，若有挫折或失败则归咎于人，总认为自己正确。

5.好嫉恨别人，对他人的错不能宽容。

6.脱离实际地好争辩与敌对，固执地追求个人不够合理的“权利”或利益。

7.忽视或不相信与患者想法不相符合的客观证据，因而很难以说理或事实来改变患者的想法。

具有此人格障碍的人极度过敏、心胸狭隘、固执己见，难以接受他人的意见；自以为是，高估自己，同时又很自卑，过高要求他人；很计较个人得失，遇到困难或挫折埋怨他人；爱无端猜疑、嫉妒他人，过分警惕，对他人缺乏应有的信任，人际关系淡薄。

（二）强迫型人格

强迫型人格的最主要特征是要求严格和完美，容易把冲突理智化，具有强烈的自制心理和自控行为。《中国精神疾病分类方案与诊断标准》将强迫型人格障碍的症状表现描述（患者状况至少符合下述项目中的三项方可诊断为强迫型人格障碍）为：

1.做任何事情都要求完美无缺、按部就班、有条不紊，因而有时反而会影响工作的效率。

2.不合理地坚持别人也要严格地按照他的方式做事，否则心里很不痛快，对别人做事很不放心。

3. 犹豫不决，常推迟或避免做出决定。

4. 常有不安全感，穷思竭虑，反复考虑计划是否适当，反复核对检查，唯恐疏忽和差错。

5. 拘泥细节，甚至生活小节也要"程序化"，不遵照一定的规矩就感到不安或要重做。

6. 完成一件工作之后常缺乏愉快和满足的体验，相反容易悔恨和内疚。

7. 对自己要求严格，过分沉溺于职责义务与道德规范，无业余爱好，拘谨吝啬，缺少友谊往来。

具有这种人格的人固执迂腐，刻板保守，过于认真，凡事按部就班、循规蹈矩，缺乏灵活性，在学习、工作中动作缓慢，一旦受到干扰，就会焦虑不安。由于强迫型人格的人过分苛求精确，因而做事犹豫不决、瞻前顾后，不敢出一点小错误，导致做任何事情都效率极低。

（三）癔症型人格

《中国精神疾病分类方案与诊断标准》将癔症型人格障碍的症状诊断标准定为（患者至少具有下述项目中的三项症状方可被诊断为癔症型人格）：

1. 表情夸张像演戏一样，装腔作势，情感体验肤浅。

2. 暗示性高，很容易受他人的影响。

3. 自我中心，强求别人符合他的需要或意志，不如意就给别人难堪或表示强烈不满；常渴望表扬和同情，感情易波动。

4. 寻求刺激，过多地参加各种社交活动。

5. 需要别人经常注意自己，为了引起注意，不惜哗众取宠、危言耸听，或者在外貌和行为方面表现得过分吸引他人。

6. 情感反应强烈易变，完全按个人的情感判断好坏。

7. 说话夸大其词，掺杂幻想情节，缺乏具体的真实细节，难以核对。

具有这种人格的人过分需要赞赏，或想方设法寻求注意，感情幼稚，富于幻想，依赖性和暗示性强，以自我为中心，追求刺激，爱出风头。他们大多生活在幻想的世界里，根据内心的愿望和需要，把自己当成心中的形象，结果欺骗了他人也欺骗了自己。他们情绪变化莫测，易于激动，对人感情浮浅，缺乏知心朋友。

（四）自恋型人格

该人格来自于一个美丽的古希腊神话：一位英俊的少年叫纳喀索斯，一天，他于水中发现了自己的影子，便一见倾心，再无心恋及他人他事，在水边依依不忍离去，终于憔悴而死。后来，心理学上便以纳喀索斯的名字来命名自恋症。对自恋型人格障碍的诊断，目前尚无完全一致的标准，一般认为其特征（只要出现其中的五项，即可诊断为自恋型人格）如下：

1. 对批评的反应是愤怒、羞愧或感到耻辱（尽管不一定当即表露出来）。

2. 喜欢指使他人，要他人为自己服务。

3. 过分自高自大，对自己的才能夸大其词，希望受人特别关注。

4. 坚信他关注的问题是世上独有的，不能被某些特殊的人物了解。

5. 对无限的成功、权力、荣誉、美丽或理想爱情有非分的幻想。

6. 认为自己应享有他人没有的特权。

7. 渴望持久的关注与赞美。

8. 缺乏同情心。

9. 有很强的嫉妒心。

（五）分裂型人格

分裂型人格主要以观念、外貌和行为奇特以及人际关系有明显缺陷，且情感冷淡为主要特点。《中国精神疾病分类方案与诊断标准》对分裂样人格障碍的特征表述（患者症状至少符合下述项目中的三项方可诊断为分裂样人格障碍）为：

1. 有奇异的信念或与文化背景不相称的行为，如相信透视力、心灵感应、特异功能和第六感官等。

2. 奇怪的、反常的、特殊的行为或外貌，如服饰奇特、不修边幅、行为不合时宜、习惯或目的不明确。

3. 言语怪异，如离题、用词不当、繁简失当、表达意见不清，并非文化程度或智能障碍等因素所引起。

4. 不寻常的知觉体验，如一闪即逝的错觉、幻觉，看见不存在的人。

5. 对人冷淡，对亲属也不例外，缺少温暖体贴。

6. 表情淡漠，缺乏深刻或生动的情感体验。

7. 多单独活动，主动与人交往仅限于生活或工作中必需的接触，除一级亲属外无亲密友人。

这类大学生过分内向，孤僻胆怯，不与人交往，很难与他人建立深切的情感联系，缺乏应变能力，社会适应能力不良，很难适应丰富多彩的大学环境；其思维与众不同，自私利己，行为怪诞，缺乏学习的积极性和主动性。

（六）回避型人格

回避型人格又叫逃避型人格，美国《精神障碍的诊断与统计手册》（DSM-Ⅳ）中对回避型人格的特征定义为（满足其中的四项，即可诊断为回避型人格）：

1. 易因他人的批评或不赞同而受到伤害。

2. 除了至亲之外，没有好朋友或知心人（或仅有一个）。

3. 除非确信受欢迎，一般总是不愿卷入他人事务之中。

4. 行为退缩，对需要人际交往的社会活动或工作总是尽量逃避。

5. 心理自卑，在社交场合总是缄默无语，怕惹人笑话，怕回答不出问题。

6. 敏感羞涩，害怕在别人面前露出窘态。

7. 在做那些普通的但不在自己常规之中的事时，总是夸大潜在的困难、危险或可能的冒险。

有回避型人格障碍的大学生被批评指责后，常感到自尊心受到了伤害而陷于痛苦，且很难从中解脱出来。他们害怕参加社交活动，担心自己的言行不当而被人讥笑讽刺，因而，即使参加集体活动，也常躲在一旁沉默寡言。在处理一般问题时，往往也表现得瞻前顾后，常常等到下定决心时，却又错过了解决问题的时机。

限于篇幅，以上只列出了这几种人格障碍类型，但大学生在发展过程中由于多方面因素的影响会出现多种形式的人格障碍，这是毋庸置疑的。目前，大学生的人格发展也已引起国内外学者以及社会大众的重视，有人对中国大学生人格障碍的现状进行了调查，研究得出：全体大学生样本12种人格障碍类型的阳性检出率在1.2%～27.6%之间，最高为表演型(27.6%)，最低为分裂型(1.2%)；男生偏执型、分裂型、反社会型、自恋型、强迫型、被动攻击型的阳性率显著高于女生，依赖型阳性率显著低于女生；农村家庭学生、单亲家庭和寄养家庭学生、贫困家庭学生人格障碍阳性率较高。虽然调查研究的结论具有一定的局限性，但这也在一定程度上说明了大学生人格发展的确存在一些亟待解决的问题，存在人格障碍的大学生日渐增多，这应引起大学生自身、家庭、学校、社会的重视与关注，以促进大学生人格的健康发展、提高大学生的综合素质。

第四节　大学生健全人格的塑造

一、健全人格的标准

一般而言，健全的人格是指人格和谐、全面、健康地发展，它是现实人格的良好状态，是与社会环境相适应、为其他社会成员所接受而又充分表现个人个性特征的人格模式。健康、完整的人格包括良好的个性心理特征和行为方式，表现为对自己、对外界的态度和行为方式符合社会规范，协调稳定，具有良好的社会适应性。

关于"什么是健全人格"、"健全的人格主要有哪些特征"之类的问题，不同心理学家作出了不同的研究与阐述。

（一）马斯洛的健全人格观

马斯洛在对自我实现者的研究基础上提出了健康人格理论。他认为，自我实现的人就是人的内在本性得到顺利发展的人，或者说基本需要得到了充分满足的人，他描述了自我实现者的15个特征：①对现实的更有效的洞察力；②对于自我、他人和自然的接受；③行为的自然流露；④以问题为中心；⑤超然独立的特性；⑥对于环境的相对独立性；⑦欣赏的时时常新；⑧较多的高峰体验；⑨深沉的社会感情；⑩精粹的私人关系；⑪民主的性格结构；⑫区分手段与目的；⑬富于哲理与善意的幽默感；⑭创造力；⑮对文化适应的抵抗。

（二）奥尔波特的健全人格观

奥尔波特认为，具有健康人格的人是成熟的人，衡量成熟的人的标准是：①专注于某些活动，在这些活动中是一个真正的参与者；②对父母、朋友等具有显示爱的能力；③有安全感；④能够客观地看待世界；⑤能够胜任自己所承担的工作；⑥客观地认识自己；⑦有坚定的价值观和道德观。

（三）弗兰克的健全人格观

弗兰克认为，具有健康人格的人是超越自我的人。超越自我的人被概括为：①在选择自己的行动方向上是自由的；②自己负责处理自己的生活；③不受自己之外的力量支配；④缔造适合自己的有意义的生活；⑤有意识地控制自己的生活；⑥能够表现出创造的、体验的态度；⑦超越了对自我的关心。

（四）黄希庭的健全人格观

中国学者黄希庭教授曾进行过"儿童青少年健全人格养成教育研究"，通过调查研究把健全人格者的特征概括为能以辩证的态度对待世界、他人、现在和未来以及困难与挫折，做一个自立、自信、自尊、自强、幸福的进取者。具体来看包括以下方面：①对世界抱开放态度，乐于学习、吸取新经验；②以正面的眼光看待他人，有良好的人际关系；③以正面的态度看待自己，能自知自尊、自我悦纳；④以正面的态度看待现在和未来，追求现实而高尚的生活目标；⑤以正面的态度对待挫折，能调控情绪，心境良好。

二、大学生健全人格的特征

关于健全人格的标准，不同学者有不同的看法，综合众多专家学者的观点，并根据当代大学生发展的现状以及自身的体会，我们提出了当代大学生具有健全人格的主要表现有以下几个方面。

（一）爱惜自己的生命，呵护自己的心灵

1948 年世界卫生组织（WHO）成立时，在宪章当中把健康定义为："健康乃是一种生理、心理和社会适应都臻完满的状态，而不仅仅是没有疾病和虚弱的状态。"健康，不再单单指身体上没有疾病，更包括心理上、社会适应性上处于良好的状态。这种健康的观念已深入人心，为人们所认可。现代的健康不应仅仅局限于身体的健康，更包括心理、社会适应、道德等方面的健康发展。因而，具有健全人格的大学生就要具有这种现代的健康观念，懂得科学的养生之道，也就是既要爱惜自己的生命，注重锻炼身体，合理搭配学习与娱乐时间，做到劳逸结合。同时，也要呵护自己的心灵，遇到困惑、烦恼时能及时自我调节，或者寻求同学、老师、父母、心理学专家的开导与帮助，做一个身心健康的大学生。

（二）能客观认识世界，热爱生活

随着年龄的增长，大学生的认识能力不断成熟，具有健全人格的大学生能客观、全面、辩证地认识自我、他人、事件，不走极端、不片面，不过度绝对地评判自己、他人或事件。在学习、生活中，是自尊、自信、自爱的人，懂得尊重自己的同时，也尊重同学、老师、父母；做事充满自信，朝气蓬勃，并懂得化自卑为力量，改变可以改变的东西，接受不能改变的东西；对世界充满好奇，兴趣广泛，不孤立地蜷缩在自己的世界里，对生活抱有希望、信心和勇气。

（三）具有爱的能力

爱是人类情绪体验中最强烈的一种情感，缺少爱是很多心理疾病发生的重要根源，因而，具有健全人格的大学生要具有爱的能力，包括付出爱与接受爱的能力。首先，要懂得自爱，同时也要关心、照顾自己的父母、同学，正确地疼爱自己的恋人，热心帮助需要帮助的人，热爱自然界的生灵，要懂得要想得到爱，必须自己会付出爱。同时，要学会用正确的方式去表达爱，大学生要会用笑脸与鼓励、语言与身体的接触等合适的方式爱自己身边的朋友、自己的父母、老师或恋人，用心、用爱去填满自己的"储爱槽"（米尔曾提出著名的储爱槽理论，认为我们是否能拥有爱情，在于我们是否付出爱）。

（四）具有适当的目标和规划

合理的目标能激励人不断成长发展，有了坚定适当的目标，人才活得充实、活得幸福、活得坚强。因而，人格健全的大学生须有合理的人生目标，设立目标时遵循长期目标与短期目标的统一，懂得目标的多元性，不单单为了完成学习目标而放弃其他综合素质培养目标。同时，在不同目标面前，能果断做出选择，并对自己的选择负责，也就是能执著地追求

目标的实现，表现得有毅力、耐力和挫折忍受力，并在追求目标实现的过程中使自己的大学生活过得充实而有意义。

（五）具有良好的人际关系，社会适应性较强

美国著名心理学家和人际关系学家卡内基曾说，一个人事业的成功，只有15%是靠专业技术，而85%是靠人际关系。中国社会非常重视关系、人情、面子，非常讲究处事之道。所以，大学生必须要善于经营自己的人际关系，懂得人际处世之道，如果一味离群索居，不善与人交往，这本身就是一种心理障碍，就更不能称其为人格健全的人。因而，具有健全人格的大学生，应能主动与同学结交，能广泛参与班级、学校组织的各种社会实践活动，在活动中表现出积极主动、热情大方，能与他人保持和谐的人际关系；同时，能不断克服人际交往中存在的弱点，不断走出人际交往中存在的误区，能及时正确化解与他人存在的冲突或矛盾；不断学习并能运用人际交往的艺术，懂得微笑，会赞美他人，能体谅、宽容他人。

（六）具有不断完善的自我意识

自我意识是组成人格的重要内容，成熟的自我意识水平也是健全人格的重要标志。具有健全人格的大学生的自我意识水平不断趋向成熟，具有了一定的成人感和独立意识，不人云亦云，并能适当接受他人的建议；能够认清现实自我，并能为实现理想自我而不断追求，不自我陶醉、好高骛远，也不过度自卑、不思进取。能客观认识和评价自我，包括自己的相貌、体态、认知、情感等，对自我的认识越来越深入，如不再单纯依靠长相来选择同伴；同时，能客观地评价自我，不把自己估计得一文不值，也不过高地认为自己无所不能，不盲目顺从或拒绝他人的意见。

三、大学生健全人格的塑造

人格具有稳定性、确定性，但人格也是可以塑造的，如何塑造大学生健全的人格呢？这需要来自大学生自身、家庭、学校、社会等的支持与配合。对家庭而言，父母要注重温暖、和谐家庭氛围的营造，应敏锐地觉察并处理孩子发展过程中存在的心理问题；高校更应重视大学生心理健康教育的力度，教师应加强自身人格魅力的完善，努力创设活跃、自由、民主的课堂气氛；社会应积极创建和谐的大环境，特别是加强网络、传媒等的督察力度。但是，各方力量要真正起作用，必须经过大学生自身的“消化”。因而，我们重点探讨大学生自身该如何为健全自己的人格而作出努力。有的大学生也许会问：“人的个性能改变吗?”，而且相信很多人也在为自己个性方面的不足而苦恼或困惑。为此，我们就来探讨大学生自身该如何优化自己的人格，以期给大学生完善自我人格以有益启示。

（一）正确认知，消除认知偏差

大学生健全人格的一个很重要的表现就是能客观认识现实中发生的一切。要能正确认知，就要时刻提醒自己努力做到以下两个方面：

一要客观、全面、辩证地看待事物，如正确对待学习、生活过程中发生过或正在发生的学业上的后退以及生活中与同学、家人等的人际冲突，敢于面对学业、经济、感情等方面的压力，要看到其有利的一面，同时也要在压力、失败中看到希望，充满自信，全面、辩证地看待他人、事件和自我。

二要养成积极乐观的归因方式，避免消极归因，也就是要客观对待他人行为或事件发生的原因，不过度抱怨他人或悲观厌世，如不要把找工作中的失败单纯归咎于个人因素或环境因素，应反思成败的自身原因和他人、运气等外部原因，不要认为一次求职失败是由于自身能力差、长相丑等，因为这种消极的归因方式的长期存在不利于人格健康成长，最终导致失去好的择业或发展机会。

（二）加强情绪管理，调节不良情绪

情绪影响人的学习、工作和生活是每个人都有的体会，积极的情绪有助于学习效率的提高、亲社会行为的发生以及生活质量的提高，这是多数人已经达成的共识和曾经有过的真实体会。而在现实生活中，个人学习、生活中的不顺，人际交往中的冲突，社会竞争的压力，都会使人产生焦虑、紧张、伤心、郁闷等不良情绪。因而，大学生要善于管理好自己的情绪、情感，做情绪、情感的主人，而不是做情绪、情感的奴隶。

1. 积极觉察自己的情绪

也就是要注意提醒自己："现在我的情绪怎么样？"比如当你因比赛失利而提不起精神时，不妨问问自己："我现在有什么感觉？我为什么会这样？"若你能及时觉察到自己存在的情绪，那么，你就会对这种情绪及时处理，特别是对于一些消极情绪的觉察对于人保持健康是非常重要的，很多大学生出现自卑、抑郁等消极情绪都与没有及时觉察并及时处理这些消极情绪体验有关。因此，学着体察自己的情绪，不断增强体察自我情绪的能力，是情绪管理的第一步，也是不断完善人格的重要内容。

2. 适当表达自己的情绪

适当表达情绪是良好个性的重要表现，因为它是人际沟通的重要一环，若不能以正确的方式表达自己的情绪，可能会造成沟通障碍，导致不必要的误会或伤害。由于受中国传统文化影响，中国人表达情绪有内外有别的特点。有研究表明，对不同的对象，不满情绪的表达方式不同，基本上可以分为"互动中的圈内人"、"互动中的圈外人"、"无互动的陌生人"三类。有些大学生在与人交往时往往含蓄地表达自己真实的情绪或情感，特别是在表达负性情绪时往往显得捉襟见肘，如本来约定好周末几点出去逛街的女大学生，其中一方没有遵守约定不去了，会使得另一方生气，但为了不伤害友谊就压抑这种情绪，这就易使双方的关系处于冷战的状态，也影响正常的学习、生活。所以，大学生要学会适度、适时、得当地表达自我情绪。

3. 积极调控情绪，学会调节不良情绪

如大学期间遇到挫折、失恋的烦恼等负性事件时，要多与父母、老师、朋友交流，尽量避免犯绝对化、概括化、片面化的错误，不钻牛角尖，不在孤独中压抑自己，这有利于消除紧张、焦虑、难过等消极情绪，从而有利于健康个性品质的养成。另外，郁闷、烦恼时可以通过听听音乐、做做户外运动、读读书等来转移注意力，以减轻心理压力，从而保持积极的情绪。

（三）健全自我意识，增强自我价值感

健全自我意识是完善人格的重要内容，同时，成熟的自我意识也是人格不断完善的动力。因而，大学生要健全自我意识，为塑造健全人格奠定基础。为此，要注意以下几个方面。

1. 客观认识自我

要有自知之明，老子曾说："知人者智，自知者明。"从心理学角度看，有自知之明主要包括对自己的生理自我、心理自我、社会自我有比较明确的认识，如对自己的身体特征、能力大小、需要什么、兴趣所在、社会角色等能有较清晰的了解。要有正确定位，也就是要有适度的成就动机与个人抱负水平，在大学的各个不同阶段要为自己设置合理的目标，并对自己有合理的期望，不好高骛远、追求过多无法实现的目标。一般而言，要达到客观认识自我的目的，大学生在学习、生活中就要善于通过体察他人对自己的态度和自我反省来全面认识自我，善于倾听老师、父母、朋友的有益忠告和建议，并善于反思自己为人处世的方式、学习方法等是否得当，如此才能客观认识自我。

2.积极悦纳自我

悦纳自我就是要能愉快地接受自我，无论是自身的优点还是缺点，无论是成功还是失败，都要去试着接受，记得李开复曾经给大学生的信中有这样一段话，他说，要有勇气来改变可以改变的事情，有胸怀来接受不可改变的事情，有智慧来分辨两者的不同。有的大学生往往会有这样的困惑："我为什么没有长得更漂亮些"、"我学习太差了，是自己太笨"、"我这次考试怎么能考得这么差"。这些想法都是大学生不能接受自我的表现。那么，遇到这种不能接纳自己的情况，该怎么办呢？一要学会积极自我暗示，用言语、手势、想象等自我鼓励，给自己积极自我暗示，可以对自己说"我是最棒的"、"Believe myself"，也可以想象一个自己成功的情境，以给自己积极的自我期望，从而有利于更好地接纳自己。二要学会爱自己，希腊哲学家毕达格拉斯告诫人们，一个人无论有怎样的缺陷，怎样的不如意，别人可以不爱你，但你自己绝不可以不爱自己；别人可以抛弃你，但有一个人不能抛弃你，那就是你自己。哲人所言就是告诉我们，不论是什么样的自己，都要学会爱惜自己，因为自己是世界上独一无二的，没有人可以取代，要爱惜自己的生命，不要为了虚荣做出对自己身体不负责任的行为。

3.不断完善自我

美国作家威廉·福克纳说过，不要竭尽全力去和你的同僚竞争，你应该在乎的是，你要比现在的你强。这句话是告诉我们每一个人，自己是自己最大的竞争对手，人的成长过程就是一个自我超越、不断完善自我的状态。为了不断完善自我，就要为自己制定每个阶段切实可行的个人目标，并为了这个目标而不懈努力，从而达到不断完善自我的状态。一方面，要弄清自己"应该做的"、"必须做的"事情，也就是说，大学生要知道自己可以做哪些事情、必须要完成哪些任务，并在此基础上，根据重要程度和可操作性来一步步达成目标，如大学生必须要知道学好外语、计算机和专业课是完成学业、踏入社会必须要做好的事情，因为这是个人素质极为重要的一点。另一方面，要了解自己"喜欢做的"事情，也就是要知道自己的兴趣、爱好，"兴趣是最好的老师"，做自己喜欢做的、感兴趣的事情会激发个人激情、发挥个人所有潜能，做自己感兴趣的事情可以不在乎成功与否，注重的是"享受"的过程，比如爱好英语的大学生学习英语并不单单是为了过级考证，更是为了"享受"英语资料中所透露出的有益的文化气息。

（四）保持心理弹性，增强社会适应性

人要生存发展，必须要有一定的适应性，因为人不是孤立地栖息在这个世界上的，时时都会与他人发生着各种各样的联系。所以，主动适应自然环境、物理环境及社会环境，即表现出较好的社会适应性是良好个性品质的表现。具体来看，为了增强社会适应性，大学生应注意以下几方面：

1.懂得竞争，有竞争的意识和勇气

当今社会是一个优胜劣汰、适者生存的时代，正如美国心理问题专家、畅销书作家斯宾塞·约翰逊博士在《谁动了我的奶酪》一书中所言："变化总是在发生，他们总是不断地拿走你的奶酪。预见变化，随时做好奶酪被拿走的准备。"这就是告诫大学生必须具有一定的竞争意识和勇气，能主动地适应这种变化莫测、充满竞争的社会，并勇于接受竞争与挑战，在竞争面前不退缩，充分抓住机会锻炼自我，并在竞争中积极与朋友、老师合作，达到竞争的双赢，而不是不择手段、损人利己以达到竞争的"胜利"。大学生要学会与自己竞争，也就是要不断充实自己，积极进取，不断提高自己专业知识的广度、深度，提高自己的思维能力，使自己在原有实力的基础上不断进步；同时，也要学会与他人、群体正当竞争，与他人在专业、体育、艺术等方面形成你追我赶的健康竞争状态，从而不断提高自我的社会适应能力。

2.善人际交往，有良师益友

在人际交往中能真诚、善意地与他人交流，不自卑、不害羞、不胆怯，以礼待人，并会赞赏他人，懂得语言交流的艺术，能主动交朋友，并积极向师友学习，相互帮助；能与家人保持亲密的关系，有相互帮助、相互鼓励、相处融洽的朋友关系，有纯洁、美好的恋人关系，有互敬互重的师生关系；尽量克服交往中的首因效应、晕轮效应、刻板印象、偏见等带来的消极影响，不带有成见地看待曾经伤害过自己的人，不带偏见地对待有身心疾病的特殊同学。

3.注重提高自己的心理承受力

一要积极主动地面对压力和挫折，学会自觉、主动地变压力为动力，能从挫折中吸取经验教训。二要学会应对压力，能正确评估自己的压力程度，客观分析压力的来源，并能设法控制和改变造成压力的情境或者调整自己的情绪以适应压力带来的不利影响，如面对择业严峻压力的应届毕业生可以通过运动、静思、想象、自我暗示等缓解择业压力，以使自己在面试失利之后更有信心和勇气地面对下一次挑战。三要有"拿得起，放得下"的良好心态，有执著追求的精神，也有适时放弃的胸怀。从心理学上讲，就是要学会处理双趋、双避等各种形式的心理冲突，在"鱼"与"熊掌"不可兼得的情况下，要理智、大胆地作出选择，在都不可得到情况下，要勇敢地放弃。

健全的人格是每个人都追求的，而健全人格的塑造却不是一蹴而就的，它既需要大学生自身的积极努力，同时也需要家庭、学校、社会等多方面力量的帮助与支持。但是，健全人格塑造的关键还在于大学生自身，大学生要从小事做起，从一而终地注重自身健全人格的塑造，在自我进步、自我超越中实现人格的不断完善与发展，做健全人格塑造的真正"主人"。大学生正处于心理、行为不断趋于完善和成熟的关键阶段，也是人格的可塑性比较强的重要时期，面对新的挑战，大学生应不断塑造自己的人格以适应新的要求，为构建和谐社会做出自己应有的准备。

课堂活动与体验

活动主题：了解自己

时间：约20分钟。

材料：纸1张，笔1支。

操作：指导者请每位同学回答下列问题，回答"是"或"不是"。

(1)当你站立时，为了舒服，你总是爱把胳膊放在椅背上。

(2)你有咬手指或手指甲的习惯吗？

(3)当你与人交谈或倾听别人谈话时敲打桌面吗？

(4)当你站立时，你喜欢双臂抱肩吗？

(5)你总是不停地用手指敲击吗？

(6)当你谈话时：①你感到抑扬顿挫，眉飞色舞，手舞足蹈；②你感到有些紧张；③你把手轻轻地放在衣兜里。

(7)聚会时，不论你想不想吸烟，你总爱点上一支吗？

(8)参加宴会时，你总是把眼睛盯在一盘或附近几样菜上吗？

(9)看到别人把大拇指藏在手心，拳头紧握时，你害怕吗？

评分：第6题回答①得2分，回答②得1分，回答③得0分。其余8题，回答"是"得1分，"不是"得0分。计算出累计得分。

解释：

0～3分：人格健康，不论在什么情况下，都能沉着坚定、稳重。你的举止表现说明你是一个沉着老练、遇事不慌、自信、自强、分寸得当、自制力强的人。这种自我控制能力是健康人格的重要特点。

4～7分：人格健康状况欠佳。表面上看，你很平静，但常常失去平衡。高兴时，你信口开河，夸夸其谈；不高兴时，你冷眼相看，袖手旁观，情绪变化大。对你来说，至关重要的是学会自我控制，从而达到人格结构的稳定与健全。

8～10分：人格健康问题严重。你很不沉着，如果不学会自我控制，坚定信心，你在哪里都无法安定，总不舒服，也许你自己还不以为然，可在别人看来却很刺眼。关键问题是达到内心的平衡、和谐和安定，同时注意与周围的环境相适应。

指导者要提示学生：塑造良好的性格，发扬积极的气质特征，以健全的人格去面对生活的磨难，你心中就会拥有一片晴空。

指导者要告诉学生：正确认识自己的个性，在生活中扬长避短，你就掌握了自己的命运。

第四章

大学生职业生涯发展与规划

学习目标：

◆ 了解职业的概念及职业生涯分期

◆ 明确自己的职业兴趣、职业性格、职业能力及价值观，掌握职业生涯设计方法

◆ 能够合理安排时间，适应大学生活

在未知的情况下我们会损失多少财富

一大早，太阳还没有出来，渔夫就到了河边，他觉得有什么东西在他的脚下，后来发现好像是一口袋的石头。他将渔网放在一旁，捡起了袋子，坐在岸边等待日出，以便开始一天的工作。他懒洋洋地从袋子里拿出一块石头丢进水里，没有什么事可做，他继续把石头一块块地扔进水里。

太阳渐渐升起来了，大地重现光明，这时还剩下最后一块石头没有被他扔掉。当他借助第一缕晨曦看到他手中的这块石头时，他的心跳几乎都要停止了，那是一颗宝石！在黑暗中，他把整袋的宝石都一块块地丢掉了！他充满懊悔，咒骂自己的愚蠢。在未知的情况下，他损失了多少财富啊！（摘自于祥成、彭萍主编《大学生生涯规划与发展》，湖南大学出版社 2009 年 6 月版）

人的生命本身就是一个大的宝库，假若我们不能正确认识它的价值，就会虚度光阴、白白地将它浪费掉，等到我们认识到时间的宝贵的时候，或许它已经消耗殆尽，自己追悔莫及。大学阶段是我们积累财富，为自己以后发展奠定良好基础的关键时期，大学生活将奠定一个人一生事业的基础，而机会总是垂青于那些有准备的人，理想的职业发展的前提是科学合理的生涯规划的设计与实施，它将对未来的发展起到事半功倍的效果。

一个人若是看不到未来，他就掌握不住现在。

一个人若是掌握不住现在，他就看不到未来。

——金树人

第一节　职业生涯规划概述

大学，是无数人向往的金字塔。走进大学，人生的历程翻开了新的篇章，人生的道路跨入了新的阶段。面对崭新的学习生活环境，同学们既充满好奇和兴奋，也因为种种因素感到不适和困难重重。从梦想走进现实，从新的现实开始新的理想，当面对又一个真实而新鲜的生命历程之时，就要求我们审视大学，审视职业，重视大学生职业生涯规划。

一、职业生涯规划

（一）职业

1.职业的含义

现实生活中，人们总是要在一定的工作岗位上实现就业。而人们对“职业”一词有许多不同的理解。有人认为，职业就是“某一种工作”，如医生、教师等；有人认为职业是一种“生活来源”；有人则认为职业是一种“专业类别”。目前普遍认为：职业是指人们为了谋生和发展而长期从事的相对稳定的、有经济收入的、分门别类的社会劳动，也是人们参与社会分工，利用专门的知识和技能创造物质财富、精神财富，获得合理报酬，满足物质生活、精神生活的工作。

根据职业的含义，职业具有六个特点：

(1)社会性

职业充分体现了社会分工，是社会生产力发展的产物。每一种职业都体现了社会分工的细化，体现了对社会生产和社会进步的积极作用。不同职业的人应当了解自己承担的职业角色，完成自己的使命。

(2)经济性

职业活动以获得谋生的经济来源为目的。劳动者在承担职业岗位职责并完成工作任务的过程中要索取报酬，获得收入。一方面这是社会、用人单位对劳动者付出劳动的回报和代价；另一方面它是劳动者维持家庭生活、保持整个社会稳定的基础。

(3)技术性

从某种意义上说，职业的技术特性标示了职业的专业色彩。自职业诞生之初，社会上就不存在没有技术的职业。任何一个职业岗位都有相应的职责要求，能胜任和承担岗位工作的人，除了达到岗位职业道德、责任义务、服务要求以外，还要达到一定的技术水准。

(4)稳定性

任何一种职业都要经历一个从酝酿到形成，从发展到完善再到消亡的变化过程。一般来说，构成职业生存的社会条件变化是比较缓慢的。职业的生命周期具有相对的稳定性。

(5)群体性

职业的存在常常和一定从业人数密切相关。凡是达不到一定数量从业人员的劳动，都不能称其为职业。群体性并不仅仅表现为一定的从业人员数量，更重要的是一定数量的从业人员所从事的不同工序、不同工艺流程所表现出的协作关系，以及由此而产生的人际关系。

(6)规范性

职业的规范性有两个含义：一是职业主体所从事的职业活动必须符合国家法律规定和社会伦理道德准则；二是从业者应遵守的法律法规。如某些职业的从业者应持证上岗，某些职业的从业者在操作过程中须遵守特定的法律法规等。

2. 职业的分类

《中华人民共和国职业分类大典》将我国职业归为 8 个大类。第一大类：国家机关，党群组织，企业、事业单位负责人；第二大类：专业技术人员；第三大类：办事人员和有关人员；第四大类：商业、服务业人员；第五大类：农、林、牧、渔、水利业生产人员；第六大类：生产、运输设备操作人员及有关人员；第七大类：军人；第八大类：不便分类的其他从业人员。

职位是指职业者在职业活动中所履行的领导职权和责任。职位是在职业的基础上划分的，每一种职业都有职位的划分。下面是六种专业技术职业的职位分类。

科学研究职业分为：研究员、副研究员、助理研究员、研究实习员四个职位；

高等教育教师分为：教授、副教授、讲师、助教、普通教师五个职位；

卫生技术职位分为：主任医师、副主任医师、主治医师、医师、医士五个职位；

经济业务职业分为：高级经济师、经济师、助理经济师、助理经济员四个职位；

政工人员职业分为：高级政工师、政工师、助理政工师、政工人员四个职位；

工程技术职业分为：高级工程师、工程师、助理工程师、技术员四个职位。

(资料来源：赵居礼《大学生就业与创业指导教程》机械工业出版社2002年版：21～22页)

(二) 生涯

生涯(Career)一词源于罗马语 Via carraria 和拉丁语 Carrus，原意是古代战车；希腊语中的 Career 意指疯狂竞赛的精神，后被引申为道路，即人生的发展道路或发展过程，又指个体一生中的一系列角色和职位。在古汉语中，“生”的原意是“活着”，“涯”是“边际”，生涯则代表一个人“一生的轨迹”。对于“生涯”一词有诸多解释，目前较为适用的说法是美国生涯理论专家萨珀(D. Super)的论点：“生涯”是生活里各种事件的方向，它统合了个人一生各种职业和生涯角色，由此表现个人独特的自我发展形态，它也是人生自青春至退休所有有酬或无酬职业的综合，除了职位之外还包括与工作有关的各种角色。生涯是个人终其一生所扮演角色的整个过程，是由时间、广度和范围、深度三个层面构成的。

专栏 4－1

萨珀的生涯彩虹图

20 世纪 80 年代初，美国学者萨珀(D. Super)提出了一个广阔的新观念——“生活广度、生活空间的生涯发展观”，当时他还创造性地描绘出了一个“生涯彩虹图”，具体生动地呈现了人的一生各个发展阶段和所扮演的主要角色。他认为人的一生所扮演的角色，从儿童、学生、社会公民等，直到为人父母，角色的转换与多种角色的扮演，就像天上的彩虹般色彩丰富。不同时期的不同角色的组合构成了我们的生涯形态的全部。

从生涯彩虹图的内容来看，每个阶段对每一个角色的投入程度可用涂黑的阴影来表示，颜色越深，表示这种角色所需投入的程度越多，空白越多表示该角色的投入程度越少。

在萨珀的"生涯彩虹图"中，第一层面，代表横跨一生的"生活广度"，又称为"大周期"，包括成长期、探索期、建立期、维持期和衰退期。第二层面代表纵贯上下的"生活空间"，由一组角色和职位所组成，包括人在一生当中必须扮演的九种主要角色：儿童、学生、休闲者、公民、工作者、配偶、家长、父母和退休者。各种角色之间是相互作用的。一个角色的成功，特别是早期的角色如果发展得比较好，将会为其他角色提供良好的基础。但当在一个角色上投入过多的精力，而没有平衡协调各角色关系，则会导致其他角色的失败。(见图 4—1)

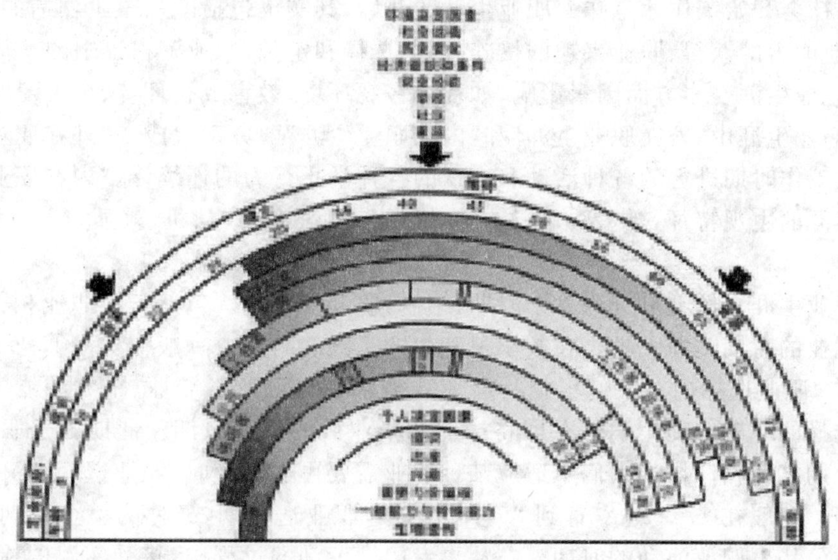

图 4—1　萨珀的生涯彩虹

（三）规划

古人云："凡事预则立，不预则废"。这里的"预"就是准备、计划的意思。这句话告诉我们，只有在事先做了精心的准备和筹划，才能够更好地达到目标。生涯对于我们每一个人而言只有一次，是我们最应该和最值得经营的对象。

规划是在考虑各种可能性之后，形成一个希望达到的目标，根据目标制定行动计划，依照计划执行，在执行中不断进行修改的过程。生涯规划不是一个直线形的活动，它是一个指向未来，不断评估、调整、更新的过程。(见图 4—2)

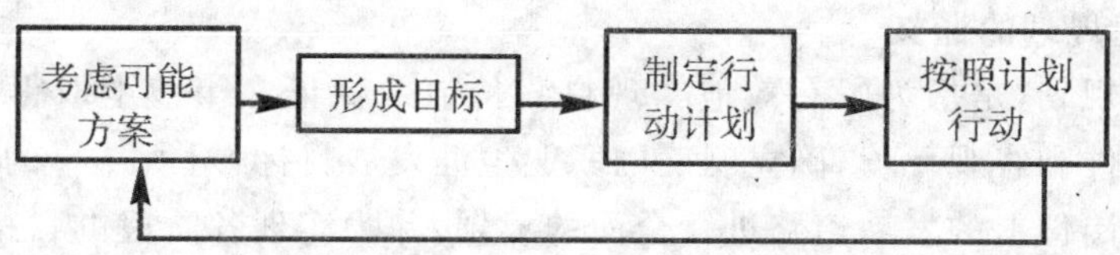

图 4—2　生涯规划

（四）职业生涯

职业生涯(Career)又称事业生涯，是指一个人一生当中的职业历程，即一个人一生连续从事和承担的职业、职务、职位的过程。人的生命过程从婴儿期开始，经过儿童期、少年期、青年期、中年期到老年期，其中青年期和中年期是人生的关键时期。在人的一生中，职业生活占据核心位置，是生活的主体，是人生最重要、最辉煌的阶段。人生成就、人生价值等都是在职业生活中取得和体现出来的。

职业生涯至少包含了四个方面的涵义：

第一，职业生涯只是表示一个人一生中在各种职业岗位上所度过的整个经历，并不包含着成功与失败的含义，也没有进步快慢的含义。

第二，职业生涯是一种过程，是一生中所有与职业相关的连续活动或经历。它并不仅仅是指步入社会开始工作才意味着职业生涯的开始，其实也包括了从事工作前的职业准备阶段，如职业能力的获得、职业兴趣的培养、职业选择和定位、职业资格证书的获得等。

第三，职业生涯受多方面因素影响，如社会客观环境、教育成长环境、个人发展需求等。

第四，职业生涯由“外在职业生涯”和“内在职业生涯”两方面组成。“外在职业生涯”是指一个人在工作时期进行的各种活动和表现的各种举止行为的连续体，“内在职业生涯”则表示职业生涯的主观特征，涉及一个人的价值观、态度、需要、动机、气质、能力、发展取向等。

人的职业生涯大体上可分为五个时期：第一，职业准备期。包括学习职业相关知识、技能及等待就业的时期。即大学生在校学习和生产实践的时期。一般在14～15岁直到18～23岁。第二，职业选择期。人们根据社会职业需求和自已所学专业、个人的能力及愿望，做出职业选择的时期。即大学生在即将毕业和毕业后的择业时期。此期处于职业准备期和职业就业期之间，有时，当人们不适应某种职业需要再次择业时，职业选择期又处于两个就业期之间。一般在17～18岁直到25岁。第三，职业适应期，又称为就业初期。即人们走上就业岗位从事职业活动的时期。在从事专门性劳动的过程中，接受实践的检验。一般在就业后1～2年内。第四，职业稳定期，又称为就业中期。这一时期是人的职业生涯中最长的时期，也是人们劳动效果最好的时期。人到中年，已经积累了某种职业活动的丰富经验，具有了娴熟的技能，同时具备了职业特有的素质和心理，他们既是家庭的顶梁柱，又是工作岗位的骨干。一般在25岁直到45～50岁。第五，职业能力衰退期，又称为就业后期。这是人们的生理发生变化，体质和智力都出现衰退的时期，职业能力也发生着缓慢而不可避免的减退，对岗位要求来说出现了一定的差距。一般在45～50岁直到60岁左右。

二、职业生涯规划及其对大学生的意义

（一）职业生涯规划的涵义

所谓职业生涯规划，是指为了有效地实现自我价值及保证在事业上取得更大的成就，个人根据自己的条件和客观环境，确立明确的职业生涯发展目标，对所从事的职业、要担负的职务以及在工作岗位上的发展道路进行全面的规划，并为实现各阶段的目标而自觉地进行有关个人知识与能力等方面的人力资本投资活动。进行职业生涯设计的目的不但是要帮助个人达到和实现目标，更重要的是帮助个人真正了解自己，并且进一步评估内、外环境

的限制，在“衡外情、量己力”的情形下设计出更合理且可行的职业生涯发展方向。

大学生职业生涯规划是指大学生在系统地接受职业生涯教育的前提下，在正确认识自我、客观评估外界环境的基础上，确定其事业奋斗目标，选择实现目标的职业，制定相应的教育、素质培养、求职就业和工作计划，并制订相应的实施方法的过程。该过程主要包括三个阶段：大学期间的学习阶段、求职择业阶段、大学毕业后的从业阶段。

（二）职业生涯规划的类型

职业生涯规划的类型，一般是按照规划的时间维度进行划分的，包括短期规划、中期规划、长期规划和人生规划四种。

1.短期规划：指2年以内的职业生涯规划。规划目的主要是确定近期目标，制定近期应完成的任务计划。

2.中期规划：指2～5年的职业生涯规划。这是最常用的一种职业生涯规划。

3.长期规划：指5～10年的职业生涯规划。规划目的主要是设定比较长远的目标。

4.人生规划：指对整个职业生涯的规划，时间跨度可达40年左右。规划的目的是确定整个人生的发展目标。

在实际操作过程中，规划的时间年限如果太长，会因为个人和环境的变化而难以准确把握；如果太短，规划的意义和作用又难以完整体现。因此，比较理想的职业生涯规划是中期规划，其次是长期规划，既便于根据实际情况设定可行目标，又便于随时根据现实的反馈进行修正和调整。

（三）职业生涯规划对于大学生发展的意义

在一个人有限的生命中，职业生涯往往占有绝对重要的位置。有统计资料显示，大部分人的职业生涯时间占可利用社会时间的70%～90%。大学阶段作为人发展的关键时期，这时期的规划对于事业的发展起着重要的作用。职业生涯规划对于大学生的发展的重要意义表现为以下几个方面：

1.职业生涯规划有利于大学生合理自我定位

职业生涯规划是在全面剖析自我、客观分析环境的基础上进行的，能够帮助大学生对自己进行准确的定位，并进一步确定自己的职业发展路线，从而有效避免发展的盲目性。

2.职业生涯规划有利于大学生全面发展

职业生涯规划可以有效引导大学生在准确认识自我、了解社会的基础上，树立新的奋斗目标，并对大学的学习生活进行合理规划和具体安排，避免为了眼前利益而盲目跟风的急功近利行为，进而促进大学生全面健康发展。

3.职业生涯规划有利于大学生择业与就业

科学合理的职业生涯规划设计能帮助大学生提早认识市场，有针对地参加各种相关的培训、学习与实践，充分发挥个人的长处，努力克服自身存在的不足，挖掘潜在的能力，不断提高竞争的能力。

4.职业生涯规划有利于大学生的健康成长

由于大学生对于自己的优势、劣势及发展目标等问题认识不清，导致了一定的迷茫甚至悲观、失落等心理不健康现象。科学的职业规划使大学生能够正确认识自我及外在环境，并根据自我和环境制定发展目标，利于其健康成长。

第二节　大学生职业生涯规划的步骤与原则

职场上有句名言："你今天站在哪里并不重要，但是你下一步迈向哪里却很重要。"成功的人生需要正确的规划，合理规划自己的职业生涯，是每一名大学生迈向成功人生的第一步。

一、大学生职业生涯规划的步骤

个人职业生涯规划是一个周而复始的连续过程，这个过程包括确立志向、自我认知、外部环境分析、职业选择、职业生涯路径选择、设定职业生涯目标、制定行动计划与措施、反馈与修正等八个步骤。（见图4—3）

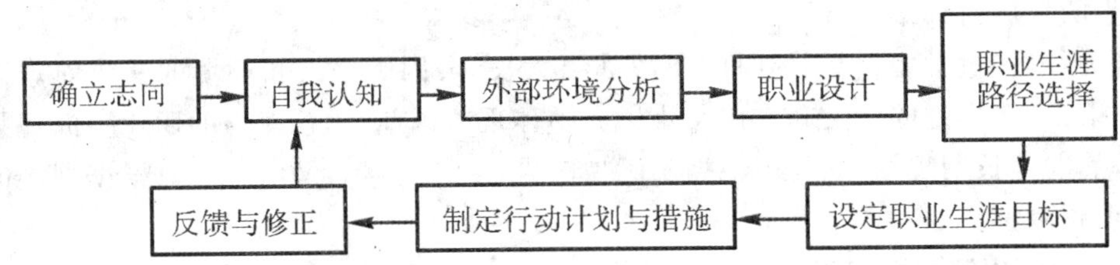

图4—3　大学生职业生涯规划基本步骤

（一）确立志向

志向是事业成功的基本前提，没有志向，事业的成功也就无从谈起。俗话说：志不立，天下无可成之事。志向是人生的起跑点，是一个人的理想、胸怀、情趣和价值观的体现，影响一个人的奋斗目标及成就。在美国一本名为《无限的能力》的畅销书中提到：1953年有人在耶鲁大学应届毕业生中做了一份问卷调查："你毕业后的目标是什么？"统计结果显示，3%的学生有明确的目标，97%的学生基本上没有明确目标。20年后，追踪所有参加了问卷调查的学生的现状，结果令人十分吃惊：有明确目标的3%的人拥有的财富总和，比没有明确目标的97%的人所拥有的财富总和还多得多。20年前仅是目标的有无、明确与否，20年后却形成了如此大的差异。因此，确立志向是规划职业生涯的关键，也是生涯规划最重要的一点。

大学生确立志向的过程中，要防止两种错误倾向，一是要防止志向过高、过大，超出了自身的实际；二是要防止妄自菲薄，志向定得过低，甚至没有志向。为此，我们需要正确进行自我评价和环境分析。

（二）自我认知

古希腊帕尔纳索斯山德尔斐神庙的一块大石碑上刻着这样一句话：你要认识你自己。我国古代的老子说过"知人者智，自知者明"（见《道德经》）。也正如著名的成功学大师拿破仑·希尔所言：一切的成功，一切的财富，都是始于自我认知。因此可以说自我认知是职业生涯成功的前提。

自我认知是全面、深入、客观地分析和了解自己，弄清自己的人格特征、兴趣，为人处世所遵循的基本原则和追求的价值目标，熟悉自己的知识技能、爱好与特长、智商与情商等个人情况，进而对个人的优势与劣势、个人职业发展目标及设定的原因、达到目标的途径与所需的教育培训措施、道德目标可能遇到的阻力与助力等进行彻底了解，为自己积累未来可能用到的职业资本。

（三）外部环境分析

《孙子·谋攻》中有言："知己知彼，百战不殆。"毫无疑问，环境因素对个人职业生涯发展的影响是巨大的。鲁人迁居的故事正是说明了这样一个道理。鲁国有一个人，自己擅长打草鞋，妻子很会织白绸，日子过得很不错。有一天，两口子想搬到越国去。朋友劝他们说："你们到越国去必定会变穷。"那个鲁国人问："为什么呢？"朋友回答说："做鞋是为了给人穿的，但是越国人却习惯赤脚走路；织白绸子是做帽子用的，但是越国人喜欢披散着头发，不戴帽子。以你们的专长，跑到用不着你们的国家里去，哪能不过穷困的日子呢？"因此，在制定职业生涯规划时，要分析环境的特点、环境的发展变化情况、个人与环境的关系、个人在环境中的地位、环境对个人提出的要求，以及环境中对自己有利与不利的因素等，趋利避害，最大限度地发挥个人优势，以便更好地进行职业目标的规划与职业路线的选择，进而实现个人目标。

外部环境分析主要包括社会环境分析、行业环境分析、组织（企业）环境分析三个方面。

1.社会环境分析

所谓社会环境分析，包括对社会政治环境、经济环境、法律环境、科技环境、文化环境等宏观因素的分析。通过对社会大环境的分析，了解所在国家或地区的政治、经济、科技、文化、法律、政策等，以寻找各种发展机会。其主要包括四个方面的内容：第一，社会各行业对人才的需求状况；第二，社会中各种人才的供给状况；第三，社会政策；第四，社会价值观的变化。

2.行业环境分析

在对职业所处的社会环境分析后，还应对职业所处的行业环境进行分析。因为，行业的环境将直接影响到企业的发展状况，进而也影响到个人的职业生涯发展。因此，通过分析和了解影响职业的行业因素，有利于个人选择有发展前途的行业和职业，有助于个人目标的更好实现。

行业环境分析包括对目前所想从事行业和将来想从事的目标行业的环境分析。具体说，行业环境分析主要包括两个方面：第一，行业的发展状况、国际国内重大事件对该行业的影响；第二，行业优势与问题何在、行业发展趋势如何等。

3.组织（企业）环境分析

企业是从业者生存和发展的土壤。每个企业都有自己的发展目标、运行模式。企业本身为了生存和发展，也要随时关注、适应社会大环境的变化，并采取相应的变革措施，这将影响到其成员的个人生涯。对于组织环境的分析，个体可以确认该组织是否是自己所偏好的职业环境、自己在组织中的发展空间和发展机会如何，从而决定是在该组织中寻求发展，还是脱离该组织而到其他组织中寻求发展，确认哪些类型的组织将是适合自己未来发展的组织。对于组织（企业）环境的分析主要包括四个方面：第一，企业的特色；第二，企业发展战略;第三,企业人力资源状况;第四,企业制度。

(四)职业选择

在选择职业时首先要树立一个观念:职业是无好坏的。三百六十行,行行出状元。其次,要充分认识自己、分析环境,在此基础上对自己的职业或目标职业作出选择。分析自我,了解自己,分析环境,了解职业世界,谋求职业目标与自己的潜能以及主客观条件的最佳匹配。通常职业生涯方向的选择需要考虑以下几个问题:

1. 我想往哪个方向发展?
2. 我能往哪个方向发展?
3. 我的职业选择能帮助我实现人生的最终目标吗?
4. 我是否有一种途径可以实现现有的职业与人生的基本目标相一致?

(五)职业生涯路径选择

职业生涯路径是指一个人选定职业后从什么方向实现自己的职业目标,是向专业技术方向发展,还是向行政管理方向发展等等。发展方向不同,要求也就不同。进行职业生涯路线选择时,主要应考虑三个方面的因素:第一,个人希望向哪一条路线发展,确定自己的目标取向(价值观、理想、成就动机等);第二,个人适合向哪一条路线发展,确定自己的能力取向(性格、特长、经历、学习等);第三,个人能够向哪一条路线发展,确定自己的机会取向(自身所处的社会环境、政治与经济环境、组织环境等)。表4—1是几种典型的职业生涯路线。

表4—1　典型职业生涯路线

类型	典型特征	成功标准	主要职业领域	典型职业通路
技术型	进行职业选择时,主要注意点是工作的实际技术或职能内容。即使提升,也不愿到全面管理的职位,而只愿在技术职能区提升。	在技术区达到最高管理位置,保持自己的技术优势	工程技术、财务分析、营销、维护、系统分析等	财务分析—主管会计—财务部主任—公司财务副总
管理型	能在信息不全的情况下,分析解决问题,善于影响、监督、率领、操纵、控制组织成员,能为感情危机所激励,善于使用权力。	管理越来越多的下级,承担的责任越来越大,独立性越来越强	政府机构、企业组织及其各部门的主要负责人	工人—生产组组长—生产线经理—部门经理—行政副总裁—总裁
稳定型	依赖组织,怕被解雇,倾向于按组织要求办事,高度的感情安全,没有太大抱负,考虑退休金。	一种稳定、安全、氛围良好的家庭、工作环境	教师、医生、研究人员、勤杂人员	更多地追求职称,如:助教—讲师—副教授—教授
创造型	要求有自由权,具备管理才能,能施展自己的特殊才能,喜好冒险,力求新的东西,经常转换职业。	建立或创造某种东西,它们是完全属于自己的杰作	发明家、风险性投资者、产品开发人员、企业家	无典型职业通路,极易变换职业或干脆自己单独干
自主型	随心所欲制定自己的步调、时间表、生活方式和习惯,认为组织生活是不自由的、侵犯个人的。	在工作中得到自由与快乐	学者、职业研究人员、手工业者、工商个体户	自由领域中发展自己的个体事业

不同的职业生涯路线还存在自由职业、自主创业等多种职业生涯形式，所以不同的年龄阶段设置以及各年龄段要求实现的目标可随自己的意愿表达。如图 4－4 所示。

（六）设定职业生涯目标

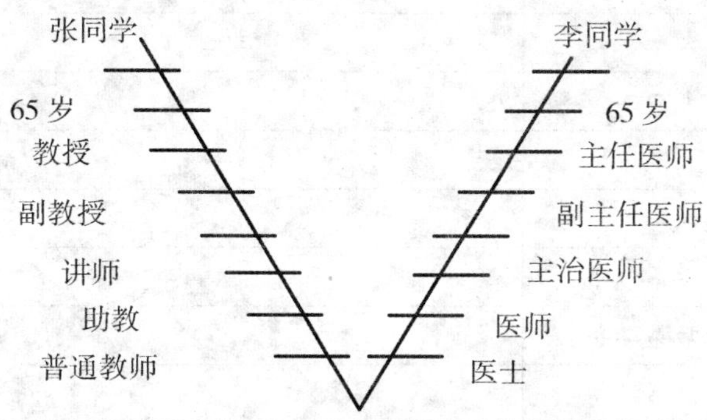

图 4－4　职业生涯目标

哈佛大学有一个非常著名的关于目标对人生的影响的跟踪调查。调查对象是一群智力、学历、环境等条件都差不多的大学生，调查结果是这样的：3％的人有清晰的长期目标；10％的人有清晰的短期目标；60％的人目标模糊；27％的人没有目标。

30 年后的跟踪结果发现：3％的一批人，总是朝着同一个方向不懈地努力，后来几乎都成了社会各界的顶尖成功人士，他们中不乏百万富翁、行业领袖、社会精英。10％的一批人，不断完成预定的短期目标，生活状态步步上升，都生活在社会的中上层，成为各行各业的专业人士，如医生、律师、工程师、高级主管等。60％的人，他们只能安稳地生活与工作，但都没有什么特别的成绩。27％的那批人，几乎都生活在社会的最底层，长期在失败的阴影里挣扎，他们的生活过得很不如意，常常失业，并且抱怨他人，抱怨社会，抱怨世界。

由此可见，设定职业生涯目标就是明确自己想成为一个什么样的人，在职业发展上达到哪一个级别，担任什么社会角色。而一个人是否能够取得成功，很大程度是取决于有无职业目标以及目标的清晰程度。

在制定职业生涯目标时，应落实 SMART 原则，建立符合 SMART 标准的目标。SMART 准则指的是在制定目标的时候所应遵循的五项原则：

1. 具体的（Specific）：尽可能把目标定得具体些。即你所遇到的问题或你所关心的事情的实质到底是什么。比如，“做一个勤奋学习的人”不是一个具体的目标，如把其改为“学习更多管理知识”，则具体一些。怎样才能具体呢？要加上可衡量的（Measurable）。

2. 可衡量的（Measurable）：目标的可衡量性。制定的目标一定是可以衡量的。目标要可衡量，往往需要有数字，即把目标定量化。

3. 可行的（Achievable）：目标的可实现性。这就要求你所制定的目标在可以实现的范围内，即经过你的努力可以实现。

4. 切实的（Realistic）：目标应该是结果导向型的，即一切努力都是为了一个结果，而不是为了行动。

5. 有时间限制的（Time－limited）：目标是有时效性的，即一个目标只有在一定的时间段内才有意义。

大学生可以依据表 4－2 确定自己的中期生涯发展目标。

表 4－2　大学生中期生涯发展目标

时　间		学习、工作目标
学年	大一	
学年	大二	
学年	大三	
学年	大四	
年	毕业后第一年	
年	毕业后第二年	
年	毕业后第三年	

（七）制定行动计划与措施

在确定了职业生涯目标后，行动便成了关键的环节。没有行动，就不能达成目标，也就谈不上事业的成功。没有行动，职业目标只能是一种梦想。这里所指的行动，是指落实目标的具体措施、制定周详的行动方案，主要包括工作、训练、教育、轮岗等方面的措施。例如，为达成找到理想工作的目标，你计划采取什么措施提高你的就业竞争力；在潜能开发方面，采取什么措施开发你的潜能，等等，都要有具体的计划与明确的措施。并且这些计划要特别具体，以便于定时检查。

在校大学生职业生涯规划的实施可以分为大一试探期、大二定向期、大三拼搏期、大四冲刺期等四个阶段。由于时期、阶段不同，其职业生涯规划的目标、制定的行动计划与措施也不相同。要想很好地制定行动计划并实施，需要了解两个方面的内容：一是大学不同时期的职业生涯规划任务，二是目标与任务及其规划。

1. 大学不同时期的职业生涯规划任务

表 4—3　大学生不同时期职业生涯规划任务

时期	侧重方向	侧重目标	实施措施
大一试探期	侧重正确认识大学；认识自我；进行生涯剖析；制定职业目标	初步了解职业，特别是自己未来想从事的职业或自己所学专业对口的职业，提高人际沟通能力	多和学长们交流，尤其是大四的学长，询问就业情况，多参加学校活动，增加交流技巧，为可能的转系、获得双学位、留学计划等做好资料收集及课程准备，多利用学生手册，了解相关规定。
大二定向期	侧重夯实基础，拾遗补缺，进行生涯设计	应当考虑清楚未来是深造还是就业或自主创业，并以提高自身的基本素质为主	对目标进行细化和调整。通过参加学生会或社团等组织，锻炼自己的各种能力，同时检查自己的知识技能；可以开始尝试兼职、社会实践活动，最好能在课余时间(长时间)从事与自己未来职业或本专业有关的工作，提高自己的责任感、主动性和抗挫折能力，增强英语口语能力、计算机操作能力，通过英语和计算机相关证书考试，开始有选择地辅修其他专业的知识来充实自己。
大三拼搏期	侧重拓展素质，科技创新，此时思考更多的是专业成才	加强自身综合素质，培养职业目标所需要的各种能力；提高求职技能、搜集公司信息，作出考研还是就业的抉择	撰写专业学术文章时，可大胆提出自己的见解，锻炼自己独立解决问题的能力和创造力，参加和专业有关的暑期实践工作，和同学们交流求职工作心得体会，学习写简历、求职信，了解收集工作信息的渠道，并积极尝试。
大四冲刺期	侧重择业、就业、创业	找工作、考研、出国	可对前3年的准备作一个总结：首先检查自己已经确立的职业目标是否明确，前3年准备是否充分；然后开始工作的申请，积极参加招聘活动；最后预习或模拟面试。了解用人单位资料信息、强化求职技巧、进行模拟面试等训练，尽可能地在做出充分准备的情况下实战演练。

2.目标与任务及规划

(1)目标与任务分析

经过前面的评估分析，可以判定一个职业方向(或目标)对自己的适合程度。现在分析自己要达成这一职业理想，已经具备的条件和所欠缺的条件，明确提升的措施。我们可以参照下列格式做出一个自己的要素分析表(见表4—4)：

表 4—4　自身要素分析表

<table>
<tr><td rowspan="3">职业方向</td><td>职业志向(你最想做的)</td><td colspan="2"></td></tr>
<tr><td>职业要求</td><td colspan="2"></td></tr>
<tr><td>适合自己的职业和工种</td><td colspan="2"></td></tr>
<tr><td>因素</td><td>个体具备的条件</td><td>个体所欠缺的条件</td><td>我的措施</td></tr>
<tr><td>学历</td><td></td><td></td><td></td></tr>
<tr><td>专业</td><td></td><td></td><td></td></tr>
<tr><td>能力专长</td><td></td><td></td><td></td></tr>
<tr><td>兴趣爱好</td><td></td><td></td><td></td></tr>
<tr><td>社交能力</td><td></td><td></td><td></td></tr>
<tr><td>身体素质</td><td></td><td></td><td></td></tr>
<tr><td>性格特征</td><td></td><td></td><td></td></tr>
<tr><td>相关经验</td><td></td><td></td><td></td></tr>
</table>

3.作出每年的基本规划

每学年末要总结一学年来的计划执行情况，然后修订、制定新的规划。可参照下列格式做出一学年规划表(表 4—5)：

表 4—5　学年规划表

<table>
<tr><th>时　期</th><th>目　　标</th><th>措　　施</th><th>时　　限</th></tr>
<tr><td rowspan="6">第一学年</td><td rowspan="3">第一学期</td><td>(1)</td><td></td></tr>
<tr><td>(2)</td><td></td></tr>
<tr><td>(3)</td><td></td></tr>
<tr><td rowspan="3">第二学期</td><td>(1)</td><td></td></tr>
<tr><td>(2)</td><td></td></tr>
<tr><td>(3)</td><td></td></tr>
</table>

（八）反馈与修正

事物都是处在运动变化中，正如俗话说的"计划赶不上变化"。影响生涯规划的因素很多，有的变化因素是可以预测的，而有的变化因素难以预测。在此状况下，要使生涯规划行之有效，就须不断地对生涯规划进行评估与修订。其修订的内容包括：职业的重新选择；生涯路线的选择；人生目标的修正；实施措施与计划的变更等。

成功的职业生涯规划，需要时时审视内外环境的变化，并且不断调整自己的前进步伐。在今天，我们的工作方式不断出新，除了学习新的技能知识外，还要审视自己的生涯资本，并意识到其不足的地方，不断修正自己的目标，才能立于不败之地。

全面评价职业生涯各个阶段是否成功是生涯规划反馈与修正的重要内容。根据人际关系范围，将职业生涯是否成功的评价分为自我评价、家庭评价、组织评价和社会评价四类。见(表 4—6)。

表 4－6　职业生涯评价表

评价方式	评价者	评价内容	评价标准
自我评价	本人	1.自己的才能是否充分施展 2.是否对自己在企业发展、社会进步中做的贡献满意 3.是否对自己职称、职务、工资待遇的变化满意 4.是否对处理职业生涯发展的其他人生活的关系结果满意	根据个人的价值观及个人知识能力水平
家庭评价	父母、配偶、子女、其他家庭重要成员	1.是否能够理解 2.是否能够给予支持和帮助	根据家庭文化
企业评价	上级、平级、下级	1.是否有下级、平级同事的赞赏 2.是否有上级的肯定和表彰 3.是否有职称、职务提升或同职务权利范围的扩大 4.是否有工资待遇的提高	根据企业文化及企业总体经验的结果
社会评价	社会舆论、社会组织	1.是否有社会舆论的支持和好评 2.是否有社会组织的承认和奖励	根据社会文明程度、社会历史进程

二、大学生职业生涯规划的原则

（一）择己所爱

古语说："知之者不如好之者，好之者不如乐之者"。兴趣对于一个人的发展起着重要作用。调查表明：兴趣与成功几率有着明显的正相关性。如果一个人对某种工作产生兴趣，他在工作中就会具有高度的自觉性和积极性，在工作中往往容易做出成绩。反之，一个人对工作没有兴趣，就不可能将自己的精力都投入到工作中去，往往也就很难取得工作上的成功。因此，大学生在进行职业生涯规划时应适当考虑自己的兴趣与爱好。

（二）择己所长

能力特长是人们成功地完成某种活动所必须具备的个性特征，是人们在社会实践中所表现出来的身心力量。任何职业都要求从业者掌握一定的技能，具备一定的能力条件。在进行职业选择时择己所长，有利于发挥自己的优势。大学生切不可把学习成绩作为评价能力高低的唯一尺度，应对自己的能力特长有一个正确的自我认识和评价，根据自己的真才实学和能力特长进行职业生涯规划。

（三）择世所需

职业作为一种社会活动，一定程度上必定会受到社会的制约，任何人选择职业的自由都是相对的、有条件的。社会需求不断变化，旧的需求不断消失，同时新的需求又会不断产生。所以，在选择职业岗位时，必须把社会需求作为出发点和归宿。如果择业脱离社会需求，将很难被社会接纳。我们崇尚大学生求职时坚持社会需求与个人利益的统一、社会需求与个人愿望的有机结合。因此，大学生在进行职业生涯规划时，应积极把握社会需求的动向，以社会对个人的要求为准绳。既要看当前的利益，又要考虑长远的发展；既要考虑个人的因素，也要自觉服从社会的需要。

（四）择己所利

职业是个人谋生的手段，其目的在于追求个人幸福。所以在择业时，要考虑自己的预期收益。明智的选择是在由收入、社会、成就感和工作付出等变量组成的函数中找出一个最大值，选择职业生涯中的收益最大化原则。

专栏 4－2

诸葛亮的“职业生涯规划”

三国时期，群雄逐鹿，人杰辈出。与绝大多数怀才不遇者的思维定势相反：长期隐居南阳草庐的诸葛亮一出山就投靠了当时最为势单力薄的刘备集团，并终生为其奔走效力。

在为刘备集团作出杰出贡献的基础上，诸葛亮实现了个人事业的成功——这归根结底取决于诸葛亮近乎圆满的职业选择策划！

首先，诸葛亮的个人职业发展定位非常清晰。诸葛亮自幼胸怀大志，始终以春秋战国时期两位著名的最高参谋管仲、乐毅为个人楷模，立誓要成为他所处时代杰出的“谋略大师”，为光复汉室贡献力量；同时，诸葛亮也非常清楚：他自己长期积累的才干已具备了实现职业目标的可能。

其次，从应聘对象选择上看，诸葛亮也独具慧眼：曹操已经统一了半个中国，实力雄厚，最有资格挑战全国统治权；孙权只求偏安自保；而势力最为弱小的刘备集团却具备快速成长，与曹操、孙权三足鼎立乃至在此基础上一统天下的可能性。

原因在于：第一，刘备始终坚持光复汉室的理想并在全国赢得了相当一批支持者——这与诸葛亮的个人价值观吻合；第二，刘备品性坚韧顽强，敢于与任何强大的敌人对抗；第三，刘备待人宽厚谦和，团队凝聚力超强；第四，刘备是汉朝皇族后裔，具备名正言顺继承“大统”的资格——以上条件恰恰是刘备增值潜力最大的资源，且其他诸侯很难模仿、替代。此外，还有一个非常重要的原因：到赤壁之战前夕时，曹操和孙权两大集团都已人才济济、颇具规模，诸葛亮若去投奔，最多也只能成为一名“中层管理人员”；而刘备集团当时主要由一些武将构成，高级参谋人才奇缺，诸葛亮完全有可能被破格提拔进入最高领导层！

再次，在应聘准备和应聘实施方面，诸葛亮更是做得登峰造极！

在个人推销方面，诸葛亮通过躬耕陇亩给外界留下踏实肯干的印象；同时，他还自作了一篇《梁父吟》，含蓄地表明心志；此外，诸葛亮在与外人言谈中每每自比管仲、乐毅，一方面宣传了个人的卓越才华，另一方面也表明了他对“和谐双赢”的君臣关系的向往——诸葛亮个人才能和求职意向等重要信息最终通过各种渠道传递到了刘备那里。

在应聘临场发挥方面，诸葛亮在完全私密性的“隆中对”时，通过逻辑严谨的精彩表述充分展现了个人对国内军事、政治形势以及刘备集团未来发展战略的全面深入思考，令刘备对这个27岁的年轻人大为叹服。此后，刘备始终待诸葛亮为上宾，全部重大决策都要与其共同协商探讨，甚至在临终之时还有托孤让位之举；诸葛亮也始终对刘备忠诚一心，鞠躬尽瘁。深厚的君臣情谊是刘备集团后来事业蓬勃发展，最终与曹操、孙权三足鼎立的重要因素，并传为千古佳话！

诸葛亮是昔日乱世中的一个孤儿，若非正确的职业选择助力，很可能就被湮没在历史的尘埃之中，永不为人所知！但积极进取且颇有心计的诸葛亮通过在职业选择上的完美谋划，彻底改变了自己的命运。

第三节　大学生职业生涯规划常见的方法

对于许多大学生来说，职业生涯规划也许还是一个比较模糊的概念，也就谈不上对自己进行职业生涯规划了。下面介绍几种常用的职业生涯规划方法。

一、SWOT 分析法

SWOT 分析法也称为自我诊断方法、态势分析法，它是由哈佛商学院的 K. J. 安德鲁斯教授于 1971 年在其《公司战略概念》一书中提出的。它是一种能够较客观而准确地分析自我的方法。利用这种方法可以从中找出对自己有利的、值得发扬的因素，以及对自己不利的、应当去避开的东西，发现存在的问题，找出解决方法，并明确以后的发展方向。

SWOT 四个英文字母分别代表 Strength，Weakness，Opportunity，Threat。意思分别为：S 代表强项、优势；W 代表弱项、劣势；O 代表机会、机遇；T 代表威胁、对手，S、W 是内部因素，O、T 是外部因素。SWOT 结构分析如表 4－7：

表 4－7　SWOT 结构分析

外部因素	S 优势	W 劣势
内部因素	O 机会	T 威胁

一般来说，使用该方法应当遵循以下几个步骤：

1. 优势与劣势分析

每个人都有自己独特的技能、天赋和能力。在进行规划的过程中需要明确自己的优势和劣势，优势是自己出色的地方，尤其是相对于竞争对手的优势方面；劣势是自己的不足方面，尤其是与竞争对手相比处于落后的方面。

请你列出自己喜欢做的事情以及你的长处和短处。

（1）＿＿＿＿＿＿＿＿＿＿＿＿＿＿＿＿＿＿＿＿

（2）＿＿＿＿＿＿＿＿＿＿＿＿＿＿＿＿＿＿＿＿

（3）＿＿＿＿＿＿＿＿＿＿＿＿＿＿＿＿＿＿＿＿

通过以上列表，你就可以找出自己不是很喜欢做的事情和你的劣势。找出你的劣势与发现你的优势同样重要，你可以基于自己的优势和劣势做出两种选择：一是努力去改正你常犯的错误，提高你的技能；二是放弃那些你不擅长的、技能要求很高的职业。列出你认为自己所具备的很重要的优势和对你的职业选择产生影响的劣势，然后再标出那些你认为对你很重要的优、劣势。

2.职业机会和职业威胁分析

职业机会是有利于职业选择和职业发展的一些机会；职业威胁是在进行职业选择和发展过程中存在危险的方面。

请你列出你感兴趣的一两个行业，然后认真地评估这些行业所面临的机会和威胁。

(1)______

(2)______

(3)______

3.列出今后五年内你的职业目标

仔细地对自己作一个 SWOT 分析评估，列出你从现在开始五年内最想实现的四至五个职业目标。

(1)______

(2)______

(3)______

(4)______

(5)______

4.列出一份今后五年的职业行动计划

请你拟出一份实现上述第三步列出的每一目标的行动计划，并详细地说明为了实现每一目标，你要做的每一件事、何时完成这些事。如果你觉得你需要一些外界帮助的话，请说明需要何种帮助和你如何获得这种帮助。

二、“五 W”法

许多职业咨询机构和心理学专家进行职业咨询和职业规划时常常采用的一种方法就是有关五个“W”的思考模式。“五 W”法一共有五个问题：What am I? What do I want? What can I do ? What can support me ? What can I be in the end? 一个人回答了这5个问题，找到它们的最高共同点，就有了自己的职业生涯规划。

1. What am I?（我是谁?）

在大学生生涯规划过程中，人的因素非常重要，规划者应该对自己进行一次深刻的反思，有一个比较清醒的认识，给自己一个正确的定位、正确的评价，优点和缺点都应该一一列出来。这时主要考虑的是自己过去、现在和未来都是谁、父母对自己的期望又是什么。把这些问题考虑清楚，也就清楚了“我是谁”。

2. What do I want?（我想干什么?）

“我想干什么”是对自己职业发展的一个心理趋向的检查。每个人在不同阶段的兴趣和目标并不完全一致，有时甚至是完全对立的，但随着年龄和经历的增长而逐渐固定，并最终锁定自己的终生理想。这时主要是探讨自己的价值观与工作的关系，清楚自己做出选择的理由。应该重点考虑的问题是自己喜欢什么样的工作,为什么喜欢,当想明白后自然就清楚了自己想干的职业是什么。

3. What can I do ?(我能干什么?)

"我能干什么"是对自己能力与潜力的全面总结,一个人职业的定位最根本的还要归结于自己的能力,而其职业发展空间的大小则取决于自己的潜力。对于一个人潜力的了解应该从几个方面着手去认识,如对事的兴趣、做事的能力、临事的判断力以及知识结构是否全面、是否及时更新等,现在一般可用一些倾向测验测出来。这时主要考察的问题是自己具备什么特质和能力去胜任此工作、自己的专长是什么。

4. What can support me ?(环境支持或允许我干什么?)

"环境支持或允许我干什么",这种环境支持在客观方面包括所在地区的各种情况,比如经济发展、人事政策、企业制度、职业空间等;人为主观方面包括同事关系、领导态度、亲戚关系等,应该把两方面的因素综合起来。有时我们在做职业选择时常常忽视主观方面的东西,没有将一切有利于自己发展的因素调动起来,从而影响了自己的职业切入点。而在国外通过同事、熟人的引荐找到工作是最正常也是最容易的,因为同事、熟人提供的信息量很大,并且又比较准确、可靠。当然我们应该把这与一些不正常的"走后门"、"拉关系"等歪门邪道区别开来。它们本质的区别就是这里的环境支持是建立在自己的能力之上的。

5. What can I be in the end?(自己最终的职业目标是什么?)

明晰了前面四个问题,就能从各个问题的答案中找到对实现有关职业目标有利和不利的条件,列出不利条件最少的、自己想做而且又能够做好的职业目标,那么第五个问题"自己最终的职业目标是什么"自然就有了一个清楚明确的答案。

第四节 大学生职业生涯规划误区及其对策

一、大学生职业生涯规划常见误区

(一)存在心理误区

职业是人的一生赖以生存与发展的手段之一,是实现人生理想的阶梯。有部分大学生在进行职业生涯规划的过程中过于个体化、过于务实、过于急功近利,常常陷入心理误区,主要表现为:急功近利、自我认知偏差、盲目从众心理、求安稳、怕艰苦、过于追求完美、过分强调自我价值。

案例:急功近利

某理工大学机电专业的李小琴今年刚上大一,因为父母希望自己以后可以考上研究生,所以她放暑假期间每天都自学英语和数学,感觉和高中一样紧张,工作的事情不考虑,社会活动也不想参加,怕影响学习。早准备不是坏事,但也不用一口气吃成个胖子或两耳不闻窗外事。首先小琴的目标不是出自自己的意愿,这与小琴年龄小、决定能力不强有关,但到了大三或大四,有了自己的主见再想转向就会为时已晚,即使以考研为目的也不应该一条腿走路，毕竟早晚要就业，如果不增加自己的综合素质、社会适应能力以及交际能力，书读得再好、再多也只能是纸上谈兵。当然，如果以提高认识社会的能力为主要目标，也不要走另一个极端——旷课去打工。

（二）职业目标的误区

1.职业生涯发展目标不明确

有一些大学生没有找到自己的兴趣，所学专业是由家长、老师根据自己的高考分数代报的，自己对所学专业并不了解，更谈不上喜欢，入学后发现所学的专业自己并不喜欢，但是又没找到其他专业，再说在大学里调剂专业也不是一件容易的事。因此，他们就不知道自己喜欢什么、到底能做好什么，处在迷茫状态。以至于出现有些学生学习目的不明确，在大学期间学习动力不足，一心只想混个及格，甚至有的大学生整天沉迷于和学业无关的事情不能自拔，导致学习成绩不合格而被迫退学。如今大学生网络成瘾现象也比较普遍，他们整天沉醉在网络虚拟的世界里，在游戏中寻找成就感。

2.专业与自己的长期目标冲突

有些大学生的兴趣在其他专业上，因此，他们把大多数时间放在其他专业的自学或者上课上，而无法完成本专业规定的学习任务，并且又无法调剂到自己喜欢的专业去学习。对于这一部分学生来说，他们有自己的长期目标，但是专业与他们自己的兴趣相悖。如果是这种情况，可以找学校相关部门及时调整自己的专业，或者找就业辅导中心的老师帮助自己及时调整生涯长期规划。

3.短期目标冲突

有些大学生为了提高自己的综合能力，什么事情都想做，什么活动都想参加，于是，在入学后参加了多个社团，一学期下来，由于忙于参加各种社团活动而在学业上没能取得自己期望的成绩，严重的会导致有些科目不及格。因此，我们必须学会找最重要的三件至五件事，按事情的轻重缓急，有针对性地提高自己的能力，不要捡了芝麻、丢了西瓜。

4.抉择困难

有些学生希望“鱼和熊掌兼得”，不愿意放弃任何事情，而现实中有些事情必须做出选择。

二、大学生职业生涯规划对策

（一）针对心理误区的对策

1.树立新型的职业观

职业观是大学生对职业的基本评价和看法，是大学生进行职业生涯规划的基础和前提，在职业生涯规划过程中，许多不良心理的产生都是不正确的职业观所导致的。于是，摈弃焦虑心理、从众心理等一些心理误区，就要学会竞争和合作。

2.学会自我调适及寻求帮助

除了要有科学的职业观外，还需要学会自我调适。大学生在职业生涯规划过程中难免会出现一些不良心理，要学会进行自我调适。自我调适的常用方法有：社会比较法、放松法、自我心理咨询等。对于有些自己解决不了的问题需要职业指导师的专业帮助。

（二）要科学合理地进行自我认知和职业认知

科学合理的自我认知和职业认知对大学生职业生涯规划有重要的意义。大学生首先应主动分析自己的心理、生理特点，通过正式或非正式评估了解自己的优势、劣势、兴趣、爱好，掌握自己的意志、情绪、能力等，对自己进行全面的、客观的分析与评价。其次，大学生还要进行职业认知，对社会环境、行业环境和组织环境等有一个全面、客观的认知与评价。

（三）提高自身素质

大学生可以通过自我评估和职业评估寻找差距，积极利用有限时间进行自我提升。第一，通过在校学习及参加各种活动来提升自我，增强人际能力、口头表达能力等；第二，可以走出校园参加社会实践和实习，提升自我能力，这样有利于大学生根据社会需要有计划地塑造自我，避免学习的盲目性，同时能够更加清楚社会职业分类及专业对口职位，更利于大学生进行正确定位。

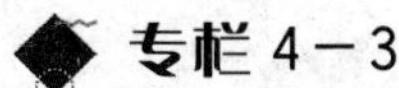

职业生涯设计方案

姓名：小龚，男，26 岁，大专

基本情况：毕业于某民办大学电子商务专业

朋友评价：朋友多，人际交往广泛，有创新思维

职业方向：无

工作经历：毕业 2 年他已换了 6 份工作。第一份工作在一家日资企业，他干了 1 年；第二份工作是在一家民营企业当技术员，他只做了 4 个月；而在后来的 8 个月时间内，他走马灯似地换了 3 份工作，做过市场推销、计算机程序员、网管等。最后一份工作他仅干了 10 天就辞掉了。

面临的问题：现在小龚又来到他已非常熟悉的人才市场，重复他习以为常的动作：投简历、面试、再投简历、再面试……他感到非常苦恼和迷茫，不知道自己究竟适合什么职业。

解决方案：他来到了就读的学校里，找到了他当年的就业指导老师，并进行了深入交谈。原来，小龚虽然学的是电子商务专业，但他对技术工作一点兴趣都没有，当初报考该专业只是家人的安排。就业时，他选择做技术型工作也是因为不得不选择与专业相关的职业，希望能“骑驴找马”。但是两年下来，“马”没找到，他依然骑着一头自己不喜欢的“驴”。

小龚的形象不错，1.75 米的个头，又善于沟通，做事肯动脑筋。他的职业指导老师为他设计了职业规划，建议他考虑从事房地产销售管理和销售策划工作。于是，小龚开始从一名售楼先生做起，由于他能言善辩，而且对顾客的态度非常人性化，有的业主介绍了不少新的客户给他，很快他的业绩凸显起来，并被提升为一个项目的销售经理。分红的时候，小龚在自己所工作的这个城市按揭购买了一套精装修的单身公寓。从此，他不再居无定所。

又一个两年过去了，小龚简直不敢想象自己竟有这么大的变化，觉得像做梦一样。在住进新屋的第一天，小龚兴奋地躺在属于自己的房子里，看着天花板回想起几年来的经历，突然想到就业指导老师的一句话，不免感慨万千：“其实，每个人都有成功的机会，每个行业里都有成功人士，只要你为自己的职业生涯进行一个好的规划，你就离成功不远了。”

专栏4－4

职业生涯规划书模板

职业规划书

姓名：

性别：

出生日期：×年×月×日

学校：

院系：

电话：

手机：

电子邮件：

撰写时间：×年×月×日

职业生涯规划设计书

目录

一、自我认知

1.职业生涯规划测评(测评报告)

2.360 度评估

优点、缺点

自我评价

家人评价

老师评价
亲密朋友评价
同学评价
其他社会关系评价
3. 橱窗分析法(选做,不作强制要求):
橱窗1:“公开我”。橱窗2:“隐藏我”。橱窗3:“潜在我”。橱窗4:“未知我”。
4. 自我认知小结
二、职业认知
1. 外部环境分析
(1)家庭环境分析
(2)学校环境分析
(3)社会环境分析
(4)目标地域分析
2. 目标职业分析
(1)目标职业名称。
(2)岗位说明
(3)工作内容
(4)任职资格
(5)工作条件
(6)就业和发展前景
3. 职业胜任力测评(测评报告)
4. SWOT分析
我的优势(Strength)及其使用
我的弱势(Weakness)及其弥补
我的机会(Opportunity)及其利用
我面临的威胁(Threat)及其排除
Minimax SWOT分析(选做)
外部因素
内部因素
外部机遇:Opportunities O1
外部挑战:Threats T1
内部优势:Strengths S1
优势一机遇:SO
优势一挑战:ST
内部劣势:Weakness W1
劣势一机遇:WO
劣势一挑战:WT
5. 职业认知小结

三、职业生涯规划设计

1.确定职业目标和路径

(1)近期职业目标

(2)中期职业目标

(3)长期职业目标

(4)职业发展路径

2.制定行动计划

(1)短期计划

(2)中期计划

(3)长期计划

3.动态反馈调整评估

调整我的职业目标、职业路径与行动计划

4.备选职业规划方案

由于社会环境、家庭环境、组织环境、个人成长曲线等变化以及各种不可预测因素的影响,一个人的职业生涯发展往往不是一帆风顺的。

课堂活动与体验

活动主题:自我认知练习

第一步:我现在处于什么位置?(了解目前现状)

思考一下你的过去、现在和未来。画出一张时间表,列出重大事件。

第二步:我是谁?(考察自己担当的不同角色)

利用3—5张卡片,在每张卡片上写下“我是谁”的答案。

第三步:我喜欢去哪里?我喜欢什么?(这有利于未来的目标设置)

思考你目前和未来的生活。写一份自传来回答三个问题:你觉得已经获得了哪些成就?你未来想要得到什么?你希望人们对你有什么样的印象?

第四步:未来理想的一年。(明确你所需要的资源)

考虑下一年的计划。如果你有无限的资源,你会做什么?理想的环境应是什么样的?理想的环境是否与第三步相吻合?

第五步:一份理想的工作。(设立现在的目标)

现在,思考一下通过可利用资源来获取一份理想的工作。考虑角色、资源、所需要的培训或教育。

第六步:通过自我总结规划职业发展。(总结目前的状况)

是什么让你每天感到心情愉悦?你擅长做什么?人们对你有什么样的印象?为达到目标,你还需要做什么?在向目标进军的过程中你会遇到什么样的障碍?你目前该做什么才能迈向你的目标?你的长期职业生涯目标是什么?

第五章

大学生学习心理健康

学习目标：

- 了解大学学习活动的基本特点及学习心理特点。
- 了解大学生学习心理障碍的表现及成因。
- 学会调适学习心理障碍。
- 能够具有四种学习能力，拥有良好学习心理状态。

我该怎么办

小张是历史系的学生。上这个专业不是他的初衷，他是被调剂到这个系的。他原来所在的中学是重点高中，高考过后，他毫不犹豫地报了上海外国语大学，但收到的却是现在大学的录取通知书。尽管心有不甘，但他没有选择复读，因为受不了高考的压力和别人的言论。在这种低迷的情绪中入学后，他对所学专业课没有多大兴趣，总在羡慕那些考上名牌大学的同学，懵懂之中，期末考试到了，结果有两门功课亮起红灯。成绩一下来他顿时愣住了，自问："我还是那个一贯努力学习、考试游刃有余的我吗？我该怎么办？"

学习是大学生的主要任务，也是大学生生活的主旋律。大学阶段的学习和中学阶段相比，无论学习的方法和内容，还是学习的目的和任务都有很大的不同。面对大学学习生活，很多大学生感到茫然不知所措。培养健康的学习心理是大学生心理健康教育的重要内容，同时对提高大学生学习质量和效率有重要意义。

第一节　大学生学习的心理结构与特点

一、大学生学习的心理结构

学习心理是指人们在学习过程中的心理反应、特点及其活动规律。对其研究的目的在于调动学生的积极性及掌握其在发展知识和能力、学会学习中的心理学问题。其中，学习心理结构是学习心理研究中的主要任务。

大学生的学习心理结构包括学习动力、智力和能力以及自我评价能力等诸多因素。它们可以概括为智力因素和非智力因素。

（一）智力因素是学会学习的必要心理条件

智力是以脑神经活动为基础的、对客观事物稳定且综合反映的认识能力，它是影响人的反映效率、反映效果的重要个性心理特征，它表现出人脑对客观事物的反映深度、广度、速度和准确度。通俗地说，智力就是一个人大脑的聪明程度，即人脑对客观事物和信息的反映、认识、存储和处理的能力。

心理学认为，调节认识的心理过程包括感知、注意、记忆、思维和想象等多种成分，所以智力也主要由注意力、观察力、记忆力、思维力、想象力五个要素构成。在学习活动中它们相互区别、相互联系和贯通，作为一个整体发挥作用。一般说来，智力水平的高低对学习的质量有直接影响。存在智力障碍的人，学习的困难比其他人要大得多。因此，智力是学习的必要心理条件，更是大学生成才的基本要素。

专栏5－1

认识你的智力

美国哈佛大学心理学教授霍华德·加德纳针对传统智能理论于20世纪80年代提出了多元智力理论。加德纳认为，智力并非像传统智力定义所说的那样是以语言、数理或逻辑推理等能力为核心、以整合方式存在的一种智力，而是彼此相互独立、以多元方式存在的一组智力。人除了言语—语言智力、逻辑—数理智力两种基本智力以外，还有其他五种智力，它们分别是视觉—空间智力、身体—运动智力、音乐—节奏智力、人际交往智力、自我内省智力。

言语—语言智力

指有效地运用口头语言或书写文字的能力。这项智力包括把文法、音韵学、语义学、语言实用学结合在一起并运用自如的能力。律师、演说家、编辑、作家、记者等是几种特别需要语言智能的职业。

逻辑—数理智力

指有效地运用数字和推理的能力。这项智力包括对逻辑的方式和关系、陈诉和主张、功能及其他相关的抽象概念的敏感性。数学家、税务人员、会计人员、统计学家、科学家、电脑软件研发人员等是特别需要逻辑数学智能的几种职业。对逻辑数理智力强的人来说，他们在学校特别喜欢数学或科学类的课程，喜欢提出问题并执行实验以寻求答案，喜欢寻找事物的规律及逻辑顺序。

视觉—空间智力

指准确地感觉视觉空间，并把所知觉到的对象表现出来的能力。这项智力包括对色彩、线条、形状、形式、空间及它们之间关系的敏感性，也包括将视觉和空间的想法具体地在脑中呈现出来，以及在一个空间的矩阵中很快找出方向的能力。向导、猎人、室内设计师、建筑师、摄影师、画家等是特别需要空间智力的几种职业。空间智力强的学生在学习时是用意象及图像来思考，对他们而言，理想的学习环境必须提供下列的教学材料及活动：艺术、积木、录影带、幻灯片、想象游戏、视觉游戏、图画书，参观美展、画廊等艺术方面的社教机构。

身体—运动智力

指善于运用整个身体来表达想法和感觉，以及运用双手灵巧地生产或改造事物。这项智力包括特殊的身体技巧，如平衡、协调、敏捷、力量、弹性和速度，以及由触觉所引起的能力。演员、舞蹈家、运动员、雕塑家、机械师、外科医生等是特别需要空间智力的几种职业。这一类的学生在学习时是通过身体感觉来思考，对他们而言，理想的学习环境必须提供下列的教学材料及活动：演戏、动手操作、建造成品、体育和肢体游戏、触觉经验等。

音乐—节奏智力

指察觉、辨别、改变和表达音乐的能力。这项智力包括对节奏、音调、旋律或音色的敏感性。作曲家、演奏(唱)家、音乐评论家、调琴师等是特别需要音乐智力的几种职业。这一类的学生在学习时是通过节奏旋律来思考，对他们而言，理想的学习环境必须提供下列的教学材料及活动：乐器、音乐录音带、CD、唱游时间、听音乐会、弹奏乐器等。

人际交往智力

指察觉并区分他人的情绪、意向、动机及感觉的能力。这包括对脸部表情、声音和动作的敏感性，辨别不同人际关系的暗示以及对这些暗示作出适当反应的能力。这一类的学生靠他人的回馈来思考，对他们而言，理想的学习环境必须提供下列的教学材料及活动：小组作业、交友、群体游戏、社交聚会、社团活动、社区参与等。

自我内省智力

指有自知之明并据此作出适当行为的能力。这项智力包括对自己有相当的了解，意识到自己的内在情绪、意向、动机、脾气和欲求以及自律、自知和自尊的能力。这一类的学生通常以深入自我的方式来思考，对他们而言理想的学习环境必须提供安静的处所、独处的时间及自我选择等。

加德纳认为，每个学生不同程度上拥有上述7种智力，智力之间的不同组合表现出了个体之间的智力差异。加德纳提出的7种智力为我们展示了人的智力潜能。它告诉我们，每个人的智力都有独特的表现形式，每一种智力又有多种表现形式，所以，我们很难找到一个适用于任何人的统一标准来评价一个人聪明或成功与否。你了解自己的智慧类型吗？

你知道自己的优势智慧和劣势智慧吗？若答案是肯定的，就要鼓励自己运用擅长的智慧类型，同时关注和强化那些需要加强的智慧类型，科学管理、合理规划自己的学习，用全部的智慧来学习，充分挖掘自己的潜力，获得最大限度的全面发展。

（二）非智力因素是学会学习的重要心理条件

非智力因素有广义和狭义之分。广义非智力因素包括智力以外的心理因素、环境因素、生理因素。狭义的非智力因素则指那些不直接参与认识过程，但对认识过程起直接制约作用的心理因素。

1.非智力因素在学习过程中的作用

(1)始动作用

这主要是指学习动机，它又分为内部动机与外部动机。内部动机由学生的理想、学习目的或对学习材料的认知兴趣所产生。外部动机则由外部条件的推动而产生学习积极性的心理动因。它们都对学习活动起着启动和助推的作用。

(2)指向作用

这主要是指为智力发展选择目标。在非智力因素中，动机与目的有着密切联系，动机使学生认识到为什么要这样发展智力，并推动他们去进行学习，而进行的过程也就是学生确立学习目的并为此目标而发奋学习的过程。

(3)维持和调节作用

学习是个复杂而艰巨的过程，伴随有多种多样的心理变化，有时信心十足，劲头百倍；有时心灰意冷，沮丧倦怠。这就需要兴趣、意志和性格等非智力因素去维持良好的心境，调节不良的心境。

(4)强化作用

这主要是指对学习品质的正向促进和加强。它在智力发展中具有不可忽视的意义。如良好的情感、坚强的意志都能起到乐于学习和提高效率的强化作用。

(5)互补作用

由于先天与后天的客观原因，学生的智力会存在这样那样的弱点，而非智力因素能对其起到补偿作用，“以勤补拙”就是这个道理。

2.影响学习效率的非智力因素

(1)情感状态。情感对学习有较强的调节作用，它与认知过程相互促进、相互干扰，与需要相互制约。积极向上的情感能促进学习，消极无为的情感会阻碍学习。因此，大学生应该注重情感与学习的关系。

孔子将学习分为知之、好之、乐之三个不同的层次。他认为，知之者不如好之者，好之者不如乐之者，乐之是学习的最高层次。教育家苏霍姆林斯基也说过，情感如同肥沃的土壤，知识的种子就播种在这个土壤上。可见，积极向上的情感是推动学习的强大动力。大学生要培养正确的、积极的情感，在学习中保持适当的激情、良好的心境和饱满的热情，把握最佳学习状态，从而获得最佳的学习效果。

情商即情感智商，是指一个人管理自我和他人情感的综合能力。学习活动是由情商和智商共同参与的。认识自身情绪是情商的基石，随时认识自己在学习中的感受非常重要。

大学生应该经常了解和反思自己的学习感受，适时调整学习情绪，摆脱脆弱的情感和自卑心理，承受各种学习压力，使自己拥有健康的学习理念和人生目标。

(2)意志水平。在学习活动中，光有智力不行，有了学习热情也不够，还必须有坚持到底的意志，这样才能克服困难，取得学业上的成功。有人对大学生的学习曾作了这样的描述：大学生差别最小的是智力，差别最大的是毅力。

(3)学习动机。学习动机是指个体内部促使其从事学习活动的内驱力或动力。学习动机一般表现为强烈的求知欲、对未知世界的好奇心和兴趣，以及认真积极的学习态度，它是激发学习热情、推动学习活动的内部力量，并决定了学习的方向、进程和学习效果。大学生应该了解有关学习动机的基本知识，并据此调整自己的学习动机，使之成为推动学习的积极因素。

学习动机的类型。根据学习动机的内容，可以将学习动机分为直接的近景性动机和间接的远景性动机。前者是指学习活动本身，是对学习的直接兴趣以及对学习活动的直接结果的追求所引起的。后者是与社会意义相联系的动机，是社会要求在学习上的反映。社会的需要、学生的远大志向可以制约这类动机。

根据学习动机的来源，可以将学习动机分为内部动机和外部动机。前者源于学习者自身的兴趣、爱好等，较为持久，而且能使学习者处于一种主动积极的学习活动的状态。后者是由外界的诱因所决定的，较为短暂，被这种学习动机所推动的学习活动也往往处于被动状态。但二者可以相互交替，相互转化。

动机强度与学习效率。学习动机能推动学习，但并非动机越强烈，学习效果越好。心理学家耶基斯和多德森的研究表明，各种活动都存在着动机的最佳水平，最佳水平随着任务性质的不同而不同。从图5－1可以看出，在较容易的课题中，工作效率随动机的提高而上升，随着任务难度的增加，动机的最佳水平呈逐渐下降的趋势。

根据这一法则可知，大学生根据任务难度调整学习动机强度，使其保持在与任务相适应的强度，将有助于最大限度地推动学习。

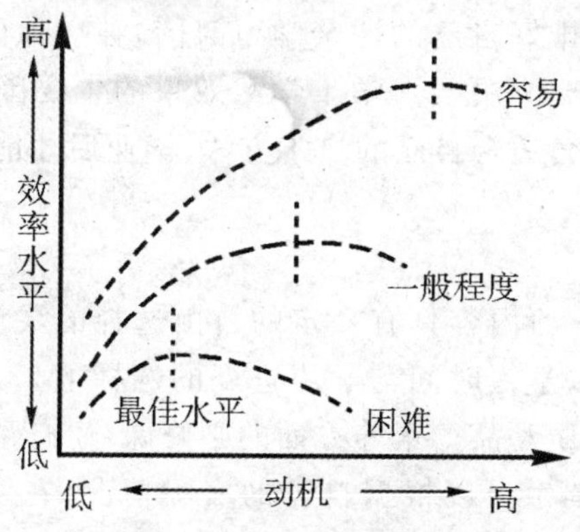

图5－1　动机、效率、任务难度关系

总之，在学习活动中，智力因素决定一个人能干不能干，非智力因素决定一个人肯干不肯干，至于干得好不好则由智力与非智力因素共同决定。

二、大学生学习的特点

（一）大学生学习的一般特点

大学生学习的一般特点主要表现在以下几方面。

1.专业性

专业性是指大学生的学习具有一定的专业指向性和职业定向性的特点。大学是培养高级专门人才的场所，大学生的学习实际上是专业学习。大学生从入学开始就有了职业定向，经过几年的学习，逐步成为基础知识扎实、专业知识结构合理、能力强的高级专门人才。大学阶段，学习活动的安排都是围绕专业来进行的，学校的课程都是为适应社会发展的需要而设置的，大学生的知识结构、智能结构和各种素质结构，都深深地打上了专业的烙印。因此，大学生入校后要树立专业观念，培养对专业学习的兴趣，并了解所学专业的知识结构和能力结构，以专业学习为重点，不断充实自己，为将来的良好发展奠定基础。

2.广泛性

广泛性是指大学生的学习具有多角度、多层面的特点。大学生在学习过程中可以通过各种不同的途径和渠道吸取知识，可以凭自己的兴趣学习课程之外的知识。广泛性首先体现在课程增多上，有基础课、公共课、专业课、实践课等；其次，课外活动增多，学校为了引导大学生全面发展，组织了各种各样的活动，增设了与学习相关的选修课程。而且大学的自习时间较多，大学生可以通过实践活动、自学、讨论、听学术讲座、参加第二课堂等来获取知识，这些都是大学生增长知识和才干的重要途径。所以，大学生要在树立专业思想的基础上，涉猎多方面知识，以促进个人的全面发展。

3.自主性

自主性是指大学生在学习过程中能发挥主观能动作用。自觉、积极、主动地学习是大学生学习活动的核心。大学的课程一般安排得不满，作业形式灵活，而课堂之外老师也不再定时辅导，学生的问题需要自己去思考和解决。所以，大学生要学会自己定计划，采用适合自己的有效学习方法，安排好自己的课余学习时间，独立地阅读各种书籍。大学生必须学会自学，因为自学能力已成为决定大学生学习效果的主要因素。更为重要的是，在校期间通过自学总结、摸索出一套适合自己的自学方法，毕业后才能不断地汲取新知识，从而进行创造性工作。

4.选择性

选择性是指大学生对学习内容具有一定的自由选择的灵活性。选择性表现在学习内容的选择、学习方法的选择、学习时间与学习进度的选择上。大学开设的课程既有传统的基础科目，也有学生专业素质和品德素养方面的必修课，还有帮助学生发展兴趣、爱好及其他综合素质的选修课。大学生可以根据自己的实际情况，在学习学校规定的必修科目之外，根据自己的兴趣、爱好和特长选修某些课程，从而达到扩充知识、发展能力的目的。随着教育改革的深入，选修课的比例会逐渐增大，为了实现学生综合素质的全面发展，学生在学科方向、课程内容方面选择的灵活性将更大。

5.创造性

创造性是指在学习活动中的创新意识和初步的创造活动。大学的学习不仅要理解、掌握知识，还要掌握科学的研究方法，了解各个学科存在的问题及解决的可能性，在学习中培养独立思考、探索创新的精神。大学生不仅要学好专业知识，还要了解和关心本学科发展前沿的成果和趋势，在学习中大胆地去探索、去思考、去质疑、去创新。死记硬背、墨守成规、缺乏灵活性和创造性的大学生将会较多地感受到挫折。在大学这个充满学术研究气氛的环境影响下，大学生逐渐产生重新组合已学知识、从新的角度解释已学知识的意识。

6. 实践性

大学阶段学习的主要是专业性知识。专业要求理论和实践相结合，在重视学习理论知识的同时，更要注意参加实践活动。学生通过在校学习，不仅学习了较为系统的专业知识，而且通过校内外的实训、见习、实习和社会实践等活动，掌握了相关专业的基本技能，积累了一定的实践经验，学校还鼓励他们获得本专业和相关专业的技能等级证书。学习是为了应用，随着时代的发展，实际操作、动手能力显得更为重要。

（二）大学生学习的心理特点

大学的学习活动与以前的学习相比是一种更高层次的学习，不仅具有专业性、自主性的特点，而且已具有职业定向性、社会实践性的要求。因此，大学阶段学生在学习意识、学习动机及学习策略等多方面逐渐形成了稳定的学习心理特点。

1. 学习意识基本成熟

学习意识的形成是学会自主学习的关键。大学生的学习意识具有更强的独立性、自主性和可控性。学习意识的独立性表现在：大学生在学习时间的安排上有了较大的支配权；表现出独立发现问题的问题意识，独立地从多个角度思考问题的求异意识，敢于发表不同见解、敢于坚持自己观点的勇敢精神，敢于批判课本、权威的质疑精神。学习意识的自主性表现在：大学生对学习内容的选择已经有了一定程度的自由，可以根据自己的兴趣、特长和需要选修某些课程，在完成教学计划规定的基本任务并达到教学基本要求的同时，有所侧重地扩充某些知识、发展某种能力；从学习方法来看，大学生善于动脑，善于对事物变化的机制进行探究，渴求找到疑难问题的答案，喜欢寻找缺点并加以批判，有自己独特的学习策略，创新意识强；从学习过程中的人际交往来看，学生能主动与老师进行沟通，敢于说出自己的见解，同学之间善于合作，经常相互讨论；从学习的态度来看，大学生能主动配合老师的教学设计，参与教学过程。

学习意识的可控性是指大学生在学习中能够觉察到自己的学习过程和学习状态，并对自己的学习动机、学习兴趣、学习方法进行监控和调整，例如学习计划的制订、学习时间的安排、学习活动的自控等。在学习过程中，大学生能够根据学习效果反馈的信息，对自己的学习活动主动进行调节和控制，如果发现自己在学习过程中的状态或方法不佳、不能适应学习需要时，能够主动地进行调整，以符合学习的要求。

2. 学习动机多元化与复杂化

大学生正处在特殊的历史时期，处于特定的年龄阶段和人生阶段，因此每个人的人生观、价值观、理想抱负水准和个性心理特点等都是不相同的，这就决定了他们的学习目标和动机模式的差异性。对于一个大学生而言，他努力学习的动机因素往往不再那么单一，可能同时存在着几种学习动机，共同促进着学生的学习。有些同学并不能或不愿意表明其学习动机，有时自己意识到的和说出来的动机与实际上起主导和支配作用的动机往往是不一致的。这就在实际上增加了大学生学习动机的复杂性。虽然大学生的学习动机在内容上有多元化与复杂化倾向，但大学生的学习动机总体上是积极向上的。

国内的一项研究表明，大学生学习动机的一般发展进程是：直接性学习动机随着年级的升高而逐渐减弱；社会责任感成为主导的学习动机，随着年级的升高而加强；专业性（职业的定向目标）的学习动机随着年级的升高而巩固和发展。总的来说，大学生的学习动机中，以学习的社会意义、人生意义作为学习的内在深层动力，使大学生学习活动具有更高的自觉性、竞争性和紧迫感，作为一种内部动机，将对学习起到持续有力的推动作用。

3. 智力与学习能力达到最佳

心理学家韦克斯勒（D. Wechsler）曾经用智力测验研究了人不同年龄阶段的智力情况，结果发现个体智力发展的高峰期在22岁左右；贝利（Bailey）领导的“伯克利成长研究”通过进行追踪研究发现，12～20岁是个体智力的迅猛发展时期；我国学者认为，人到18岁左右，智力已达到成熟时期（与成人接近），在此以后，随着知识的增长，总的智力能量虽然不会有显著增加，但在某一方面的智力可能还是以不同的速度在增长。虽然不同研究对于个体智力发展速度和高峰期的看法并不特别一致，但是一般认为，儿童、青少年时期是智力快速发展的时期，20～35岁发展保持高水平，以后开始下降。大学生的年龄一般在18～23岁之间，所以大学时期是人生智力发展的最佳时期，已经接近发展的高峰期，有利于个体接受复杂、深刻、专业的学习，良好的教育条件和主观努力可以促进大学生的水平进一步提高。

第二节　大学生学习心理障碍及其调适

学习是一个全面的、系统化的过程，会受到社会环境、智力因素、非智力因素、家庭背景、身体状况、学校教育等方面的综合影响，任何一方面的缺陷或不足都需要来自其他方面的补充，以期达到整个结构的平衡，否则就会形成学习心理障碍。下面我们谈谈常见的学习心理障碍及其调适方法。

一、大学生常见学习心理障碍

（一）所学专业与个人志向不一致带来的烦恼

大学的专业学习对很多学生而言是陌生的。大多数学生的高考志愿都是在教师和家长的劝导和参谋下填报的。有的只是为了高考可以过分数线，有的只是为了毕业之后选择职业方便些，还有的只是为了赶时髦而盲目地追求热门专业。因此，大学生对专业的选择具有很大的盲目性。多数都是迎合教师和家长的要求而被动服从，只有少数学生是出于个人志向的主动选择。在这样的情况下，进入大学校门之后，专业学习和个人志向的矛盾就显露出来。当所学专业与自己的志向大体一致的时候，大学生当然会感到满足、欣喜和安慰，并由衷地增添学习的动力。但当所学专业与自己的志向不一致时，就会感到苦恼、失落、迷惘、困惑与彷徨，有的学生甚至想退学重考。而重考的代价是很大的，所以，大多数学生会选择坚持把四年本科(或三年专科)读下来再说。这样的学生必须进行学习心理的自我调整,否则,有可能与烦恼和痛苦相伴整个大学阶段,影响身心的和谐发展和健康。

(二)考试焦虑与怯场带来的危害

焦虑是指一个人的动机行为遇到实际或臆想的挫折而产生的消极不安的情绪体验,它是由多种感受交织而成的。焦虑可分为低度、适度和高度焦虑三种。适度焦虑对学生的学习是有利的,而低度、高度焦虑则相反。焦虑过度会使学生感到沮丧、痛苦、失望、内疚,而焦虑不足则会使学生不思进取、萎靡、消沉、灰心丧气。考试焦虑是焦虑的一种表现,它是指在一定的应试环境下受多种身心因素所制约,以担忧为特征,通过不同程度的情绪性反应所表现出来的一种心理状态。过度的考试焦虑主要表现为考试前后精神紧张、精神不振、肠胃不适、不明原因的腹泻、多汗、失眠、记忆力减退、注意力不集中、学习效率下降等。考试怯场是学生在考试的环境下,因情绪过分激动、过度焦虑、恐慌而造成的思维和操作困难的一种心理现象,主要表现为心跳加快、呼吸急促、出汗、头昏、头痛、恶心呕吐、记忆力受阻、思维迟钝,甚至全身颤抖、两眼发黑、晕倒。过度的考试焦虑和考试怯场具有很多危害。一方面,影响认知过程,过度焦虑容易分散和阻断注意过程,干扰回忆过程,使记忆功能受阻,还会引起思维迟钝,瓦解思维过程。另一方面,过度的考试焦虑还会危害身体健康,导致人体的许多不适或疾病。

(三)心理定势导致学习效率的下降

心理定势是指人们在过去经验的影响下,解决当前问题时所带的倾向性,"先入为主"就是心理定势的一种表现。它的积极作用是可以提高解决类似问题的效率,而消极作用则是不恰当地照搬经验,妨碍了新情况下解决问题的变通性和创造性的发挥。许多大一学生习惯了中学老师的管理与教学方法,形成了一些固定的学习习惯和学习方法,进入大学后他们总以业已形成的行为习惯、学习方式、思维方式进行学习。殊不知,大学与中学的教学、管理以及教师与学生的教、学方法都有许多不同之处。因此,沿用旧习惯、旧方法解决新问题往往力不从心,导致学习效率低下,学习效果欠佳。

(四)厌学、懒惰造成的自尊心受挫及消极归因

厌学是一种典型的心理疲倦反映。目前,厌学现象在大学生中较为普遍,主要表现为:学习不主动,课前不预习,课后不复习;情绪消极,作业拖拉,敷衍了事;注意力分散,上课不认真听讲;经常上课迟到,甚至逃课。

懒惰是一种怕苦怕累的心理现象。这类学生以为考上大学就万事大吉,学习上不肯用功,不求上进,学习任务难以完成,常常表现为怕动脑筋、懒于思考,平时"玩"字当头、"混"字为先,只图一时安逸,缺乏远大理想和抱负。伴随而来的便是学习效率降低,考试成绩下降。这类学生有的虽经一再努力,但成绩总是提不高,进而丧失了进取心;有的由于学习成绩太差,主观上又不努力,在学习上一再受挫,像泄了气的皮球,再也鼓不起学习勇气;有的考研无望,竞争无资本,因而自甘落后,自我轻视,自我消沉。由于今天的大学生一般是在校园里长大的,没有经过社会上疾风劲雨的洗礼,因而其自尊心大都是建立在学习成绩基础之上的。而且,多数学生都有在中学学习成绩优异的经历和体验。在一般人看来,学习成绩是一个人学识、能力、才华的重要指标,学习成绩上去了,感觉自己的价值就实现了,在同学们面前有面子、有尊严;学习成绩上不去,就感觉自己的价值没实现,自尊心受到极大的伤害，在伙伴面前抬不起头来，因而心情抑郁，闷闷不乐，甚至有少数学生因为不堪忍受学习成绩下降带来的心理负担而轻生。还有些学习成绩低下的学生成了消极归因者，他们往往不能正确地认识自己的问题，不从学习动机、学习态度、学习意志、学习方法上去找原因，而往往把责任推给教师，认为教师教得不好，或认为学习环境不理想，影响了自己学习的进步，以此来消极地保护自己的自尊心和虚荣心。

（五）学习负担过重引起的紧张和压力

有些学生在中学学习中就学得很苦，心理负担很重，压力很大。好不容易冲过了高考独木桥，以为到大学可以歇口气了，但进入大学后发现，大学的学习也并不轻松。大学的学习相对于中学而言，专业化程度提高了，难度加大了，内容增多了，教师的教学方法也改变了，对学生独立性、创造性的要求增强了。这样一来，有些学生就感觉有些吃不消，负担太重，压力太大。再加上外语的基础较差，尤其是一些边远地区或少数民族地区的学生，由于地区教育水平的不平衡及语言和文化上的差异，与内地学生有很大差距，就更觉不适应，因而总担心考试不及格，内心惴惴不安。

（六）学习方法不当造成的学习疲劳和不适

大学的学习方法与中学相比发生了很大的变化，但有些大学生对此认识不足，如有些学生自认为天资聪颖，不用去讲究什么学习方法；也有的学生认为只要自己刻苦努力，功到自然成，也不用去研究什么方法；还有的学生由于学习动力不足，就更谈不上什么方法了；也有的学生由于学习的意志薄弱，在学习上懒散放任，因而也不讲究什么方法。虽然这些学生不讲学习方法，但学习方法是客观存在的。不讲方法，也就必然会降低学习效率，影响学习效果，进而造成心理上的压力，影响心理健康。一般而言，影响大学生心理健康的学习方法主要有两种，一种是疲劳战术，一种是突击战术。疲劳战术即“两眼一睁，忙到熄灯”，有些学生不会学习，不会听课，不会记笔记，不会合理安排时间，白天抓得不紧，晚上很晚才睡，有时甚至通宵达旦，中午也不休息，又不参加文体活动，把自己搞得疲惫不堪，使学习效率下降，内心焦灼不安。还有的学生平时学习抓得不紧，无目标、贪玩，到期末考试的时候才发现自己这也不懂、那也不明白，于是临阵磨枪，搞突击战术，导致心理上的过度疲劳和紧张。

二、大学生学习心理障碍的调适

（一）树立正确的学习态度

如前所述，学习态度由认知因素、情感因素、行为因素三个方面组成，三者相互作用，相互影响。学生一旦有了明确的认知，产生了情感，他也就有了学习行为的基本倾向，所以，有了明确的学习态度，才能克服在学习过程中出现的各种困难和问题，注意力才能集中，学习效果才能提高。有些缺乏专业兴趣的学生，要明确自己的社会责任，尽快调整自己的心态，适应新的环境，树立对所学专业的兴趣。当然，经过一段时间调整仍无法对专业产生兴趣，应考虑调整专业。

（二）掌握科学的学习方法

学习方法就是人们在学习过程中为达到一定的学习总目标或具体目的，根据学习的规律作用于学习客体而采取的步骤、程序、途径、手段等。学习方法在学习过程中的作用是非常大的。学会学习，最主要的就是掌握科学的学习方法。为了克服学习方法上的思维定势，大学生们一定要注意学习和掌握适应大学学习环境、教学模式、学习内容的新的科学的学习方法，不要拘泥于中学已经掌握的那套学习方法。目前，比较普遍的学习方法有基础学习法、概念学习法、计划学习法、重复学习法、质疑学习法、分解学习法、联想学习法、比较学习法、聚焦学习法、求师学习法、讨论学习法、观察学习法、网络学习法等。各人应根据自己的情况，选择合适的学习方法，加深理解、增强记忆以提高学习效率和学习质量。

（三）注意用脑卫生

大学生在校的主要任务是学习，繁重的学习任务必然会增加大脑的负担。因此学会科学、合理地安排自己的学习时间，注意用脑卫生是十分重要的。首先，要勤用脑，勤用脑不但不会用坏脑子，反而会越用越灵活，当然用脑要合理，连续用脑时间不宜过长，在经过一段紧张的脑力活动以后，要听听音乐、欣赏图画、进行适当的体育活动等，使大脑的有关部位的活动得到适当调节。其次，要适当用脑。用脑要讲究最佳时间，在人精力最充沛、大脑最清醒的状态下进行学习。各人应根据大脑的活动节律合理安排学习活动，并注意劳逸结合、学习与休息交替，以寻求获得良好的学习效果，维持大脑的健康。切勿平时不学习、考前通宵不眠忙备考。

专栏 5－2

如何消除学习过程中的疲劳

用一个小游戏来驱赶疲劳，其原理和操作方法如下：

原理：人体拇指与大脑相连，旋转拇指可增进大脑功能，激活脑细胞，分散注意力，动静双向调节。

方法：在学习过程中，若感到乏力疲倦，可暂停一下，让双手拇指作 360 度旋转，拇指尖尽量画圆圈。起初不顺，多次练习其拇指就会有节奏地旋转，顿觉心情舒畅。

（四）正确对待考试

考试的主要目的在于检验学生的学习效果，以达到促进学习、巩固学习成果之目的。我们知道，现代社会对人才的要求是知识和能力的结合，用人单位对学生的考核是基础知识的掌握程度、能力和人品。因此，学生在校期间要树立良好的学风、考风和诚实守信的人格品质，不必把考试成绩看得太重，应该把注意力放在对知识的学习、理解、掌握和巩固之上，平时刻苦努力、认真学习，考前全面复习，考试时充满自信。即使一次考试失败了也不要紧，“失败乃成功之母”，应该从考试的得失中总结经验、磨炼自己。平时认真学习，考前充分准备，考场上放松自己。大学课程体系和高中不同，知识的掌握需要平时的积累，尤其是理工农类各专业课程，临时抱佛脚显然是行不通的。学生平时刻苦勤奋，认真学习，考前全面系统地复习，考试时就自然会有信心。考场上如果因考题与自己复习的方向相差甚远而紧张情绪上升，应及时进行自我放松，身体自然坐正，轻闭双眼，双手护住腹部，做深呼吸，待情绪恢复平静后再继续考试。

（五）培养良好的个性品质

一个人的完整个性应包括个性心理特征、个性倾向性和自我意识系统三个方面。个性心理特征包括能力、气质和性格等。个性倾向包括需要、动机、兴趣、理想、价值观和世界观等。每个大学生都要加强自我锻炼，树立远大的理想和正确的自我意识，培养多种兴趣，克服不良的性格，合理调节情绪，正确面对挫折。一旦出现学习障碍，应进行心理咨询，必要时应进行心理治疗。

第三节　大学生学习能力的培养

学习能力是大学生完成学业的保证。我们这里所说的能力，主要是指在实践活动中表现出来的能力，而不是仅仅指那种人自身可能性的(或称潜在的)能力。目前正处在学习阶段的大学生，一定要培养各种学习能力。大学生学习能力的内涵比较丰富，下面主要介绍大学生自学能力、阅读能力、记忆能力与创造能力的培养。

学习能力的培养与学习方法的训练密切相关，可以说一定的学习能力是在运用一定的学习方法的实践中形成的。要培养大学生的学习能力，必须加强学习方法的训练，以逐步实现从学习方法到学习能力的转化。

一、自学能力的培养

自学能力是指一个人独立学习和获取知识的能力。它是一个人多种智力因素结合和多种心理参与的一种综合性能力。培养自学能力能够提高掌握知识的质量和速度，并能不断地扩大知识面；自学能力又是独立工作能力、科研能力等其他方面智能发展的重要基础。可以说，自学能力是一个人终身受益的法宝，在教育终身化的今天，自学能力的培养不仅有益于当前的学习，而且对毕业后的学习更有不可忽视的意义。

（一）正确选择学习目标和制订学习计划

选择学习目标要以自己的需要和发展为基础。在校学习期间，可以把弥补某个薄弱环节作为一定时期的主攻目标。一个人的时间和精力总是有限的，如果没有明确的目标，缺乏主攻方向，今天向西，明天向东，走到哪儿算哪儿，就会白白耗费精力。在明确目标的基础上，还要为自己制订一个切实可行的计划。养成按自己选定的目标和制订的计划学习的习惯，犹豫不定、忽冷忽热、一曝十寒是难以自学成功的。我们应当学会制订自己的学习计划表。制订一份有效的学习计划可分为三步：第一步，统计非学习的活动所占用的时间总量；第二步，计算尚有多少时间可用于学习；第三步，绘制一份每周活动图表，把学习时间列在突出位置。通过有效地利用时间，提高自学的效率和质量。

（二）充分利用教学资源

学会充分利用图书馆、资料室、校园网、教师、同学等校内资源，学会使用工具书、教科书，独立地查阅文献资料，搜集各种必要的知识信息，这些是搞好自学的重要保证。在学习或自学的过程中难免会遇到疑难问题，这时就需要求师。专家、学者、教师、能人以及学有所长之人是老师，而期刊、文献、词典、参考书等也是老师。我国古代《学记》上说："独学而无友，则孤陋而寡闻。"经常与同学、朋友交流学习心得、讨论学术问题，能互相启发，互相促进，活跃思想，提高自学效果。

（三）掌握学习方法

《学习的革命》一书的作者认为，每一个国家的财富特点是一个国家人民的技能，而技能又依赖于该国人民学习技能的能力。一般认为，怎样学习比我们学习什么更为重要，科学的学习方法很多，除了上节介绍的一些方法外，还应学会操作学习法、模仿学习法、社会调查法、使用工具书刊法等。同时，要注意观察和学习周围优秀同学的学习经验和方法，不断总结自己的学习体会，探究适合自己的学习方法。在大学阶段，教学的各种组织形式都有不同于中学的变化和特点，大学低年级时在学习方法上要适应这种变化。大学低年级主要开设公共课和基础课。同中学相比，这些课程的特点主要是：第一，具有更强的理论性和系统性，要求提高分析与概括的能力；第二，大班上课，提问题的机会减少，要记下一些问题自己钻研或课后提问；第三，讲课速度较快，教师讲解的顺序与教科书不完全一致，内容上有所取舍，也有所补充，着重点也不同。学生听课时要注意把握教师的思路，抓住重点、难点，提高记笔记的能力；第四，预习和复习是提高听课效果、抓住重点和难点、积极运用思维、深入理解教材、形成系统的认识和科学知识体系以及培养自学能力的重要环节；第五，课后的复习要求学生阅读的内容较多，教师还会指定一些参考书，让学生自己独立探索，提出问题、思考问题和归纳总结。

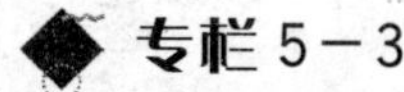

测测你的自学能力

(1)你能每天在业余时间学习一小时吗？（能；有时能；不能）

(2)你每天有浏览期刊的习惯吗？（有；有时有；没有）

(3)你每天能坚持阅读5000字吗？（能；有时能；不能）

(4)你在影戏开演之前、车船到来之前，有阅读书报的习惯吗？（有；有时有；没有）

(5)你有记读书笔记或读书卡片的习惯吗？（有；有时有；没有）

(6)你有剪贴报刊资料的习惯吗？（有；不明确；没有）

(7)你有睡觉之前检查一天学习情况的习惯吗？（有；有时有；没有）

(8)如果你一天中没有学习，会有一种遗憾的感觉吗？（有；有时有；没有）

(9)你有每月拿出一部分资金购买图书、订阅报刊的习惯吗？（有；有时有；没有）

(10)你有同朋友交谈自学体会的习惯吗？（有；有时有；没有）

(11)你有博览百科知识的嗜好吗？（有；一般；没有）

(12)你有给报刊投稿的习惯吗？（有；有时有；没有）

(13)你常听学术报告吗？（有；不明确；没有）

(14)你学有专长吗？（有；不明确；没有）

(15)你参加业余学校学习吗？（正参加；想参加；不参加）

(16)你有自测自学成绩的习惯吗?(有;有时有;没有)

(17) 你有著书立论的行动或计划吗?(有;有计划;没有)

(18) 你有一年的学习计划吗?(有;不明确;没有)

解析:本测验旨在通过18个小问题来测知你的自学能力如何,诊断后如果未能达到满意的效果,那你就要努力了。括号内第一答案为5分,第二答案为3分,第三答案为0分。总分大于80分的人,自学能力很强。总分70～80分的人,自学能力良好。总分60～70分的人,自学能力一般。总分小于60分的人,自学能力较差。

二、阅读能力的培养

学习过程中应重视开展阅读方法的训练,以培养阅读能力。下面介绍两种较为实用的阅读方法。

(一) 五步阅读法

五步阅读法是英、美等国流行的一种阅读方法,它包括浏览、发问、阅读、复述、复习五个步骤。这种方法适用于阅读需要记忆的内容,尤其适用于课文阅读。运用五步阅读法,需要掌握各个步骤的要领。具体说来,五个步骤的要求可以概述如下:

第一步,全面浏览。如果是阅读书籍,应重点看书的序言、内容提要、目录和书中的大小标题、图表、注释及附录的参考文献等;如果是阅读文章,应着重看它的大小标题,文章的开头、结尾部分以及注释(或提示)。这一步骤的任务是对读物有一个大体的印象,知道将要运用哪些旧知识,需要理解和掌握哪些新知识,以便确定阅读重点。所以这一步骤还有一个定向的任务。

第二步,设置问题。这一步骤,一般应略读用黑体字标示出来的内容(如理工科教材中的定理、定律、公式),文前的提要、提示和文末的结论(如科技论文)。如果是课文,还要留意设置的提示或问题,然后思考并提出自己应该重点阅读理解的问题。

第三步,深入阅读。这一步骤的任务有两个:一是细读,二是思考。首先是带着问题细读,着重留意关键词语和重点段落,做好笔记和圈点批注;其次,联系阅读分析理解问题。既解决疑难问题,又加深对读物的理解。

第四步,回忆复述。这一步骤的主要任务是通过复述来检查阅读效果。或者复述读物的主要内容,或者联系问题进行解答性复述。在复述时,发现尚未理解和掌握的问题,要及时弥补。

第五步,复习巩固。这一步骤的主要任务是巩固掌握。复习的方法可根据阅读的实际情况,分别采用重点复习或全面复习的方式,对于需要熟记的内容,要反复记诵。这一步骤中也伴有阅读,只是这时的阅读主要是针对重点内容或需记诵的内容进行。

五步阅读法的五个步骤之间是一个连贯的整体,各步骤相互联系。从整个阅读理解过程来讲,前面的每一个步骤都是后一个步骤的基础,所以每一个步骤都应该一丝不苟地对待。由于五步阅读法费时较多,所以它主要应用于需要精读和掌握的阅读内容。那些只需一般了解,或只需略读概知的读物,不宜采用这种阅读法。

(二) 质疑阅读法

“学贵有疑”,质疑阅读法正是基于这个基本思想而提出来的。疑问是促进阅读理解的契机，读书善疑，则思维敏捷、思路开阔。运用质疑阅读法，首要的一个问题，就是要善于质疑。从时间上讲，质疑的方式有开篇质疑、初读质疑和深析质疑三种。

所谓开篇质疑，是指阅读开始之前就有疑问。它包括带着问题和要求去读，以及为着一定的目的去读。这种先疑后读的方式，针对性强，有利于从解决疑问的角度出发去展开阅读分析。

所谓初读质疑，是指刚开始阅读或第一遍阅读、概览思考之时产生疑问，或者根据阅读目的设问，使后边的阅读步骤围绕着这些疑问的解决而进行。初读质疑是在对读物已有接触的情况下进行的，问题的设置与读物内容的针对性更强一些，它也更有利于读者带着问题去理解和掌握读物内容。

所谓深析质疑，是指在阅读理解向深层次发展时而引起的疑问。这类疑问，或者是怀疑，或者是在读物内容理解上遇到的疑难，或者是对作者思想感受上的疑惑，或者是对文章写作技法理解上的新思索，这些都是需要进一步细读才能获得答案的。

阅读质疑的方式，也可以在与读物的联系上设疑，例如标题质疑、内容质疑和写作手法质疑等。以标题质疑为例，可作如下质疑分析。标题质疑是指从标题的分析中发现疑问，如果读物的标题本身就是疑问，例如《钢铁是怎样炼成的》，它很容易引起读者思索，推导出探测性的疑问来。如果是非疑问式的，则应根据其表意重点或超出常规之处去设置“为什么”或“怎么样”之类的问题，把思路引向对内容的理解。运用质疑阅读法，还要善于针对疑问进行阅读，以求得答案，并非一定要对读物进行全面的阅读分析。如果以阅读理解读物为目的，如大学生的课文阅读，即使设置的疑问只涉及读物的一个方面，或者只涉及读物的某个重点、难点，实际上也需要对读物进行全面的阅读分析，在系统地理解和掌握读物内容的基础上，着重解决那些已设疑的重点或难点问题。这样才能真正地达到阅读目的，收到好的阅读效果。

三、记忆能力的培养

在人脑的各项机能中，记忆无疑是最重要的能力之一。如果你的大脑无法将从感觉器官获得的大量信息储存起来，那么你每思考一个问题，每做一件事情，都必须“从头开始”。增强记忆力要从以下几个方面着手。

（一）集中注意力

注意力越集中，记忆就越迅速、越牢固。

（二）正确运用记忆与遗忘的规律

有关记忆的实验证明：遗忘的进程是不均衡的。在识记后最初的一段时间内遗忘得比较快，而后逐渐变慢。学习过的知识过了1小时之后，记住的知识仅仅剩下40%左右，再过1天，会忘掉全部知识的2/3，6天之后只剩下5%左右。这就是著名的艾宾浩斯“遗忘曲线”。学习过程中我们可根据遗忘规律，结合自己的实际经验，学会与遗忘做斗争的方法。下面几点建议可供参考。

1. 及时复习与经常复习

复习时间的分配应该是先密后稀，即开始复习时，间隔时间要短，次数要多，以后间隔可逐渐拉长。

2.复习方法要多样化

不必总是按固定顺序从头到尾复习，应当重点复习那些难于记忆、易于遗忘的知识，而且每次复习，在内容上必须有所开拓，最重要的知识要在新的水平上和新的联系中加以复习。

3.调动各种感官协同活动

单靠听觉，每分钟仅能传达100个单词，而视觉传达的速度则为听觉的一倍。如果视觉和听觉同时起作用，则是听觉的10倍。所以，同时参加活动的感官越多，则越有利于提高记忆的效果。如记忆外语单词，边念边写，就能记得更牢。

4.相似知识要交替复习

实验证明，前后学习知识的性质越相似，记忆效果越差。复习也要避免连续学习相类似的知识，注意性质不同的知识的交替进行。在学习某一知识以后，应当适当休息，再去学习另一种知识，以免相互影响和相互干扰。

（三）几种常见的记忆方法

1.归类对比法

归类对比有利于加强记忆、熟练应用和发挥思维的灵活性。比如，学到英语动词之后须用动名词作宾语时，可以把这些动词归类如下：Avoid，Admit，Consider，Enjoy，Escape，Finish，Miss，Mind，Practise 等。学会对比的方法，显示出相似事物的不同点和不同事物的共同点，便于记忆。如 Take part in，Join in，Join 均可译为“参加”。但是，它们的用法及意义还有一定程度的差异。Take part in 用于参加考试、会议等，Join 用于参加某一组织，而 join in 则用于参加一般性的活动，如唱歌、跳舞等。

2.联想记忆法

当我们要记住新的知识时，总是想方设法运用联想与已有的知识联系起来。联想造成的印象越强烈，则记忆越深刻难忘。联想有接近联想、类似联想和对比联想等。如背诵一首诗，就是由于词与词、句与句相接近而联想起来的；学习外语，把同义词、近义词、反义词放在一起学，通过类似联想和对比联想，更容易记忆。

3.组织记忆法

有组织的知识易于记忆并能较牢固地保留在大脑中。按照个人兴趣和目的与原有知识结构组织起来的知识，最有希望保持在记忆中。对知识进行加工整理的前提是分析和综合，并加深理解。如编写提纲、绘制图表等都有助于巩固记忆、提高学习质量。

4.理解记忆法

深刻理解的知识较容易记住，甚至终身不忘。为加深对所学知识的理解，在学习中应力求领会事物的意义和实质，找出事物的内部联系和规律，与已有的知识经验联系起来，并把新知识纳入已有的知识系统中，这样才能记得牢、记得全面准确，也便于今后能灵活运用。

5.边读边背法

尝试将回忆与反复阅读结合起来，其记忆的效果要比单纯反复阅读好得多，如记忆外语单词、短语，读一两遍之后，就应该试着背记或默写。实验证明，用40%的时间进行阅读，用60%的时间试作背记，效率最高。背记无异于自我检查，能检查出哪些地方记住了，哪些地方还没记住，再读时就在难点上多下工夫，不必平均使用力量。同时间读和试背交叉进行，有利于保持大脑神经的兴奋，延缓抑制过程的到来。

6. 回想记忆法

通过回想训练强化记忆效果，方法是每天晚上躺在床上的时候将当天某个时段中发生的事情"回放"一遍，如此训练一段时间后，可回想越来越久远的事情，逐渐地，记忆力就会好起来。

记忆方法数不胜数，读者可根据自身特点，查阅一些专门书籍，找到适合自己的记忆方法，以便在学习中助自己一臂之力。

四、创造能力的培养

创造能力就是运用一切已知的信息，产生出某种新颖、独特、有社会或个人价值的产品的能力。这种产品可以是新观念、新设想、新理论，也可以是新工艺、新技术或新的物质产品。很多研究表明，智力测验成绩和创造能力测验成绩关系不大。一般来说，具有中等以上的智力水平是创造能力发展的基本条件，高创造能力主要来自于具备中等以上的智力水平的人群。创造能力的培养涉及面较广，措施和方法较多。下面只介绍一些主要的措施与方法：

（一）努力培养良好的创造个性

创造能力有六个要素：智力、认知风格、价值、目的、信念和策略。智力只是若干创造能力中的一个。而在创造能力的要素中，认知风格、价值、目的、信念和策略等均属于非智力因素。有些学者认为，良好的创造个性具有以下几个特点：勇敢；甘愿冒险；富有幽默感；独立性强；有恒心；一丝不苟等。有人就非智力因素与创造力的关系问题，对日本160名有突出成就的科学家或发明家作了调查，结果表明，这些人都具有下述性格特征：有恒心、韧劲，甚至在看来希望渺茫的情况下，仍然坚持到底。他们在童年时代就具有强烈的求知欲望；他们不管挨过多么严厉的训斥，总想去试一试；他们具有鲜明的独立倾向和独创精神；他们精力充沛，干劲十足。显然，这些非智力因素在其创造发明活动中起了特别重要的作用。因此，我们要培养创造能力，就必须加强良好创造个性的培养。

（二）加强创造能力的方法训练

培养创造能力的方法很多，其中下述方法可供考虑。

1. 相互讨论法

几个人的头脑在思考同一个问题，认识能量是大于一个人的，这种思考和解决问题的方式，一方面能够提高对问题认识的广度和深度，另一方面在讨论中能够互相启发、取长补短，看到自己的长处后能够产生一种成就感，增加学习自信心。

2. 参与形式多样的课外活动

高校设立有各种各样的社团，开展有各种各样的课外活动，置身于这些社团之中去参加课外活动，能够扩大兴趣爱好、拓宽知识面。这种广泛的兴趣和较宽的知识面有助于激发创造的火花。

3. 接受创造教育指导

有些高等院校开设了创造学方面的专门课程以及与专业紧密结合的特色化的创造教

育课程，教师队伍中也有热心创造教育的研究者，我们可以通过参加发明创造协会及其活动等方式，接受创造能力的指导和训练。

（三）重视发散思维能力的培养

复合思维与发散思维是两种不同的认知风格。复合思维的通常表现是，当个体面临认知任务的时候，总是收集所有相关信息，考虑各种相关因素，最后提出一种解决问题的方法。而发散思维是指人们沿着不同的方向思考，重组眼前的信息和记忆系统中储存的信息，产生大量独特的新思想的思维方式。其通常表现是，当解决某一认知问题的方法和结果不仅仅限于一种时，个体能想出多种不同的方法去解决问题或给出关于某问题的多种答案。研究表明，发散思维能力与创造能力关系密切，发散思维能力的提高有助于创造能力的提高。一些发散思维训练，如一题多解等，能够有效地提高大学生的发散思维能力。

（四）积极参加科学研究，培养科研能力

许多创造性成果都是科研的结果，因此应当积极参与有关科研活动。通过参加科研活动，可以培养实事求是的科学态度；通过系统的科研训练，可以掌握科研的步骤，为未来从事科研活动打下基础。一般地说，科研步骤主要有：(1)选题。(2)查阅文献及初步调查。(3)制定科研计划。(4)搜集并整理资料。(5)分析研究。(6)撰写报告。可以掌握科研的方法，如观察法和调查法、实验法和追因法、经验总结法、比较法、历史法与文献法、统计法与测量法等。高等教育主要是培养具有专业技术的应用型人才，如能将课堂上所学到的知识直接应用到我们未来所从事的、与社会生产和生活紧密联系的一些科研课题中去，就更能激发我们的学习兴趣，实现预定的教学目标。

课堂活动与体验：吹气球

活动形式：游戏、讨论。

活动目的：通过活动，让大学生了解学习动机与学习成绩之间的关系。

活动准备：20 个气球。

活动时间：20 分钟。

活动过程：

(1)吹气球比赛：请 20 名自认为有学习障碍的大学生参加吹气球比赛，并规定游戏规则，即将气球吹得最大而且不破，然后评选出将气球吹得最大的同学，请他们讲讲吹气球时的感受。

(2)交流：请参加比赛的大学生谈谈自己吹气球的感受，并结合自身的经历谈谈对动机与成效关系的看法。并让其分成若干小组，进行小组讨论，谈谈自己在平时学习中是否存在着由于动机过强或过弱而影响学业成绩的情况。由组长向全班同学汇报本小组讨论结果的要点，与全体同学分享收获。

问题讨论：

通过吹气球的游戏，讨论以下问题：

(1)大学生的学习行为是否受动机支配？

由于人的各种行为都是在一定的动机驱动下完成的，因而大学生的学习行为当然要受到动机的支配。在教育心理学上，人们把这种推动学生进行学习的直接原因和内部动力称为学习动机，它具有激发和维持学习行为，并且为学习行为定向的作用。正确而强烈的学习动机对大学生的学习具有巨大的推动作用，是大学生学习的原动力。

(2)学习动机与学习成绩的关系如何?

通过吹气球现象，大学生用亲身体验获得了一种认识：学习动机是推动人们学习的内部诱因，高的成就动机可以有高的学习绩效，然而过度的成就动机往往会导致心理失衡。反映了耶克斯—道德森定律中的内容：中等程度的动机唤起水平最有利于学习效果的提高，并且最佳的动机唤起水平与作业难度密切相关；任务较容易时，最佳唤起水平较高；任务难度中等时，最佳动机唤起水平适中；任务困难时，最佳唤起水平较低。也就是说，学习动机和学习成绩的关系与动机强度及学习任务的难度有关。当大学生完成力所能及的学习任务时，学习成绩与学习动机的强度成正比；而当大学生完成难度较大、超过其学习能力的学习任务时，学习成绩则与学习动机的强度成反比。因此，大学生应该保持适度的学习动机。

思考与练习：

(1)大学生的学习与中学生的学习有哪些不同?

(2)考试焦虑对大学生学习有哪些危害? 你是如何克服它的?

(3)在学习过程中，你是如何运用已学的心理学原理解决学习中遇到的困难的? 举实例说明。

第六章

大学生情绪与管理

本章目标：

- ◆ 了解情绪的基本概念、分类、发生机制及功能。
- ◆ 掌握情绪健康的基本标准。
- ◆ 了解大学生的情绪特点及其影响因素。
- ◆ 掌握情绪管理的方法，学会自主调控情绪，能够保持良好的情绪状态。

挥之不去的紧张

张某，女，大二，出生于一个普通的工人家庭，从小学到中学毕业，成绩优异，是家长与亲朋好友的骄傲、同学们的好榜样。因此，从小到大，她一直都心情舒畅，不知道什么是烦恼。自从上大学以来，她觉得自己像变了一个人，怎么都开心不起来，心情一直感到很压抑。她觉得整天脑子都绷得紧紧的，尽管学习成绩名列前茅，但是总是担心自己哪一天成绩会下降。整天除了学习还是学习，就连阅读课外书时也选择有利于提高成绩的杂志。平日里与同学交流甚少，总是行色匆匆。如果看到其他同学认真学习，内心会充满压抑感，甚至有大祸临头的感觉。有的时候，她很清楚学习的状态不好，比如注意力不能集中，思维比较迟钝，但是，她总是强迫自己坐在教室里强打精神上自习。她心里非常明白，这样做不仅效率不高，而且对自己也是一种折磨。但是，如果让她离开教室放松自己，结果反而会更紧张。

“情绪”一词，让我们感到既熟悉又陌生。作为社会人，我们每时每刻都处在一定的情绪状态下，或平静，或激动，或愉快，或愤怒……因此，我们最有资格谈论情绪。然而，情绪又是人类最复杂的心理现象之一，常常令人琢磨不透。当我们处于某种情绪状态中，有时会不知所措，表现出驾驭情绪能力的软弱性。大学生正处在心理成长的重要时期，情绪特征更具特色，面临的问题亦更加多样化。本章我们将一起探索情绪世界的奥妙，揭开大学生情绪的面纱，寻找调节情绪的有效方法，使我们每个人都保持良好的情绪状态。

第一节　情绪概述

一、情绪的含义及分类

（一）情绪的含义

所谓情绪，是指客观事物（刺激）能否满足人的生理和精神需要的心理体验。客观事物（刺激）满足了人的需要，就会产生积极的肯定性（正性）情绪，如快乐、兴奋、愉快、舒畅、幸福等；客观事物（刺激）不能够满足人的需要，就会产生消极的否定性（负性）情绪，如悲伤、愤怒、厌恶、失落等。

1.情绪是由客观事物（刺激）所引起的

情绪不是自发的，而是由客观事物所引起的。湖光塔影、鸟飞鱼游不但有声有色，而且使人赏心悦目、心旷神怡，因为这些景色有益于人的身心健康。然而在闹市，车水马龙、严重的大气污染，使人厌烦和心忧。清澈的水和一氧化碳本身并不具有愉悦或恐惧的属性，但当它们作用于人时，便会使人产生愉快或悲伤、满意或痛苦等情绪。但也有一些情绪是由人的内在生理变化而引起的，如腺体的分泌、疾病等也会产生不同的情绪。

2.情绪有其生理基础

心理学家研究发现，大脑皮层是调节和控制情绪的最高机构。大脑两半球具有情绪功能的不对称性：左半球为正性情绪优势，右半球为负性情绪优势。在不同的情绪状态下，人的生理上的心律、血压、呼吸乃至人的内分泌、消化系统等，都会发生相应的变化。例如，人在焦虑状态下，会感到呼吸急促、心跳加快；人在恐惧状态下，则会出现身体颤抖、瞳孔放大现象；而在愤怒状态下，则会出现汗腺的分泌增加、面红耳赤等生理特征。这些变化都是受人的自主神经支配的，不是由人的意识所能控制的。因此，情绪状态下的这些变化，具有极大的不可控制性。例如，当我们遇到考试失利、情感挫折、学习压力时，不可避免地会出现一些情绪上的反应，即使你再不愿意，甚至去控制，情绪也会出现。

3.情绪是人对需要满足程度的一种内心感受和体验

人的不同情绪生理状态必然会反映在人的知觉上，反映到人的意识中来，从而形成人的不同的内心感受和体验。如人在受到伤害时，会感到痛苦；在朋友聚会时，会感到由衷的快乐；当面临极度危险境地时，会产生毛骨悚然的恐惧感；当自己的某些需要得到充分满足时，会感到幸福愉快；在遇到欺辱时，会感到愤怒；在失去亲人时，会感到悲伤……同一主体对同一件事也可能会产生不同的情绪体验。例如，老师在课堂上批评两个上课说话的同学，其中一个觉得老师是为了他好，是对他关心，虽然当时有些不好意思，但很快就过去了；而另一个同学则可以认为老师是在故意刁难他，当众让他出丑，是对他的打击报复，从而产生了十分痛苦的情绪。

4.情绪的表现形式

情绪不仅体现在生理上的反应和内心的体验，而且也会直接反映到人的行为表现中，主要反映在人的表情、语言和行为动作中，也有人称其为面部表情、体态表情和声态表情。

面部表情最直接反映着人的情绪状态，人们可通过一个人的面部表情的变化来了解他的情绪状态。例如，当自己所希望的球队获胜时，不由自主地会喜笑颜开；当遇到困难和挫折时，会愁容满面。

体态表情也同样反映着一个人的情绪状态，例如狂喜时捧腹大笑，悔恨时捶胸顿足，愤怒时摩拳擦掌等。在期末考试过后，我们可通过考生们的坐立不安、手舞足蹈和垂头丧气等表现看出他们此时此刻的情绪状态和面临的境地。

声态表情则是指人们在与人交流时的声调、音色和声音节奏等方面的变化。例如，一个人悲伤时，语调低沉，言语缓慢，语言断断续续；而当人兴奋时，则语调高昂，语速加快，声音抑扬顿挫、清晰有力。

（二）情绪的种类

人们的情绪是复杂的、各种各样的，其类型难以有一个统一的划分方法。下面介绍几种常用的情绪分类方法。

1.“七情”之分

喜、怒、哀、乐是最为普遍的情绪反应。在我国，自古以来人们通常将情绪按其表现分为“喜、怒、哀、惧、爱、恶、欲”，人们称之为“七情”。

喜，即喜悦，是人在其需求得到充分满足时产生的一种满意、愉快和欢乐的情绪体验。喜悦会使人感到轻松、舒畅和满足。

怒，是指愤怒，往往是因为当事者的愿望和需求不能得到满足，或是为此进行的活动受到阻碍时而产生的一种不满和恼怒的情绪体验。愤怒的情绪会使人产生紧张、压抑甚至狂躁的感觉。

哀，即悲哀，常由于当事者的期望或愿望不能得到实现和满足，或是遭遇重大的变故而引起的一种悲凉和哀伤的内心感受。悲哀的情绪会使人产生一种失落、无奈、痛苦的心理感受。

惧，是指惧怕、恐惧，是当一个人面对危险境地或是巨大灾难时产生的一种极度的恐慌和畏惧感。恐惧的情绪会使人感到呼吸急促、紧张、心悸、全身颤抖，甚至使人本能地产生想逃离的心理。

除此之外，情绪还有喜爱、憎恶、渴望、害羞等表现，而且许多时候一个人的情绪状态会表现为复合情绪反应。例如，一个人做了错事后，会有一种内疚感，它包含了对自己的责备、悔恨等方面的内心体验；当一个人经过了多年的努力，终于取得了学位，会产生百感交集的情绪状态，它包含着酸甜苦辣的各种心境。

2.基本情绪和社会情绪（情感）

从情绪形成与发展的角度，可将情绪分为基本情绪和社会情绪（情感）。

基本情绪主要是指与人的生理需要相联系的内心体验，例如人的恐惧、焦虑、满足、悲哀等。人的基本情绪在人的幼年时期就已经形成了，更带有先天遗传的因素。

社会情绪（情感）是指与人的社会性需要相联系的情绪反应，表现为一种较为复杂而又稳定的态度体验。例如，一个人的善恶感、责任感、羞耻感、内疚感、荣誉感、美感、幸福感等，是后天随着人的成长而逐步形成和发展的。社会情绪是在基本情绪之上形成和发展起来的，同时又通过基本情绪表现出来。

3. 情绪的“三维理论”

1896 年，德国心理学家冯特第一次提出了情绪的“三维理论”，他认为情绪是由愉快—不愉快、兴奋—抑制、紧张—松弛三个不同的纬度所表现出来的，每种具体情绪都处在这三个维量的两极之间的不同位置上。这一理论后来被美国心理学家普拉奇克(Plutchik)所发展，1962 年他提出了“普拉奇克三维理论”，并编制了情绪多维量表。他从生物学的角度提出了情绪的强度、相似性和两极性的三维性特点，即情绪不仅具有两极性，情绪与情绪之间还具有相似性，同时还具有强弱性。例如，喜悦的情绪，从兴奋程度上可表现为舒畅、愉悦、快乐、欢喜、狂喜等不同的心理体验层次；而愤怒的情绪，从紧张度上也可分为不满、气恼、愤懑、恼怒、愤怒、大怒、狂怒等；悲哀的情绪从程度上则可分为忧虑、忧愁、忧郁、哀伤、悲伤、悲痛、痛不欲生；恐惧情绪可分为担心、不安、害怕、恐惧、惊恐、极度惊恐等。

4. 心境、激情与应激

情绪依据其发生的强度、持续性、紧张度不同，可分为心境、激情与应激三种状态。

心境是指比较微弱、持久地影响人的整个精神活动的情绪状态，具有弥散性的特点。“忧者见之而忧，喜者见之而喜”就是心境的表现。心境有消极和积极之分。它不是关于某一事物的特定体验，而是由一定情境唤起后在一段时间里影响主体对事物态度的体验。处于某种心境的人，往往以同样的情绪状态看待一切事物。比如，当一个人心情舒畅时，他看什么都会觉得乐观积极；而当一个人郁郁寡欢时，则对许多事都会感到没有兴趣。生活中，不同的人或是每个人在不同的阶段，都会有不同的心境，对人的生活有很大的影响。积极良好的心境有助于提高效率、克服困难；消极不良的心境使人厌烦、消沉。因此，对自己或他人心境的感知，有助于克服消极心境。

激情是一种强烈的、短暂的、有爆发性的情绪状态，如狂喜、愤怒、绝望等都属于这种情绪状态。在激情状态下，人的理解力、自制力等都有可能降低。激情也有积极和消极之分，积极的激情能增强人的探索欲和魄力，激励人们克服艰险、攻克难关；消极的激情则会导致理智的暂时丧失、情绪和行为的失控。激情往往由重大的事件所引起，如成功后的狂喜、失败后的沮丧和绝望、亲人去世后的极度悲伤等，都是激情状态。另外，对立意向的冲突或过分抑制也很容易引起激情。激情的特点是强烈的冲动性和爆发性，情绪作用时间短，往往会随着时过境迁而弱化或消失。

应激是指在出乎意料的紧迫情况下所引起的高度紧张的情绪状态。人们在遇到突如其来的紧急事故时(如地震、火灾、创伤、疾病等)就会出现应激状态。在应激状态下，人的身体处于充分的动员状态，心律、血压、呼吸和肌肉紧张度等发生显著的变化，从而增强身体的应变能力。应激往往有两种极端的表现：一种是惊慌失措、目瞪口呆，另一种是急中生智、力量剧增。在应激状态下，人们往往能做出平时难以做到的事，使人尽快地转危为安。但是应激也有很大的消极作用，人在紧急情境中的应激状态下，会导致知觉狭窄，行动刻板，注意力被局限；过于强烈的应激情绪，会导致人的临时性休克甚至死亡。一个人长期或频繁地处于应激状态中，会导致身心疾病和心理障碍。

此外，从情绪的功效角度看，可将愉快、欢乐、舒畅、喜欢等视为正性情绪，而将痛苦、烦恼、气愤、悲伤等视为负性情绪。

二、情绪的发生机制和功能

（一）情绪的发生机制

我们每天的活动都伴随着一定的情绪，有时轻松，有时焦虑，有时欢乐，有时忧愁。那么，是什么在左右着我们的情绪？情绪发生的机制是什么？

1.情绪与情境

人的情绪不会无缘无故地产生，必然有其发生的情境。正如人们所说："人逢喜事精神爽"，当学业成功、身处优美的环境时，随之会产生愉快的心情；反之，人际的冲突、学习的压力、生活中的挫折，甚至气候的恶劣，都会使人感到烦躁和抑郁。除了外在的环境和事件会直接引起情绪变化外，人自身生理和心理的反应也会引起情绪的变化。例如，人在青春期，由于身体上的急剧变化，引起内分泌的紊乱，并由此造成情绪上的躁动。

2.情绪与需要

情绪的产生与变化，实际反映着人们的需要。例如，当得到他人称赞时，满足了自己的自尊和成就的需要，从而感到一种荣誉和喜悦感；相反，当自己受到他人的冷落时，就会产生失落和孤独感，因为自己被接纳和对亲情的需要没有得到满足。大学的学习和生活过程，也是大学生追求和实现自身各种需要的过程。大学生的需要是多样化的，如完成学业、培养能力、发展自我、追求爱情，还有娱乐、健康、实现兴趣的需要等。这些需要是多层次的，有些是眼前的需要，有些是长远的需要，需要之间还相互矛盾。实现和满足这些需要，会受到各种条件的局限与制约，必然会引起情绪上的波动。在现实环境中，对他人、对自己、对事物期望值太高，势必会因难以满足需要而产生失望、绝望、不满等不良情绪。因此，要学会把期望值调整到适当的水平，要能够在一定范围内懂得知足。只要对人对事不苛求十全十美，并能够对自己拥有的一切心怀感激，就可以减少烦恼，保持良好的心境。

3.情绪与认知(信念)

通常人们会认为诱发事件直接导致了人的情绪和行为结果，发生了什么事就引起了什么情绪体验。然而，同样一件事对不同的人会引起不同的情绪体验。比如，在沙漠里迷路的两个人只剩下了半壶水，一个人想：沙漠这么大，我只剩下半壶水，肯定要命丧沙漠了；另一个人却想：太好了，竟然还有半壶水。这样一来，前者可能觉得绝望，甚至轻易地放弃了；而后者可能充满了信心，最终走出沙漠。同一门考试中，成绩刚刚及格的学生对此可能有着不同的感受：有的人庆幸：好歹及格了；有的人惋惜：怎么没考得更好一些；有的人会感到无地自容，因为他从小到大从没得过这么低的分。有人会因为受不了上司的严厉而跳槽走人，也有人因"严师出高徒"而使自己能胜任更复杂的工作，最后不断晋升到更高的职位。为什么会如此呢？这都是因为认知的作用。心理学研究表明，人们只有通过认知客观事物与需要的满足情况，并作出判断与评价，才会产生相关联的情绪反应。认知改变了，情绪也相应地发生了变化。

专栏6－1

秀才赶考

有两个秀才一起去赶考，路上他们遇到了一支出殡的队伍，同时看到了那口黑乎乎的棺材。其中一个秀才心里立即"咯噔"一下，心凉了半截，他想：完了，真触霉头，赶考的日子居然碰到这个倒霉的棺材。于是，他心情一落千丈，走进考场，那个"黑乎乎的棺材"一直挥之不去，导致他文思枯竭，结果名落孙山。另一个秀才一开始心里也"咯噔"了一下，但转念一想：棺材，那不就是有"官"又有"财"吗？好兆头，看来今天我要吉星高照了，一定会考上。于是，他心里十分兴奋，情绪高涨，走进考场，文思如泉涌，果然一举高中。

4. 情绪与行为

行为是人的情绪的重要表现形式，一个人的情绪状态，会导致人产生或消除导致行为的动机，并直接影响到人的行为模式、过程和效果。例如，一个学生因取得优异的成绩而产生的成就感，使得他对学习更加努力；而一个学生过度的焦虑情绪，会使他感到心烦意乱，而无法专心学习。对考试的过度的恐惧感，也会使人在考试中发挥失常。情绪对行为起着一定的调节作用，当人在做能满足自己需要的一些行为时，就会有一种欣慰和充满热情的情绪感受，它会使自己的行为得到加强；而当人的某一行为破坏或阻碍了自己的某一种需要时，就会产生厌烦、排斥的情绪感受，它同样会使人减少或停止自己的行为。可见，情绪与行为是相互影响的。

（二）情绪的功能

情绪对于大学生具有重要的功能，概括起来，主要有以下几方面。

1. 自我保护的功能

每一种情绪对人都是有保护功能的，负性情绪并非一定是不良情绪，因为伴随着一定紧张状态的愤怒、憎恨、忧愁、恐惧、痛苦等负性情绪的产生，是人们适应环境的一种必要的反应，它们可以激起人的内在潜能，使之改变或脱离造成这种不良心态的环境。比如，当人处于危险的境地时，恐惧的情绪反应能促使人在行为上更快地脱离险境；当人在工作或学习中承担的负荷超出了自身的承受能力时，疲惫的情绪状态会使人不得不放弃一些工作而获得休息；在面对伤害时，愤怒的情绪会促使人奋起反抗，自我保护。

2. 人际沟通的功能

人际交往不仅是为了信息上的交流和工作中的协调，更是心理、情绪上的需求与满足。曾有一名大学生面对着人声嘈杂的拥挤宿舍，自叹特别孤独，引来周围同学的诧异，有同学问："这么拥挤的生活环境，想找个清静的地方都难，你怎么还感到孤独？"这位同学自嘲地说："我就像是被关在一个透明的玻璃瓶中，尽管周围有的是人，可对于我而言，只是看得见而摸不着啊！"其实这名同学所感到的孤独，正是因缺少情绪上的沟通而对情感交流的一种渴望。情绪在人际沟通中起着非常重要的调节作用，像微笑、轻松、热情、喜悦、宽容和善意的情绪表达，会促进人际的沟通和理解；而冷漠、猜疑、排斥、偏执、嫉妒、轻视的情绪反应，则会构成人际交往中的障碍。

3.信息传递的功能

情绪还能起到信息传递的功能。例如，情人之间的一个眼神、一个微笑，就可以表达爱意；知己之间的一个动作、一个表情，就能使对方心领神会；考场中，监考教师威严的目光，就足以使那些想投机取巧的人望而却步。情绪还可以相互影响和传播。当一个人兴高采烈时，他(她)的这种情绪会感染周围的人；而当一个人沮丧、愤怒时，也会使这种情绪在周围传播开来，将这些负性情绪迁移到他人身上。

（三）情绪对大学生的影响

1.学业方面的影响

情绪状态对于大学生的学业有着举足轻重的影响。不少大学生都有这样的体验：当自己的情绪积极乐观时，学习的效率倍增，而当自己的情绪处于低迷、忧郁或烦躁不安时，学习往往是一团糟。一个人再聪明，如果没有一个好的心态，他的能力也是无法发挥的；而一个良好的心态，正是一个人最大限度地发挥自己能力的基础和前提。

2.身心健康的影响

良好的情绪状态不仅有利于大学生的学习，而且也有益于身心健康。世界卫生组织认为，每个人的健康长寿，10%取决于社会因素，8%取决于医疗条件，7%取决于气候因素，60%取决于自己。而在这60%当中有35%是取决于个人的情绪因素。这种影响作用相应地表现在正反两个方面：不良情绪压抑过久或某种情绪表现过激都会影响人的身心健康；合理控制情绪的变化，巧妙地运用情绪调节人体生理指标，又会增进人的身心健康。现代医学研究证明，人们在患生理疾病时，70%的患者同时伴有心理上的病因。尤其是现代社会中的高血压、心脏病、癌症等直接威胁人类健康的重要病症，都与人的情绪状态有着直接的关系。在大学生中，长期的学习压力，造成一些学生的失眠、神经性头痛、消化系统疾病等，大多是因为情绪状态没能得到很好的调整。学生中存在的抑郁症、恐惧症、强迫症等心理障碍和疾病，也大多与不良情绪密切相关。因此，保持良好的情绪状态，是学生心理健康的重要标志。

专栏6－2

情绪试验

古代阿拉伯学者阿维森纳，曾把一胎所生的两只羊羔置于不同的外界环境中生活。一只小羊羔随羊群在草地快乐地生活，而另一只羊羔旁拴了一只狼。后者总是看到自己面前那只野兽的威胁，在极度惊恐的状态下，根本吃不下东西，不久就因恐慌而死去。医学心理学家还用狗做过实验：把一只饥饿的狗关在一个铁笼子里，让笼子外面的另一只狗当着它的面吃肉、吃骨头，笼内的狗在急躁、气愤和嫉妒的负性情绪状态下，产生了神经症性的病态反应。实验告诉我们，长期被恐惧、焦虑、抑郁、嫉妒、敌意、冲动等负性情绪困扰，就会导致身心疾病的发生。

3. 自身成长的影响

情绪不仅对大学生的身心健康至关重要，而且对于大学生的人格的形成与发展具有同样的重要作用。弗洛伊德精神分析理论和埃里克森的心理社会发展阶段理论中，都强调了情绪在人格形成和发展中的核心作用。良好的情绪有助于增强学习兴趣，提高学习效率，促进潜能开发，并有助于人的自信心的建立。培养积极健康的情绪，是大学生心理素质的重要内容。

三、大学生情绪健康的标准

健康的情绪是健全人格的必要条件之一。人们从多种不同的角度对健康情绪的标准进行论述，但健康情绪和不健康情绪之间的区别是相对的，很难有严格的界限。一般而言，健康情绪表现在以下几个方面。

（一）具有行为设计及控制能力

大学生年轻气盛、个性强，对自己、对他人无形中提出了较高的要求，这就免不了与周围的人发生冲突。如果大学生能增强对周围环境的适应能力，并能根据客观要求设计自己的行为，就能避免由于一时冲动而导致的失败。

培养自己的控制情绪的能力虽然不容易，但一个成熟的人应该知道客观环境对自己的要求，并能够有意识地克制自己的情绪，明确自己的目的任务，不轻易受别人的暗示影响，也不轻易发脾气。如果一个人一生气就大喊大叫，一遇到伤心就号啕大哭，不顾及后果和影响，一味地只是发泄，那么这个人的情绪修养一定很差，任其发展下去，必然影响到身心的健康和事业的成功。

（二）具备理性情绪的反应能力

如果一个人被激怒时，并不马上反驳和攻击对方，而首先设法使自己冷静下来，判断对方的动机和用意，再采取相应的对策，那么这个人就是一个比较成熟的人。大学生具有理智的一面，能够做到，也应当力求自己具备这种能力，这样可以延缓冲动发生的时间，常会避免一些恶战。

（三）具备选择自我情感的能力

人对情感是可以选择的，人应该做情感的主人。常言道“人言可畏”，对于情感脆弱的人来说，人言甚至可能完全扼杀自己的追求和个性。然而，对一个信念坚定、意志顽强的人来讲，却可以置之不理。原因在于，人实际上都是自己在选择情感。我们应选择那些有利于我们身心健康、有利于我们获得成功的情绪情感，不做感情的奴隶。

（四）具备正确的人生态度和社会洞察力

许多同学并非不愿意控制自己的情绪，而是感到难以奏效。的确，感情的流露常不由自主，一旦爆发又很难消除。这就是说，要保持健康的情绪，不使自己的感情随生活的波动而波动，不是仅靠方法和技巧就能解决的，而必须有许多先决条件，比如宽广的胸怀，较强的适应能力和自我控制能力，良好的性格素质等等，但最重要的还是要树立正确的人生观和具有较强的社会洞察力。

对大学生来说，情绪健康具体表现为：情绪的基调是积极、乐观、愉快、稳定的，对不良情绪具有自我调控能力，情绪反应适度；高级的社会情感（理智感、道德感、美感等）能得到良好的发展。

专栏 6－3

情绪健康的标准

心理学家爱瑞尼斯等人提出情绪健康的六项指标：

1. 发展出某些技巧以应付挫折情境；
2. 能重新解释与接纳自己与情绪的关系，不会一直自我防卫，能避免挫折并安排替代的目标；
3. 知觉某些情境会引起挫折，可以避开并找寻替代目标，以获得情绪满足；
4. 能找出方法改变生活中的不愉快；
5. 能认清各种防卫机制的功能，包括幻想、退化、反抗、投射、合理化、补偿，避免养成错误的习惯，避免防卫过度造成情绪困扰；
6. 能寻求专家的帮助。

心理学家索尔也指出情绪健康的八大特点：

1. 独立，不依赖父母；
2. 增强责任感及工作能力，减少对外界接纳的渴望；
3. 去除自卑情结、个人主义及竞争心理；
4. 适度的社会化与教化，能与人合作，并符合个人良心；
5. 成熟的性态度，能组织幸福家庭；
6. 培养适应能力，避免敌意与攻击心理；
7. 对现实有正确的了解；
8. 具有弹性以及适应力。

第二节　大学生情绪特点及其影响因素

一、大学生情绪特点

大学生正处于青年期，具有青年人共有的情绪特征；同时，由于大学生群体独特的社会地位、知识水平、心理发展特点以及生理状况，其情绪又具有鲜明的特点。具体表现为：

（一）丰富性和复杂性

从生理发展分段来看，大学生正处于多梦的年龄阶段，几乎人类所具有的各种情绪都可在大学生身上体现出来，并且各类情绪的强度不一，如有悲哀、遗憾、失望、难过、悲伤、哀痛、绝望之分。从自我意识的发展来看，大学生表现出较多的自我体验，自我尊重的需要强烈，易产生自卑、自负等情绪体验。从社交方面来看，大学生的交际范围日益扩大，与同学、朋友及师长之间的交往更细腻、更复杂，有的大学生还开始体验一种更突出的情感——恋爱，而恋爱活动往往又伴随着深刻的情绪体验，这种特殊的体验对大学生有十分重要的影响。在情绪体验的内容上，大学生的情绪呈现出相当丰富多彩的特征，以惧怕的情绪来说，大学生所怕的事物，主要与社会的、文化的、想象的、抽象复杂的事物和情势有关，诸如怕考试、怕陌生人、怕惩罚、怕寂寞等。

（二）波动性和两极性

大学时期是人生面临多种选择的时期，学习、交友、恋爱等人生大事基本在这一阶段完成。社会、家庭、学校及生活事件，都会对大学生的情绪产生影响。尽管大学生的认识水平有了一定的提高，对自己的情绪已有一定的控制能力，情绪亦趋于稳定，但同成年人相比，大学生相对敏感，情绪带有明显的波动性，一句善意的话语、一个感人的故事、一首动听的歌曲、一首情理交融的诗歌，都可以致使青年情绪发生骤然变化。特别是在社会转型过程中，社会的变迁、体制的变革、新旧价值观的冲撞、种种复杂的社会现象更容易使大学生产生困惑和迷茫，产生情绪的困扰与波动。同时，由于大学生正处于情绪表现的“动荡”时期，自我认知、生涯发展及心理发展还未成熟等原因，他们的情绪起伏较大，带有明显的两极化特征：胜利时得意忘形，挫折时垂头丧气；欢喜时花草皆笑，悲伤时草木流泪。情绪的反应摇摆不定，跌宕起伏。有人对大学生进行调查，发现他们70%的情绪都是经常两极波动的，也就是像波动曲线一样，忽高忽低，忽愉快忽愁闷。

（三）冲动性与爆发性

心理学家霍尔认为青年期处于“蒙昧时期”向“文明时代”演化的过渡期，其特点是动摇的、起伏的，他把这一时期称为“狂风暴雨”时期。由于知识水平和认知能力的提高，大学生对自己的情绪能够有所控制，但由于他们兴趣广泛，对外界事物较为敏感，加之年轻气盛和从众心理，因而在许多情况下，其情绪易被激发，犹如疾风暴雨，不计后果，带有很大的冲动性。他们往往对符合自己的信念、观点和理想的事件或行为，迅速发生热烈的情绪；对于不符合自己的信念、观点和理想的事件或行为，则迅速出现否定情绪。个别的有时甚至会盲目地狂热，而一旦遇到挫折或失败又会灰心丧气。情绪来得快，平息也快。大学生情绪的冲动性常常与爆发性相连。大学生的自制力较弱，一旦出现某种外部强烈的刺激，情绪便会突然爆发，受冲动的力量驱使，以至于在语言、神态及动作等方面失去理智的控制，忘却了其他任何事物的存在，极易产生破坏性的行为和后果。

（四）阶段性和层次性

大学阶段由于不同年级培养目标和培养重点不同，教育方式和课程设置有所区别。各个年级面临的问题不同，大学生的情绪特点也不同，呈现出阶段性和层次性特点。大学新生所面临的是环境适应、学习方法的改变、对新交往的对象熟悉和了解以及新的目标确立等问题。新生的自豪感和自卑感混杂，放松感和压力感并存，新鲜感和恋旧感交替，情绪波动大。二、三年级经过了一年级的适应过程，能够融于校园生活中，情绪较为稳定。毕业班学生面临毕业论文（毕业设计）及择业等方面的重大问题，压力大，情绪波动大，消极情绪多。另外，由于社会、家庭及自身要求和期望不同，能力、心理素质的差别，大学生也会体现出不同的情绪状态。

（五）外显性和内隐性

大学生对外界刺激反应迅速、敏感，喜、怒、哀、乐常形于色，较成年人外露和直接；但比起中小学生，大学生会文饰、隐藏或抑制自己的真实情感，表现出内隐、含蓄的特点。一般而言，大学生的很多情绪是一眼就能看出的，如考试得了第一名或赢得一场球赛，马上就能喜形于色。但由于自制力的逐渐增强，以及思维的独立性和自尊心的发展，情绪的外在表现和内心体验并不总是一致的，在某种场合和特定问题上，有些大学生会隐藏或抑制自己的真实情感，有时会表现出内隐、含蓄的特点。例如，对学习、交友、恋爱、择业等具体问题，大学生往往深藏不露，具有很大的内隐性。另外，随着大学生社会化的逐渐完成与心理逐渐成熟，能够根据特有条件、规范或目标来表达自己的情绪，使得自己的外部表情与内部体验呈现出不一致性。例如，有的学生对异性萌生了爱慕之情，却往往留给对方的印象是贬低、冷落人家。

专栏 6－4

你的情绪正常吗

(　　)1. 升学进入新学校，在新的环境中，经常担心会遇到不顺心的事或交不到好朋友。

(　　)2. 新同学请你做你不喜欢做的事，你从不一口拒绝，而是解释后请他理解。

(　　)3. 你时常以周围环境不好为由而动怒，但事后则感到不值得。

(　　)4. 你和同学们在一起，即使你的建议和意见是正确的，也经常不被同学们吸取和采纳。

(　　)5. 在同学讨论班级大事和举手表决时，总感到犹豫不决。

(　　)6. 班级举办集体活动，你总躲在一边，不愿加入。

(　　)7. 你为同学做好事，希望得到老师和同学的表扬。

(　　)8. 别人在同学面前做伤害你自尊心的事，你将耿耿于怀，并伺机报复。

(　　)9. 你常常对好朋友产生一种莫名其妙的不满意，有时甚至有点厌烦。

(　　)10. 在老师训话时，一直心情十分紧张，生怕老师在同学面前点名批评你。

(　　)11. 对自己到新的学校不能改掉学习上的坏习惯而感到担心和苦恼。

(　　)12. 住宿制常使你无法控制因为生活不能自理而产生的恐惧感。

(　　)13. 走出校门，时常感到还有东西遗忘在课桌里。

(　　)14. 对学习感到不满甚至产生一种压抑感。

(　　)15. 时常胡思乱想，夜间睡觉时，满目妖魔鬼怪，满耳奇怪杂声，担心会出事。

(　　)16. 非常爱清洁，放学回家后最少洗手 3 遍，生怕手接触到传染性病菌。

(　　)17. 一碰上不如意的事或受到老师批评，就会产生委屈情绪，有时还会产生厌世轻生念头。

(　　)18. 经常在学校的楼梯拐弯处、操场边的绿化带听到和看到别人听不出、看不到的声音和事物。

(　　)19. 以为自己的第六感觉特别灵，也常认为别人用灵敏的第六感觉在对付自己。

分析与判定:1～10 种情况,表示你在表达感情上有些问题,应加强这方面的训练,但属正常范围。11～14 种情况的发生与个人情绪问题有密切关系,如果它已干扰你的学习和生活,不妨去看看心理医生。15～19 种情况,你可能有严重的情绪问题,这些早期信号应引起你和你的家长注意,尽快去请教心理专家。

二、影响情绪反应变化的因素

人的情绪变化受多种因素制约,常见的影响因素有认知因素、遗传因素、精神状态、意外的刺激等。

(一) 认知因素

认知在情绪体验中是一个很重要的因素。相同的情境,如果我们对之作出不同的认知评价,就会产生不同的情绪体验。比如我们在生活中遇到什么不顺心的事,如果我们把它当作对自己的考验(做出良好的认知评价),就会产生积极的情绪体验,并能积极主动地克服面临的困难;如果我们认为自己很倒霉(做出不好的认知评价),则会引起消极的情绪体验,抱怨生活对自己的不公平。说到底,一件事是好是坏,就看你如何去评价它,看你作出什么样的选择。

(二) 遗传因素

遗传对情绪的影响主要表现在人的神经类型上,不同神经类型的人在情绪体验上是有差别的。苏联生理学家巴甫洛夫根据神经类型的三个基本特征,即兴奋和抑制过程的强度、灵活性和平衡性,把人分为四个基本类型:

1. 不可遏止型

这种类型的人兴奋和抑制过程都很强,而且兴奋相对控制过程要更强一些。这种人的外向性格较为明显,好斗,脾气暴躁,强大的精神负担易使其患精神分裂症。

2. 活泼型

这种类型的人神经活动的兴奋和抑制过程较为平衡,虽然容易兴奋,但有很大的灵活性,在面临各种应激情境时具有很强的自我调节能力。

3. 安静型

这种类型的人神经活动很难从一种状态转移到另一种状态,表现很平静、很冷静,具有较强的忍耐力和宽容别人的能力,有时表现得有些压抑,但有很强的自我调节能力。

4. 弱型

这种类型的人情绪压抑,感情脆弱,经不起挫折打击,容易表现出神经官能症的症状。

当然,遗传因素对情绪的影响并不是不可改变的,人可以在生活中不断塑造自己的个性(特别是气质和性格)的积极方面,克服自身的弱点,不断地完善自己。

(三) 精神状态

精神状态受多种因素的制约,如睡眠不好、过于疲劳、生活和学习的压力太大等等。当人的精神状态不佳时,通常表现为情绪低落、思维不清、身体疲惫、行为退缩,甚至认为生活没有意义;而在良好的精神状态下则表现得情绪高涨,对工作和学习充满信心。因此,调节并保持良好的精神状态,可以使人处在积极的情绪状态下,提高工作和学习效率。人的一生不可避免地要经历各种挫折和失败，并在挫折和失败中总结经验教训。对于刚进校门的大学生来说，以前一直在舒适和优越的环境中生活和学习，对大学生活和学习方式有些不适应，不免会遇到挫折和失败，比如与同学闹矛盾、学习成绩不好等等。缺乏独立性的同学在面临挫折和失败时，常常垂头丧气，情绪低落，有的可能一蹶不振，破罐子破摔。在这种情况下，若自己不进行及时调整，找出挫折和失败的原因，对个人的前途是很不利的。生活规律是人们在生活中形成的良好的生活习惯。生活有规律可以使一个人处于良好的精神状态中，保持充沛精力，提高学习效率。如果生活缺乏规律，就会感到生活零乱，做什么事都没有头绪，也不能保持稳定的精神状态。

（四）环境因素

环境对人的情绪的影响是不可忽视的。如：在喧闹的市场和繁华的工业区，拥挤的人群常常使人们感到紧张、烦躁；灰蒙蒙的天空会使人感到压抑郁闷；荒山秃岭会使人感到一片凄凉，而青山绿水则使人感到轻松愉快。

第三节　大学生不良情绪的表现及调适

大学生的生活总的说来是紧张的，由社会期望值高、学习负担重、竞争激烈等因素造成心理压力，使情绪经常处于紧张状态。适度的、情境性的负性情绪反应是正常的，但是如果不良情绪体验的强度和持续时间超过一般情况，而且妨碍或严重影响到学习和生活就是异常了。

一、自卑

（一）大学生自卑情绪的产生

自卑就是轻视自己，认为自己不如别人。是个体由于某种生理、心理上的缺陷或其他原因而产生的对自我认识的态度体验，表现为对自己能力或品质过低评价时的态度体验。大学生自卑的原因及表现大学生产生自卑的原因是多方面的。由于来自全国各地，不同地区的文化差异、生长环境、自身条件使大学生在知识面、语言表达能力、接受能力、交际能力等方面存在差异。在这些客观条件基础上，加上大学生自我意识不断发展和个性因素，他们对自己的外貌、能力、自我价值、个性品质等方面，以及别人对自己的评价有了更多的关注，有些大学生对自己的评价过低，从而产生自卑心理。大学生自卑的表现方式是多样化的：

1. 自我评价过低

表现在对自己的生理条件，如外貌、身高等，以及对学习、交往等各方面能力的评价过低，认为自己不如别人，但客观实际情况不一定是这样的。

2. 过分概括化或泛化性的认识

即由于某个方面的原因造成的自卑情绪而泛化到其他方面。如某大学生由于身材长得不好引起自卑，由此推而广之，认为自己各个方面都不如别人。

3.敏感性和掩饰性

自卑的大学生往往对自己的不足和别人对自己的评价很敏感，常常把别人的与自己无关的言行看成是对自己的轻视。由于担心自己的缺陷被人知道，因而常加以掩饰或否认，有时表现出较强的虚荣心。常常回避与人交往，把自己禁锢起来，从而产生孤独感体验，容易形成闭锁性的性格。

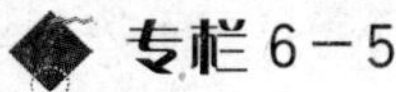

测一测你是否自卑

请认真完成以下10个选择题。答“是”得1分，“否”得零分，统计一下总得分。

(1)遇到难事，你想寻求帮助，但又不愿开口求人，怕被别人取笑或轻视。

(2)当别人遇到麻烦时，你常会有幸灾乐祸的感觉。

(3)你爱向人夸自己的能力和“光荣历史”。

(4)你认为学习成绩、工作成绩是很重要的。

(5)你觉得入乡随俗是件困难的事。

(6)你觉得人的面子最重要，轻易认错是很失面子的行为。

(7)你害怕生人或陌生的地方。

(8)你常常自问“我是很行的吗”这类问题。

(9)你常觉得自己是不利处境下的牺牲品。

(10)你是个爱虚荣的人。

结果评价：0～2分者：很有自信心，能与人和睦相处。3～6分者：很可能缺乏自信心，行事可能保守而缺少魄力，但这也许能让自己安于现状，生活在一种平静无事的环境中。如果认真反思一下，把自己认为能做的事和想做的事列成表格，会发现事实上自己能做的事要比自己想做的事多一些。7～10分者：有一种强烈的自卑感，即使在表面上自信、自负或自傲，但很可能在自负和自卑的两极来回徘徊，有时，这种性格上的矛盾令人感到痛苦或害怕。必须想法采取行动消除自卑感。

自卑是心理问题最主要的症结之一，所有心理障碍的原因都能归结到自卑上来。事实上，自卑的人不一定在各个方面比别人差，一般情况下，性格内向的人更多地接受别人的低评价而不是高评价，习惯于用自己的短处去比别人的长处，得出自己不如别人的结论，就会使得自己的感觉更糟糕，这说明自己定标准的目的就是让自己垮下来，削弱自信心，制约着自己潜能的发挥。

（二）大学生自卑情绪的调适

“自卑者为自己筑起了一座窄小的城堡，关上门窗并远离清风、阳光和新鲜空气而度过一生。”（威廉·哈利特）因此，大学生要积极调节自卑情绪。

1.努力学习

自卑的人缺乏自信心,自信不是空洞的概念,它是以学识、修养、勤奋为基础的,缺乏自信则是以无知为前提的,所以,大学生要不断学习,开拓自己的视野。

2.换一个角度看问题

想一想“我的优点是……”,如果自己感到“他很容易就与别人成为朋友,而我似乎不擅长与别人交谈”,就可以这样想:“我非常珍惜我拥有的朋友,这是我的优点。”如果自己感到“他们是如此成功,而我做什么都以失败告终”,那么,可以这样想:“不管怎样,我一直在努力,这是我的优点。”这样可以改变心态,增加自信。

3.取长补短

大学生要研究一下自己比较的对象,看一看对方身上有什么值得自己学习的,任何人都有值得自己学习、欣赏的地方,而且要把学到的东西付诸实践,这才是比较的积极意义。

4.适当的补偿

对自己的短处加以补偿的方法:一是“以勤补拙”,笨鸟先飞,许多失败乍看起来是“拙”,其实是因为不勤;二是扬长补短,有些缺陷是不能补的,如个子矮、长相不好等,但可以“以长补短”,如拿破仑身材矮小,但却成为军事天才。另外,出现自卑感觉时,要这样暗示自己:“我也可以”、“我并不是很差”、“我的不足可以弥补”等。

5.进行自信心锻炼

在日常生活中,有以下几种可以增强自信心的做法:①要做好坐在前面的准备。一般情况下,不论是什么样的集会,许多人愿意坐在后排,因为自己不想被人注目,但很多人是由于缺乏自信心的缘故,自己要反其道而为之,坐到前面去,给自己带来信心。②养成盯住对方的眼睛的习惯。正视对方的眼睛,无疑是在向对方说明:我明白你所讲的,你对于我不是居高临下,而是平等的,我对你并不存在惧怕心理,我有信心赢得你的尊重。③将走路速度提高10%。人们可以通过改变自己的动作速度来改变自己的心态,如果自己走路比一般人快,就像在对旁观者说:“我必须赶紧到很重要的地方去,那里有重要的工作需要我去做。”④主动和别人说话。养成主动与人说话的习惯很重要,越是主动和人说话,信心就越强,而闭门独思、自我封闭的态度,无异于对自信的扼杀。⑤默念一些经过时间检验的谚语、名言来增强自信心。在怀疑自己的能力时,就去想一些自己深信不疑的谚语、名言,诸如“有志者事竟成”、“积少成多,聚沙成塔”、“黑暗中总有一束光明”、“错误是难免的”、“说不行的人永远不会成功”等,以此给自己增加自信。⑥要放声大笑。放声地笑表明:“我有信心,我一定能行。”能给人增添信心。⑦做好失败的准备。如果只想成功,一旦失败,就缺少应对,所以要想一想假若失败了,应对方法有哪些,以防被动。

专栏6-6

大漠弱者

两人结伴过沙漠,水喝完了,其中一人中暑不能行动。剩下的那个健康而饥饿的人对同伴说:“好吧,你在这里等着我,我去找水。”他把手枪塞在同伴的手里说:“枪里有五颗子弹，记住：三小时后，每小时对空鸣枪一声，枪声会指引我找到正确的方向，与你会合。”两人分手后，一个充满信心去找水，一个满腹狐疑地在沙漠里等候，他看表，按时鸣枪，但他很难相信除了自己还会有人听见枪声，他的恐惧加深，认为那个同伴找水失败，中途渴死；不久，又认为同伴找到了水，却弃他而去，不再回来。到应该发第五枪的时候，这人悲愤地思量：“这是最后一颗子弹了，同伴早已听不见我的枪声，等到这颗子弹用过之后，我还有什么依靠呢？我只有等死而已，而在一息尚存之际，秃鹰会啄瞎我的眼睛，那是多么痛苦，还不如……”他把枪口对准自己的太阳穴，扣动了扳机。不久，那个提着满壶清水的同伴领着一队骆驼商旅寻声而至，他们找到的却是一具尸体。

二、抑郁

（一）大学生抑郁情绪的产生

抑郁是大学生中常见的情绪困扰，一般是对逆境感到无力应付而产生的消极情绪，常常伴有厌恶、痛苦、羞愧、自卑等情绪体验。抑郁就像其他情绪反应一样，人人都曾体验过，对于大多数人来说，抑郁只是偶尔出现，为时短暂，时过境迁后很快消失，但也有不少人长期处于抑郁状态，导致抑郁症。

抑郁症患者主要表现为缺乏生活动力、情绪低落、思维迟缓、郁郁寡欢，对原先感兴趣的事也不感兴趣，不愿意参加社交，故意回避熟人，体验不到生活的快乐，并伴有食欲减退、失眠，严重的常感到“度日如年”、“生不如死”。抑郁是大学生群体中一种比较普遍的不良情绪表现。在大多数情况下，大学生的抑郁情绪都可以找到较为明显的精神因素的影响，主要表现为学习成绩落后、失恋、人际关系不和谐以及其他有关的负性生活事件的影响。然而，失恋或学习上的失败是大多数学生都可能遇到的情况，但并不是每个人都会产生如此强烈的抑郁情绪反应。有抑郁倾向的人除遗传因素外，更多的是与自己的经历、个性有关。性格内向孤僻、多疑多虑、不爱交际的人，更容易陷于抑郁状态。对一些负性事件的不正确认识，以及因此而对自我价值的不合理评价，如过分概括化的评价、追求完美、希望自己“在大学期间能在各个方面都十分出色”等，也容易导致抑郁情绪。

（二）大学生抑郁情绪的调适

郁闷是大学生中比较流行的说法，主要是因为感觉到生活内容单调、就业压力大、奋斗目标不明确而产生的一种消极情绪。抑郁消耗人的精力，损害和破坏人的创造力，使许多人无法履行自己的义务，必须及时调适。

1.进行有氧运动

慢跑步、骑自行车、游泳、干体力活、与人交往等，都有改善情绪、提高活力的作用。每周坚持体育运动3～4次，每次20分钟就可收效。抑郁情绪比较重的人往往卧床、不吃饭、不愿意去做运动，需要亲人或者朋友陪同到户外散步，这是简单有效的办法，至少每天走3000步，轻快的步伐有心理安抚功效。

2.饮食疗法

不能靠含咖啡因的饮料提神，这样的饮料饮得越多越使人抑郁焦虑，吃贝壳类、鱼、瘦肉等蛋白质食品可以使人振奋起来。

3.光疗作用

多到户外接受阳光，室内灯光也要明亮，避免黑色和深蓝色服装及环境，多接触鲜艳颜色有振奋精神的作用。

4.帮助别人

有抑郁情绪的人与社会隔离，与他人极少往来，所以，一个人帮助他人、与人接触，也是对抗抑郁的办法。

5.学会表达自己的情感

抑郁的人多是极力压抑自己的某种不满、愤怒的情绪，这些情绪或者是得不到表达，或者是不会表达，所以，要适当宣泄，如到一个没有人的地方大喊几声，或者去参加体育竞技活动等都可以缓解情绪。还要学习一些表达技巧，如诚心诚意地找当事人谈心交流、送礼物、写信、打电话等，都是比较有效的表达方式。

专栏6－7

消除抑郁的14种方法

(1)遵守生活秩序。与人约会要准时到达，饮食休闲要按部就班，从稳定规律的生活中领会自身的情趣。

(2)留意自己的外观，自己的身体要保持清洁卫生，不得身穿邋遢的衣服，房间院落也要随时打扫干净。

(3)即使在抑郁状态下，也决不放弃自己的学习和工作。

(4)不得强压怒气，对人对事要宽宏大度。

(5)主动吸取新知识，活到老学到老。

(6)建立挑战意识，学会主动接受矛盾，并相信自己能成功。

(7)即使小事，也要采取合理的行动；即使你心情烦闷，仍要特别注意自己的言行，让自己合乎生活情理。

(8)对待他人的态度要因人而异。具有抑郁心情的人，显然对外界每个人的反应、态度几乎相同，这是不对的，如果你也有这种倾向，应尽快纠正。

(9)拓宽自己的兴趣范围。

(10)不要将自己的生活与他人比较。如果你时常把自己的生活与他人比较，表示你已有了潜在的抑郁，应尽快克服。

(11)最好将日常生活中的美好事情记录下来。

(12)不要掩饰自己的失败。

(13)必须尝试以前没有做过的事，要积极开辟新的生活园地，使自己的生活充实。

(14)与精力旺盛又充满希望的人交往。

三、嫉妒

（一）大学生嫉妒情绪的产生

嫉妒是对别人的优越状态所持的一种带有忧虑、愤恨色彩的强烈不满的复合情绪。嫉妒的产生主要是基于对他人的优越、幸福的不正确态度，一般说来，在以下几种情况下，容易引起大学生的嫉妒情绪：(1)各方面条件与自己相似或不如自己的人居于优越地位；(2)自己所厌恶或轻视的人居于优越地位；(3)与自己同性别的人居于优越的地位；(4)比自己更高明的又时常给自己带来竞争压力的同学；(5)地位与自己原来差不多的人现在比自己优越。这些都是导致嫉妒的外部诱因，容易嫉妒的人还有不健康的人格因素，比如心胸狭隘、骄傲自满、执拗、缺乏自信、心智不成熟或身体不健康的人都容易成为嫉妒者。虽然嫉妒在多数情况下给人一定的增力作用，但嫉妒带来的后果往往是竞争、攻击和对立，日常生活和工作中的嫉妒往往是妨碍正常进取和人际关系和谐、危害身体健康的"敌人"，嫉妒心理很强的人往往由情绪障碍导致身心疾病，如失眠、食欲不振、疲乏无力、精神不振。如果长期处于嫉妒状态，还会形成虚伪、冷酷、浮夸、心胸狭隘等不良性格，严重的嫉妒感还可能导致"嫉妒妄想症"。所以，嫉妒无异于心灵上的毒素，危害不浅。

（二）大学生嫉妒情绪的调适

虽然轻微的嫉妒可以激起人奋斗的动力，但嫉妒与羡慕不同，羡慕是对他人的优越所持的一种正常的、积极的情感，是因自叹不如而激起的希望自己也能达到这种"优越"的情感体验，而嫉妒则是一种带有很大程度憎恨、攻击性的消极情感。黑格尔说："嫉妒乃是平庸的情调对卓越才能的反感。"嫉妒心重的人，从不去赞美别人，而是怨恨与傲慢，很难让人接近，人际关系往往紧张，自己也非常痛苦，既不利己又害别人，所以要采取措施，加强自身修养，减少嫉妒心理。

1.心胸开阔

不仅要容纳别人的缺点，而且要容纳别人的优点。

2.充分认识嫉妒的恶果

嫉妒者多半把自己的主要精力和智能都下意识或十分明确地用于攻击和伤害被嫉妒的一方，虽然有些嫉妒者也知道这样做于事无补，但仍像中了邪似地受制于它，左冲右突，始终不能摆脱。实践证明，从来没有一个人因嫉妒而成就事业，嫉妒不仅毁了别人，也毁了自己。

3.学会欣赏

当发现自己隐隐约约地嫉妒一个各方面都比自己强的人时，要告诫自己：长时间停留在嫉妒之火的折磨和煎熬中，并不能使自己改变面貌，不如横下一条心，借鉴其优点，突出自己的优势，超过他人，升华嫉妒之情。

4.正确地进行自我定位

嫉妒往往是由于不顾自身条件盲目与他人相比而产生的情绪体验，应当根据自己的知识、能力等条件，确立与之相适应的奋斗目标，寻求自我发展，创造优越感，用自己的优势展示出自我价值，体验优越感，增加自信，肯定自我的同时还可以减少对他人的嫉妒。

四、焦虑

(一) 大学生焦虑情绪的产生

焦虑是对未来还没有发生的事情的焦急忧虑,是一种复杂情绪状态,包含紧张、不安、惧怕、愤怒、烦躁、压抑等情绪体验。研究表明,事情的不确定性是产生焦虑的根源,常见的引起大学生焦虑的原因有以下几个方面。

1.因适应困难而产生焦虑

由于生活环境和学习方式的转变,许多大学生难以很快适应新环境,因而引起焦虑。不少大学生感到大学同学不好相处,再加上缺乏足够的独立生活能力,常常因为不知该如何做而焦虑。

2.学习焦虑

大学学习专业化程度高,职业定向性强,学习内容具有高层次性和争议性,老师上课讲的内容不多,自己学习的时间较多,由于学习方法不得要领,学习成绩下降,对学习和前途感到忧虑不安。

3.考试焦虑

有些同学由于不适应大学学习或其他原因,没有把学习搞好,在学习方面缺乏自信心,考试前会因担心考试失败而产生焦虑。大学生要明白考前有些焦虑是正常的,而且也是必要的,适度的焦虑可以调动积极性,集中注意力,但过度的焦虑是不利的。解决的办法是靠平日的用功学习,考前认真复习的同时,可以进行一些放松训练。

4.就业焦虑

现在,对于大学生来说,就业压力是客观存在的,大多数同学特别是临近毕业的同学,为自己的就业问题担忧,由此产生焦虑。就业问题不仅是个人问题,而且是社会问题。所以,大学生除了要具备扎实的专业知识和基本技能之外,还要多了解社会就业信息,并能够不断根据社会就业信息调整自己的学习内容。

5.因身体、长相方面的原因产生焦虑

有些同学过分注意自己的身体健康状况,经常到医院检查,但又检查不出问题,因而感到焦虑。有的大学生对自己的长相不满意,甚至去做美容手术。对于长相,关键是自己接受自己,而且可以用其他办法弥补,如真才实学、性格修养等。

专栏6-8

焦虑自评量表(SAS)

下面有20条文字,请仔细阅读每一条,把意思弄明白,每一条文字后有4个数字,分别表示:1—没有或很少时间,2—小部分时间,3—相当多时间,4—绝大部分或全部时间,然后根据你最近一个星期的实际感觉,在适当的数字上打√(*为反向记分)。

1.觉得比平常容易紧张和着急。　1　2　3　4

2.无缘无故地感到害怕。　1　2　3　4

3.容易心里烦乱或觉得惊恐。 1 2 3 4

4.觉得可能要发疯。 1 2 3 4

*5.觉得一切都很好,也不会发生什么不幸。 4 3 2 1

6.手脚发抖、打颤。 1 2 3 4

7.因为头痛、头颈痛和背痛而苦恼。 1 2 3 4

8.感觉容易衰弱和疲乏。 1 2 3 4

*9.觉得心平气和,并且容易安静地坐着。 4 3 2 1

10.觉得心跳得很快。 1 2 3 4

11.因为一阵阵头晕而苦恼。 1 2 3 4

12.有时晕倒,或觉得要晕倒似的。 1 2 3 4

*13.吸气呼气都感到很容易。 4 3 2 1

14.手脚麻木和刺痛。 1 2 3 4

15.因为胃痛和消化不良而苦恼。 1 2 3 4

16.常常要小便。 1 2 3 4

*17.手常常是干燥温暖的。 4 3 2 1

18.脸红发热。 1 2 3 4

*19.容易入睡并且睡得很好。 4 3 2 1

20.做噩梦。 1 2 3 4

说明:主要统计指标为总分。把20题的得分相加为粗分,粗分乘以1.25,四舍五入取整数,即得到标准分。焦虑评定的分界值为50分,分数越高,焦虑倾向越明显。

(二)大学生焦虑情绪的调适

大学生的焦虑大多是正常的,即客观的、现实的焦虑。适当的焦虑具有积极作用,能够激发人的热情,提高动机水平,但过分的焦虑会使人心情过度紧张,情绪不稳定,不能正确推理、判断、记忆,影响考试中的发挥,甚至影响人际关系的和谐。所以,调适焦虑情绪不是消除焦虑,而是使焦虑保持在适中的水平,一般做法有以下几个方面供大家参考。

1.学会正确认知

心理学家研究表明,效率与焦虑水平之间存在倒U型关系,即焦虑水平过多或不够都不利于效率提高,适中的焦虑水平有利于提高效率。在考试之前或做其他重大事情之前,适度的焦虑是有积极意义的,有利于调动积极性。

2.学会放松

处在高水平焦虑中的人往往表现出坐立不安、情绪紧张、呼吸急促、思维受阻等,因此放松是必要的。放松可以使得自己心律平缓而有节奏、呼吸慢且均匀、肌肉松而不散、四肢舒展且有暖融融的感觉、心境平和而舒畅,感觉精力充沛、思维敏捷、动作灵活。通过放松能从疲劳中得到恢复,提高工作和学习效率。

3.增加自信心

焦虑产生的直接原因是缺乏自信,努力学习、工作是自信的前提,另外,与人相处要坦诚，助人为乐，坦然接受自己的长相和身体情况，这些都会使人问心无愧，减轻焦虑。

五、恐惧

（一）大学生恐惧情绪的产生

恐惧是对某一特定的物体、活动或情境产生持续紧张的、难以克服的情绪，它使人感到担忧、紧张和不安，以致逃避。有些大学生对常人一般不害怕的事物感到恐惧，或者恐惧体验的强度和持续时间远远超过常人的反应范围，自己知道这种恐惧是过分的、不必要的，但却难以抑制和克服。恐惧情绪的产生有个性因素、生活经历等原因。胆小、孤僻、敏感、退缩和依赖性的个性因素加上以前生活中的不良经历，或者是通过条件反射作用而建立起来的一种不适应行为，就容易产生恐惧情绪。

（二）大学生恐惧情绪的调适

不管是胆大还是胆小的人遇到恐怖情景都会感到恐惧，事后回想起来也都会感到害怕，有些大学生调整得比较好，没有产生心理问题，那么，应如何调整呢？

1. 找出恐惧的事情

要知道自己害怕的是什么，找出来，单独研究，找出其本质所在，才确切地知道自己要面对的是什么。

2. 寻找可靠的理由

对于你所害怕的事，找出它的根源和理由。如果找不到可靠的理由，最好找专家咨询。

3. 消除神秘感

让恐惧暴露在光天化日之下，使它不再神秘。当找到自己真正应当做的是什么时，往往会让自己感到惊奇，原来所担心的事竟是如此微不足道。

4. 内心充满信仰

信仰会使恐惧无立足之地，时时牢记信仰比恐惧强大，越有信心恐惧越少。

5. 勇敢去挑战

面对心中忧虑的事，向它挑战，减少其危害。因为事实上，自己心里所怕的往往是出于自己的想象，它只不过是纸老虎，所以，大胆去做，不断实践。

6. 充分运用智慧

对于真正恐惧的事，有足够的力量去应对它们，智慧就是力量。

六、愤怒

（一）大学生愤怒情绪的产生

愤怒（即发脾气）是人对客观事物不满而产生的一种紧张情绪体验，它是一种比较激烈的情绪表现。愤怒是人类的基本情绪之一，有程度轻重之分，从不满、气恼、气愤，直到大怒、暴怒、狂怒等。愤怒常常是在个体的愿望不能实现或行动持续受到挫折时产生的。工作的失败、受人侮辱、上当受骗、权利被侵犯、恋爱受挫折、隐私被他人发现、疾病缠身、劳累过度等，都会在一定的心理条件下产生愤怒情绪。

愤怒是人体内的一种自我保护机制，它是人面对威胁的时候身体本能的一种情绪反应。愤怒时，人体内的肾上腺素分泌增加造成身体紧张（如紧握双拳）、心肺负荷过重，这就是“气”的结果。压制愤怒是一种不健康的选择，它会威胁人的身心健康，削弱人的意志，使人变得郁闷、焦虑、消沉甚至绝望。从心理健康的角度讲，发泄是消除心中怒火的极为有效的手段，发泄也可以减轻精神疲劳，使人变得轻松愉快，有利于精力充沛地投入到今后的工作之中去。另外，愤怒在一定条件下可激发起人的责任感，提高创造能力。因愤怒可使人发愤图强，历史上由于愤怒而有所建树的人是很多的。司马迁所说的“文王拘而演《周易》，仲尼厄而作《春秋》，屈原放逐乃赋《离骚》”等，大抵都是圣贤发愤之作。

无论什么原因产生的愤怒，都会影响人的身体健康。经常发怒，可使消化系统的生理功能发生紊乱，导致食欲降低，影响消化。愤怒还可影响人体腺体的分泌功能。如正在哺乳的母亲，由于发怒可使乳汁分泌减少或使其成分发生改变，这对婴儿是十分不利的。愤怒还会影响到人际关系。特别是在狂怒时，情绪暴躁，言辞过激，大脑皮层处于兴奋状态，思维狭窄，不能意识到自己行为的意义和后果，对别人的善意劝告不能入耳，心理失去平衡，使理智与自我控制力减弱，甚至失去意志控制力，导致冲动性攻击行为，易造成严重的社会危害。

（二）大学生愤怒情绪的调适

美国前总统克林顿曾经说过，在愤怒的状态下不要做决定，因为那时做的决定通常都是错的。因此，人必须学会控制自己的愤怒情绪。我们如何有效地驾驭愤怒，把它控制在一定范围内，防止给他人和自己带来伤害呢？

1.拓宽心理容量

心理容量和怒气的爆发是成反比关系的，心理容量越小的人，就越容易怒气冲天；心理容量较大的人，往往能经受较强的刺激而不动怒。因此，在生活中，要拓宽心理容量，做到“宰相肚里能撑船”。

2.学会制怒

在怒气已经产生时，要更加注意控制自己的行为，防止因对行为的失控而导致新的致怒因素。

3.冷静为先

当我们意识到自己的怒火已经起来时，最好的办法是强迫自己不要讲话，采取静默的方式，加强自我克制，这样会有助于我们冷静思考。如要发怒，先从1数到10再开口，或接受俄国作家屠格涅夫的忠告，将舌头在口腔内转上十圈。要立即暗示自己：“我不能发脾气，不要做冲动的牺牲品。”“生气是拿别人的错误来惩罚自己，又何必呢。”“冷静，别发火。”“我的忍耐力很强，我的修养很好，我能控制自己。”或者口中默念：“我不在意你说什么，我有我的做人标准，跟你一般见识，不值。”

4.尽快撤离现场

当感到控制不住愤怒时，应当迅速离开现场，避开双方“气头”，谁先撤离现场谁得益。切忌在激情的状态之下，由于自我控制力不强，以不恰当的方式发泄情绪。否则，不但不利于问题的解决，反而会造成更为严重的后果，引发新的问题。如果不能立即离开生气的现场，例如，正在听长辈、老师、领导的批评想要大发脾气时，可以就地进行“数颜色”练习，即环顾周围的环境，心中自言自语：那是一面白色的墙壁；那是一张棕色的桌子；那是一把深色的椅子；那是一套蓝色的衣服……一直数到12，大约数30秒。数完颜色时，心情就会冷静一些。撤离以后，要采用缓解情绪的方法，使自己的情绪得到及时合理的发泄。

5. 转移注意力

将愤怒情绪的能量转移到其他活动上去，让时间来冷静自己的头脑。例如，出去散散步，在喧闹的音乐声中随便跳一跳，泡个热水澡把愤怒“洗掉”，到户外或者是自己的房间大叫，做一些既能消耗体力又能转移注意力的体育运动，等等。这样，积聚的怒气也会随着大量的体力消耗而得以释放，避免了怒气淤积而伤害身心。另外，还可以找你所信任的朋友倾心交谈，将心中的郁闷及时发泄出来。

6. 认知调控

当一个人被激怒时，常会做出过激的行为，但如果此时能够先冷静地分析一下引起愤怒情绪的原因，分析问题的症结所在，用辩证的观点去审视，以多元的思维去认识，换一个角度去思考，并选择较为理智、恰当的方法去解决问题，就可以使过分激动的情绪反应得以适当的平静，避免过激的情绪反应和行为的出现。例如，与你的同学发生不愉快时，可以转而回想对方的优点和你们过去愉快相处的经历，可以把自己的思维从愤怒激情的指向中拉回来，使自己考虑到问题的其他方面，就会渐渐平息怒气，从而避免做出过激的举动和后悔莫及的蠢事。

第四节　大学生良好情绪的培养

良好的情绪状态能够使大学生更乐于投入到行动中去，在人际交往中表现出宽容、豁达、亲切、平和，学习时思路开阔，注意力集中，使自身潜能得到更多的发挥，促进身心的全面发展。

一、情绪智力的培养

情绪智力（Emotion intelligence），它是评价一个人做人能力的重要参数。所谓情绪智力是一个人把握与控制自己的情绪的能力；了解、疏导与驾驭别人情绪的能力；乐观人生、自我激励与自我管理的能力；面对逆境与挫折的承受能力；人际关系的处理能力以及通过情绪的自我调节不断提高生存质量的能力。人的智商与情绪智力相互制约，互相促进，分工不同。

现代心理学的研究成果表明，在决定一个人成功的要素之中80%的因素是情绪智力。仅仅是高智商，难以成就大业，只有智商和情绪智力都高的人，才能在现代社会里自由翱翔。古今中外，无数实例反复证明：良好的心理素质，是一个人成功的决定性条件。有学者针对目前我国大学生的情绪智力状况进行了问卷调查，结果发现在校大学生的克制能力、乐观能力、抗挫能力和自知能力方面呈明显优势；而处世能力、意志能力、自信能力和性格倾向性居中等水平，其潜力有待于进一步挖掘；适应能力、包容能力、情绪稳定性和气质随和性最为薄弱，因而迫切需要加强这些方面的能力素质与个性特征的教育和培养。

情绪智力教育是人生修养的重要内容，它能使我们在工作学习中达观开朗、精神愉悦，它能使我们在人际交往中更具魅力、广结人缘，它更能使我们自我激励，从而把许多“不可能”变成现实。培养大学生的情绪智力主要有以下一些方法途径。

（一）提高修养水平

古人云：君子所取者远，则必有所恃；所就者大，则必有所忍。胸怀宽广、度量宏大的大学生，能把注意力集中在对人生更有意义的事情上，能从全局和长远的角度看待问题，不会因眼前琐事或蝇头小利而斤斤计较，不会为一时一事的得失成败或起伏变幻而大动感情、冲动失节。

（二）培养容人之心

要想遇到不顺心的小事而心平气和，必须养成能容忍原谅别人缺点和过失的气度。俗话说：“水至清则无鱼，人至察则无徒。”待人接物，不能过于苛求，否则只会把自己孤立起来。再说，生活中令人烦心的琐事是很多的，没有一点容人的气度，是很难做成大事的。

（三）增强适应能力

生活有酸甜苦辣，生活有喜怒哀乐，生活有进退成败，生活有得失荣辱。大学生如果不能适应生活的变化动荡，情绪就必然会消极、低沉；只有具备了足以适应它的能力，才能坦然处之，理智对待，始终不改积极、乐观的精神面貌。

（四）学会转换心情

生活中不愉快的事情总是有的。当这种事情发生时，不要老是去想它，“既来之，则安之”，忧思苦愁无济于事，不如丢开它，去做、去想一些能转换心情的事情。如果老是郁积于心，耿耿于怀，不仅于事无补，反而会使不良情绪不断蔓延，日益加重。

（五）加强自我激励

进行自我激励，首先要有适当的目标。适当，就是要贴近自己的生活，符合自己的实际情况，因为只有那些看得见的、通过努力能实现的目标才容易让人树立信心。同时，在实现目标的过程中，必须紧盯目标，不断地向既定目标迈进，不因挫折半途而废。其次要有自信心，相信自己的能力，坚定地认为自己能行，把“我能行”的观念深深地植入心中。

二、做自己情绪的主宰

情绪是我们自己思想的产物。没有思想，就没有情绪；有什么样的思想，就有什么样的情绪。我们对自己的情绪不是无能为力的，我们可以通过调节自己的思想来调节自己的情绪。如果我们把思想集中在事情的积极方面，我们就会产生积极情绪；如果我们把思想集中在事情的消极方面，那我们就会产生消极情绪。能不能保持精神愉快，原因常在自己。看看那些善于驾驭自己情绪的人，或那些我们称之为情绪上有修养的人，他们并非像一般人所想象的那样“解决”了所有情绪上的问题，他们也和我们一样会遇到各种情绪上的麻烦，但是他们知道应该如何看待这些问题，懂得如何使自己保持精神愉快。心理学家通过理论研究和实践验证，创立了许多行之有效的情绪自我调节方法，大学生可根据自己的心态有选择地加以使用，从而主宰自己的情绪。

（一）理性情绪法

理性情绪法认为，人有理性与非理性两种信念，这些信念指引下的认知方式会左右人的情绪。人的消极情绪的产生根源来自人的非理性观念，反之亦然。要消除人的消极情绪，就要设法将人的非理性观念转化为理性观念。例如有的大学生过去生活在顺境中，事事顺利，现在环境条件发生了变化，仍然要求事事顺利。如遇挫折，在非理性观念的作用下，必然导致或加剧其消极情绪。如果将上述观念加以纠正，则消极情绪就能克服。大学生在运用理性情绪法时，应首先分析自己有哪些消极情绪，从中分析、综合、抽象、概括出相应的非理性观念，对比两种观念状态下个人的内心感受，鼓励自己向理性观念方面转化，从而有助于排除不良情绪。

（二）延缓反应法

“延缓反应法”是通过有意识地延缓自己的行为反应来增强自控能力。一个人在行将作出冲动的反应时，若能延缓自己的情绪反应，就能赢得思考的时间；而经过思考，哪怕只是很短时间的思考，也常常能改变原来凭直觉对情境所作的不正确的评价和估量，使人从惊慌和气恼等常常导致举措失当的情绪状态中解脱出来，避免由于作出不适当的反应而招致不良后果。人都是从不成熟到成熟、从不能实行自控到能够实行自控的，而自控又都是从反应的延缓开始的，如果一遇到刺激就反应，那也就无所谓自控了。运用延缓反应法，训练自己在感情冲动时，有意识地克制自己的反应，以赢得思考的时间，就是增强自控能力的一条有效途径。

（三）自我适度宣泄法

因挫折造成焦虑和紧张时，消除不良情绪最简单的方法莫过于“宣泄”。切忌把不良心情埋藏于心底，焦虑隐藏得越久，受到的伤害就越大。较妥善的办法是向亲朋好友倾诉，一吐为快，求得安慰、疏导、同情；甚至可以放声痛哭一场，也可以“愤”笔疾书，或去打球、游泳、参加大运动量的运动。但是，一定要注意场合、身份、气氛，注意适度有节，宣泄应是无破坏性的。

（四）放松训练法

放松训练法是一种通过练习学会在心理上和躯体上放松的方法。由于心理压力和生活方式的变化，一些大学生心理应激水平高，心理冲突强度大，挫折体验多，加之性格上的缺陷，极容易引起消极的身心反应，如躯体化症状头痛、头昏、血压不正常、消化系统紊乱、背痛、睡眠障碍等等；消极的情绪状态焦虑、恐惧、紧张、烦躁、冷漠、悲观、孤寂等等。放松训练可以帮助这些大学生减轻或消除各种不良的身心反应，且见效迅速。放松训练的具体做法很多，如静坐，大学生可在心理咨询人员的指导下尝试放松练习。

（五）矛盾取向法

运用“矛盾取向法”是在进入或摆脱某种情绪状态的强烈愿望无法实现时，故意反其道而行之。我们常会有这样的经历：当你急于进入或摆脱某种情绪状态时，越急越带来相反的结果。如越想尽快平静下来，越平静不下来；越想别慌，慌得越是厉害。这种情况使我们想到：既然过于强烈的愿望会带来完全相反的结果，那么是否可借助于一种完全相反的愿望来实现原来的愿望呢？心理治疗的实践证明这种可能性是存在的。创立“意义疗法”的德国心理学家弗兰克就曾经让患有畏惧症的病人故意去要他所害怕的东西，结果是只用了很短时间，就治好了他的畏惧症。这种心理治疗技术就是矛盾取向法。大学生可以在某些时候采用矛盾取向法进行情绪自我调节。如有时你因无法在众人面前掩饰自己的紧张而感到十分难堪，你越不愿意表现自己的紧张，就越显紧张；越怕人笑话，就越出洋相。这时候，你可采用矛盾取向法调节，告诉自己：紧张吧，使劲紧张吧！哆嗦吧，使劲哆嗦吧！世界数你最没出息、最稳不住自己。如果真这样，反而能够平静下来，摆脱恶性循环。

三、建立积极自我意象

自我意象就是关于“我是什么样的人”的自我认识，是人们给自己画的一幅心理肖像。每个人从童年起就不断地用各种色彩涂抹着自我的肖像，尽管这一肖像在大多数人的意识中是模糊的，但是它对人们心理活动的调控却是明显的。你把自己看成什么样的人，你就会按那种人的方式去行事；你对自己有什么评价，你就会不断地去寻找各种事实来证实那种评价。你的所作所为、所感所想，常常是与你的自我意象相一致的。

同样，我们对自己的情绪活动也是有着一个类似的自我意象。有些大学生不是常用这样一些词来描述自己吗——“人家说我热情开朗”，“我是个天生的乐天派”，“我这个人老是容易发脾气”，“我总是担心害怕”等等。如果你回想一下自己的情绪经历，就会发现，你的情绪表现和体验，常常与你对自己的看法相一致。

有人可能会问，既然如此，那还谈什么情绪调节呢？我现在这样，将来还会这样，因为我现在的自我意象就是如此。强调自我意象的重要性，并不是要大学生安于现状、自暴自弃，而是为了指出：要想调节、改变自己的情绪活动，使自己成为情绪上有修养的人，必须建立积极的自我意象。

（一）从想象和装扮入手

著名英国滑稽演员 M·斯图尔特，年轻时有着羞怯的毛病，与人谈话支支吾吾，极为胆怯，甚至不敢向行人问路、向公共汽车售票员打听是否快到要下的站。为此，斯图尔特吃尽了苦头。后来他终于找到了办法：同陌生人谈话时，自己就装扮成另一个显赫的重要人物，用同这个人物身份一致的语调说话。这使他受益匪浅。不久，他的难为情、拘谨、羞怯的毛病在交际中不再出现了；而且，朋友们很快注意到，他模仿别人太像了，并收到令人欢乐的滑稽效果。从此，他开始步入舞台，走上成功之路。

斯图尔特的实践验证了心理学中的一条重要原理：装扮一个角色会帮助人们体验到他所希望体验到的情绪。当你装扮成一个你所希望成为的人物时，你就会有意无意地用相应的标准来要求自己，并按相应的行为方式行事。美国心理学家曾利用这种方法成功地治愈了许多酗酒者。他们要求酗酒者闭上眼睛，尽量放松身体，想象出一幅自己希望的心理图像——在“画面”上，酗酒者看到自己是个头脑清醒、敢于负责的人，看到自己实际上也和正常人一样不用喝酒也能享受生活。他们的结果表明，当酗酒者努力把自己想象成一个典型的正常人、想象出一个典型的正常人会有什么样的表现时，这本身就足以使他们开始在行为和情绪上像个正常人。

当然，这种装扮或想象活动，在开始时确实是颇费劲的，不过只要坚持下去，你就会逐渐自如并习惯起来。那时，你就会发现自己与以前大不相同了。

（二）把注意力集中于成功的经历

把注意力集中于成功的经历是建立积极的自我意象的另一个重要方法。积极的自我意象意味着对自己的积极评价，而积极评价来源于成功的经历。因此，把注意力集中于成功的经历，从中悟出道理，并养成记住成功而不拘泥于失败的习惯，是建立积极的自我意象的重要途径。想想学习打篮球的经历，你肯定能记得这样一个事实：你投不中的次数远远高于投中的次数。那么为什么你经过一段时间的练习之后，你投中的次数越来越多，甚至成了“神投手”呢？其主要原因就是你在练习的时候始终把注意力集中于投中上，记住并强化了投中的经验。倘若你把投中和投不中的经验统统记在脑子里，那你便会成为一个屡投不中的人了。这种学习投篮的方法也是建立积极的自我意象的方法。过去你在情绪活动上有多少失意和失误并不重要，重要的是记取并强化那些成功的和积极的情绪经验。这样，你就可能把自己情绪活动纳入良性循环的轨道。

课堂活动与体验：如何调控自己的情绪

活动目的：如何调控自己的情绪

1. 能辨认各种情绪并了解它发生的原因。
2. 知道各种情绪反应对身心行为的影响。
3. 学习控制情绪、宣泄情绪的正确方法。

活动时间：20 分钟

活动准备

1. 准备好训练用的题目、个案和誓词。
2. 桌椅安排成小组讨论式。

活动步骤

1. 设情景：

a. 有人弄坏了你的自行车；

b. 有个同学告诉你，放学后他要找几个人一起来揍你一顿；

c. 当你正在看你喜欢的电视节目时，有人把它调到了别的节目；

d. 你把妈妈省吃俭用给你买书的 100 元钱弄丢了；

e. 你在公共汽车上被人踩了一脚；

f. 同学们喊你的绰号；

g. 在某次竞赛或考试中你获得了第一。

2. 讨论：在碰到以上各情景时，你会有何种情绪产生？你如果有不适当的情绪反应，会有什么结果？（每组讨论一个情绪）

3. 能就自己在日常生活中，因不适当的情绪而造成不良后果的情形举例吗？

4. 训练控制自己情绪的方法：

个案：班主任王老师告诉大家，过几天就要去郊游了，期间还要搞一些娱乐活动比赛。听到这个消息后，同学们各有不同的反应和情绪。

a. 积极参加集体活动，并做好准备；

b. 无所谓，搞不搞这次活动都行，去郊游肯定会遇到许多麻烦，没准还会出点事呢；

c. 手舞足蹈，兴奋不已，恨不得马上就去郊游。

请大学生用个案的素材进行小品表演。

5. 结束语：

同学们，当你碰到困难时，可能会一时情绪低落，但我相信大家一定能尽快适应并调整好。请大家和我一起满怀激情地朗读一段誓词：

我有明确的奋斗目标，决不放弃！

我将百折不挠，主动迎战困难！

我必须勤奋学习，提高效率，珍惜时间！

我要积极行动，勇敢实践！

我乐观、自信、自强！

我将不断超越自我，走向辉煌！

（教师领读一遍，学生读两遍，达到暗示作用）

第七章

大学生人际交往与心理健康

学习目标：

- ◆ 了解人际交往的意义、特点与类型。
- ◆ 理解影响人际交往的因素。
- ◆ 了解大学生人际关系障碍的类型及调适方法。
- ◆ 掌握人际交往的基本原则及技巧，增强人际交往能力。

李明的想法正确吗

李明(化名)是家中的独生女，学习成绩优秀，但在班上不爱和同学交往，认为学习是最重要的。由于经常受到母亲的责骂，她对周围的同学不怎么信任。初中时感觉经常被同学欺负，很少和同学交流，经常一个人独来独往，有写日记的习惯。有一次自己的日记本无意中被人看到，而且在班上传开，班上的人叫她“心理变态”，从此，她就更不愿意和班上的人交往了。李明认为初中是很痛苦的日子。高中时候，她意识到人际关系的重要性，发现自己的朋友少，就尽量主动去交往，因而高中的朋友还比较多。现在上大学后，高中的朋友很少联系了，关系也淡了许多，她觉得朋友没有什么意思，到目前为止还没有算得上交心的朋友。最近两周以来，她感觉人际关系很紧张，觉得自己与人相处很失败，甚至与同学交往都有些害怕，时常焦虑、郁闷、苦恼。

第一节　人际关系与人际交往概述

马克思在《关于费尔巴哈的提纲》一书中指出，人的本质并不是单个人所固有的抽象物，在其现实性上，它是一切社会关系的总和。因此，社会关系构成了人的本质。社会关系不是简单的人际关系，但人际关系是一种现实的人与人之间的关系，它对人们适应社会生活起着举足轻重的影响作用。

一、人际关系

自有人类以来，人在进行各种社会活动的同时，相互之间随之而来也构筑起了各种复杂的社会关系。人际关系是人们为了满足某种需要，通过交往形成的彼此间比较稳定的心理关系。

（一）人际关系的涵义

所谓人际关系，是指人与人之间在交往活动过程中直接的心理关系或者心理上的距离。人际关系是社会关系的一个侧面，表现为人与人之间的亲近、疏远、好恶，反映了人们在相互交往中物质和精神的需要能否得到满足的心理状态，折射出人与人之间的心理距离即心理相容程度。人际关系由认知、情感和行为三种心理因素构成，其中，情感因素是人际关系的重要调节因素。

1.人际关系的建立基础

日常生活中，我们会有这样的体会：在一群人中，人们总是比较喜欢友善的人、合作的人、大方的人，和这些人在一起能给个体带来愉悦的感觉，能满足彼此的需要。心理学研究也表明：如果双方相互满足需要，个体就会有积极的情绪体验，感到愉快、温暖和满足，从而容易结成亲密关系；反之，个体就会产生消极的情绪体验，感到痛苦、冷漠和厌恶，进而导致关系疏远。因此，需要的满足是建立人际关系的心理基础，而其性质即需要满足与否，决定了人际关系的性质，这也是判断人际关系正常与否的出发点。

2.人际关系的情感纽带

人际关系总是带有鲜明的情绪与情感色彩。交往双方彼此之间的情感决定着人际关系的状态，彼此欣赏、相互接受会形成良好的人际关系，彼此厌恶、相互猜疑则产生不良的人际关系。人们相处中呈现出来的满意、愉快或疏远、冷漠的情绪状态是人际关系好坏的基本评价指标。这种情绪性使人与人之间的心理距离成为可以直接观察的心理关系。只有正确认识情感的连接作用，才能理性对待人际关系中出现的种种复杂局面。为了保持健康的人际交往、改善萎缩的人际关系，需要我们调节情绪情感。

3.人际关系的实现途径

人们通过交往交流信息、消除生疏、加深了解、获得肯定或否定的体验，因此，借助于交往可以缩短心理距离，交往是人们实现人际关系的途径。不仅如此，交往的频率还是人际关系亲疏的调节器。一般说来，交往频率越高，人际关系越向纵深发展；交往频率越低，人际关系越趋于淡化；当交往完全不存在的时候，原有的实际意义上的人际关系也即成为名义上的人际关系，例如多年分散而中断交往的老同学关系就是这样。无论是物质交换还是感情交流，是维持人际关系必不可少的重要手段。

（二）大学生人际关系的类型

按大学生人际关系建立的动因，可把它分为以下几种类型。

1.学业型

学业型是指大学生以所学专业或为了通过某种公共考试（如考研或其他某种证书考试）而形成的人际关系。包括师生关系和同学关系。由于朝夕相处或相处时间较长，不仅有认识上的深刻了解、情感上的深厚联系，还有专业上的合作与竞争。因此，这种关系大多都能保持很久。

2. 同乡型

同乡型主要是指大学生因来自相同地域而结成的人际关系，其中在入学新生中尤为突出。新学年伊始，同乡会能使新生们在异地感到乡情的温暖。同乡型对内是一种比较亲密的人际关系，对外则具有封闭性和排他性。

3. 兴趣型

兴趣型是指大学生因共同的兴趣爱好而结成的人际关系，如诗社、剧团、各类球队以及棋类、武术协会等各种学生社团，是校园文化的重要组成部分。许多大学生通过社团走出校园，将自己和社会、自然融为一体，乃至最终共同创业。

4. 同室型

同室型是指住在同一宿舍的大学生形成的人际关系。宿舍中常用类似兄弟姐妹间的称呼或像家庭一样对一些公共事务进行承揽分工。

5. 情缘型

情缘型是指通过与异性交往而建立的人际关系。在大学生的人际关系需求中，爱情需要占据相当位置。许多男女大学生一旦找到异性朋友，就会全身心投入，把一切精力与时间都花在上面，沉迷在两个人的小天地里，从而也极大地限制了人际交往范围。

6. 网友型

网友型是指通过网络形成的人际关系，与上述各种类型的人际关系又有着外延上的交叉性。"网民"这种新型的特殊人际关系既扩大了大学生的交往范围，又带来了种种弊端，尤其是痴迷成瘾、网络诚信等问题已日益引起社会的关注。

专栏 7－1

大学生网络人际关系的特点

网络人际关系是在全新的人际互动模式下产生的，和传统的人际关系并非是对立的，仍具有一系列普遍的特点。但是，作为一种新的媒介和通信手段，网络不仅仅是使用的工具，同时也是个人心理和人格的延伸。目前学生是中国网络用户所占比例最大的一个群体。由于网络本身所具有的虚拟性、开放性、多元性等特点，又使网络人际关系具有其自身的独特点。

1. 随意性

大学生在网上可随意自主、情绪化地选择"网络人际"环境，充分享受自我，这是网络人际关系的主要特征。网络世界虽跨越了时空的界限，但却无法聚合历史文化的差异。这些因素都使得发生在网络中的人与人之间的交往快速多变、复杂混沌，网络世界中的人际关系也因此充满了不确定性和随意性。

2. 互助性

传统人际关系中的可救助对象以及可施助者的范围一般都是有限的。而在网络世界，无论问题大小,都可能有成千上万的人无私地出谋划策,既不必担心“人情债”,也不必害怕“却之不恭”的无奈,可求助范围之广是传统人际关系所无法企及的。

3. 宣泄性

面对各种压力和竞争,现代人日常有宣泄的需要。但在传统人际关系中,宣泄是一个必须慎重考虑的问题。而在网络人际关系中,打开电脑,登录网站,倾诉也罢,高谈也行,疯狂地“冲浪”,尽情地发泄,不必担心日后尴尬。这也是大学生对网络人际关系情有独钟的另一个原因。

4. 多维性

互联网体现了人与人之间的“无限互联”。这样的多维性使得现实“熟人社会”中的人际关系相形见绌。因此,网络人际关系是迄今以来人类所面临的最为复杂、最为广泛、最为宽阔、最为开放的关系结构,有着与现实社会人际关系所不同的新内容、新特征。

二、人际交往

(一) 人际交往的涵义

人际交往是指人们为了满足某种需要相互间进行的交流或联系。人是有意识、有情感的动物,人的一生离不开与他人的交往。交往是人类的一种需要,一个社会成员一旦脱离其他社会成员而离群索居,那么他的心理发展和行为方式就要受到严重影响。

1. 交往的两重性

从动态角度分析,人际交往是指在社会活动过程中,人与人之间一切直接或间接的相互作用,包括人与人之间的信息传递、情感交流、思想沟通以及相互间施加影响等心理联系过程及物质交换过程。

从静态角度分析,人际交往是指人与人之间通过动态的相互作用形成的相对稳定的情感联系。而同在一条马路上行走的人群,如果相互之间没有发生任何沟通和交流,那么这些人群之间是不存在交往关系的。

2. 交往的相互性

交往是一个相互作用的过程,是双方相互积极地施加影响的过程。在实际的交往情景中,双方随时都可能发出新的信息并接收和感受对方的信息,这种互相作用的效果不断引起新的反应。此外,每次交往都确定着某种关系。例如和某人说:“和我下一盘棋好吗?”这说明你与他的交往是平等关系;而如果说:“过来和我下一盘棋!”那就暗示着一种不平等关系(从属关系)。人际交往中所产生的问题,常在于关系方面而不在于内容方面。交往的内容产生歧义时比较容易得到解决,而交往的关系出现了问题就不易解决。人们常认为自己在为所说的某一句话而争论,实际上争论的实质是关系问题。

3. 交往的复杂性

交往是一种难以观察的心理活动,交往的效果是因人而异的独特的内心体验。交往者的内心活动和行为举止是交往过程中的主要因素。人与人的交往首先是从感知、识别、理解开始的,彼此之间不相识、不相知,就不可能建立人际关系。认知包括个体对自己与他人、他人与自己关系的了解与把握,它使个体能够在交往中更好地、有针对性地调节与他人的关系。想要降低交往的复杂性，则取决于你的感知准确性。交谈中的诚实，能使你的感知准确性提高，感觉越是准确，就越有可能最大限度地降低交往的复杂性。所以，交往是双方个人特质的碰撞，需要双方整个身心的投入。

（二）人际交往的功能

对任何人而言，正常的人际交往、良好的人际关系是其心理正常发展、个性保持健康和生活具有幸福感的必要前提。人们在交往过程中以各种物质和精神的活动方式彼此影响着对方并受对方的影响。人际交往的功能就是人们在进行交往活动中的效能，表现如下：

1. 人际交往为个体身心发展提供必需的信息资源

人体是一个系统的有机体，是信息加工和能量转化的主要载体，它时刻与外部环境保持相互作用，接受着外界的各种刺激，并对各种刺激作出适当反应，其中社会性的交往和沟通过程具有核心地位。通过一定的交往和沟通，个体才能维持正常的生命活动及身心发展。已有研究证明，如果儿童生长的环境中缺乏交往机会，如福利院的孤儿，智力发展就会表现出明显的延后。医学的最新研究成果也揭示，独身者由于比正常人缺乏配偶之间的沟通和由此而形成的情感依恋会导致其寿命比有配偶的人偏短。

2. 人际交往是自我概念形成的途径

没有交往，就没有自我的形成；没有交往，就没有自我同一性的建立；没有交往，就没有自我概念和自我价值感的维持。按照心理学家库利(Cooley，1902)的说法，儿童早期以“镜像自我”方式存在的自我概念是在与成人沟通交流过程中形成的。人的自我概念是在与他人的沟通过程中逐步发展起来的，并且人们在沟通过程中保证自我作用的发挥和自我自身的不断提升和完善。

3. 人际交往实现观念、思想和情感的丰富

任何一个人，无论他精力多么充沛，他的直接经验都是有限的。人要适应不断变化的外部世界，就必须凭借交往，获得别人的宝贵经验成果。虽然人作为独立的个体本身是有限的，但沟通使得人能够在无论是思想观念上还是情感上都变得无限。英国作家萧伯纳曾经有过一个形象的比喻：假如你有一只苹果，我有一只苹果，彼此交换后，我们每人还只有一只苹果，但如果你有一种思想，我有一种思想，那么，彼此交换后，我们每人便都有两种思想。一位哲人也说过，快乐与别人分享，快乐增加一倍；而痛苦与别人分担，痛苦减轻一半。因此，沟通交往的过程，使人生丰富多彩，使人的有限生命走向无限。

4. 人际交往是人与人建立和维持相互联系的方式

人们通过交往，形成一定的社会关系，相互合作、相互促进，使单独的、孤立无援的个体结成一个强有力的集体，协同战胜困难，完成任务。一方面，通过交流信息、情感、思想和观点，可以影响和改变对方的观点、态度及行为，达到行为的协调一致；另一方面，在任何交往活动中，只有每一位成员都围绕共同的交往目标作出努力，才会产生良好的活动效果，提高活动的效率。

◆专栏 7－2

人际关系与幸福

追求快乐与幸福大概是人们生活最重要的目的。但怎么样才能得到幸福，或者说幸福最重要的支持因素是什么呢？

日常生活中，金钱、地位、名誉、成功等似乎与个人的生活质量关系较大，因此许多人认为幸福是建立在这些要素的基础之上。但心理学家却否认了这种观点。心理学家通过广泛的调查和深入的研究发现，良好的人际关系，尤其是亲子、夫妻、亲密朋友之间等关键的人际关系的融洽，才是人生幸福的最重要的决定因素。

金钱买不来幸福，成功、名誉和地位也带不来幸福。幸福从某种意义上说是一种生活态度和生活方式，只要我们对人真诚、友爱，对人关怀、体贴，对人理解和宽容，我们就能收获良好的人际关系，并最终收获幸福。

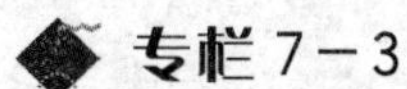

专栏 7－3

人际关系的自我评定

说明：请仔细阅读下列各题，从每题后面的三个答案中，按照自己的真实情况任选其一。

1. 在人际关系中，我的信条是　　　　（　　）
   A. 大多数人是友善的，可与之为友的
   B. 人群中有一半是狡诈的，一半是善良的，我将选择善良的人交友
   C. 大多数人是狡诈虚伪的，不可与之为友
2. 最近我新交了一批朋友，这是因为　　　　（　　）
   A. 我需要他们
   B. 他们喜欢我
   C. 我发现他们很有意思，令人感兴趣
3. 外出旅行时，我总是　　　　（　　）
   A. 很容易交上新朋友
   B. 喜欢一个人独自去
   C. 想交朋友，但又感到很困难
4. 我已经约定要去看一位朋友，但因为太累而失约了。在这种情况下，我感到　　　　（　　）
   A. 这是无所谓的
   B. 有些不安，但又总是在自我安慰
   C. 很想了解对方是否对自己有不满意的情绪
5. 我结交朋友的时间，通常是　　　　（　　）

A. 数年之久

B. 不一定,合得来的朋友能长久相处

C. 时间不长,经常更换

6. 一位朋友告诉我一件极其有趣的个人私事,我是 (　　)

A. 尽量为其保密

B. 根本没考虑过要继续扩大宣传此事

C. 当朋友刚一离去,随即与他人议论此事

7. 当我遇到困难时,我 (　　)

A. 通常是靠朋友解决的

B. 要找自己可依赖的朋友商量办

C. 不到万不得已,绝不求人

8. 当朋友遇到困难时,我觉得 (　　)

A. 他们大都喜欢来找我帮忙

B. 只有那些关系密切的朋友才来找我商量

C. 一般都不愿意来麻烦我

9. 我交朋友的一般途径是 (　　)

A. 经过熟人的介绍

B. 在各种社交场所

C. 必须经过相当长的时间,并且还相当困难

10. 我认为选择朋友的最重要的品质是 (　　)

A. 具有能吸引我的才华

B. 可以依赖

C. 对方对我感兴趣

11. 我给人们的印象是 (　　)

A. 经常会引人发笑

B. 经常在启发人们去思考问题

C. 和我相处时别人会感到舒服

12. 在晚会上,如果有人提议让我表演或唱歌时,我会 (　　)

A. 婉言拒绝

B. 欣然接受

C. 直截了当地拒绝

13. 对于朋友的优缺点,我喜欢 (　　)

A. 诚心诚意地当面赞扬他的优点

B. 会诚实地对他提出批评意见

C. 既不奉承,也不批评

14. 我所结交的朋友 (　　)

A. 只能是那些与我的利益密切相关的人

B. 通常能和任何人相处

C. 有时愿与同自己相投的人和睦相处

15. 如果朋友们和我开玩笑(恶作剧),我总是 ( )

A. 和大家一起笑

B. 很生气,并有所表示

C. 有时高兴,有时生气,依自己当时的情绪和情况而定

16. 当别人依赖我的时候,我是这样想的 ( )

A. 我不在乎,但我自己却喜欢独立于朋友当中

B. 这很好,我喜欢别人依赖于我

C. 要小心点!我愿意对一些事物的稳妥可靠持冷静、清醒的态度

评分标准:

	1	2	3	4	5	6	7	8	9	10	11	12	13	14	15	16
A	3	1	3	1	3	2	1	3	2	3	2	2	3	1	3	2
B	2	2	2	3	2	3	2	2	3	2	1	3	1	3	1	3
C	1	3	1	2	1	1	3	1	1	1	3	1	2	2	2	1

根据你所选择的答案,找出相对应的分数,将16道题的得分累加起来,算出总分,这个总分数值,可以大致评定你的人际关系是否融洽:

38~48分:说明你的人际关系是很融洽的,在广泛的交往中很受众人的喜欢;

28~37分:说明你的人际关系并不稳定,有相当数量的人不喜欢你;

16~27分:说明你的人际关系是不融洽的,你的交往圈子实在是太小了。

第二节 大学生人际交往及其影响因素

大学生人际交往是人际交往的一个特殊组成部分,主要是指大学生在大学校园背景下,为了满足自身学习和发展需要,通过运用一定的交往手段、方式与他人或群体进行语言沟通、感情交流、相互影响、相互作用,从而提升自身各方面能力素养的一种社会活动,表现为通过大学生心理和行为的互动与周围环境建立良好的关系。

一、大学生人际交往的类型

(一)师生关系

大学的师生交往主要是围绕教学、科研和班级日常活动进行的。在交往中,教师有强烈的教的需求。因为他们只有在教之中才能实现自己的人生价值,获得成就感;学生有学的需求,因为能跨入大学校门的学子都是同辈人中的佼佼者,都有强烈的求知欲。因此,师生关系是一种需求互补的关系。在大学阶段着重培养的是学生的自学和自主能力,师生关系相对松散。所以,大学生应当主动利用各种机会与教师交往,请教老师一些为人处世的

道理。这样不仅融洽了师生关系，也提高了自身的交往能力。

（二）同学关系

同学关系在大学生人际关系中占主要地位。在大学里，学生都远离父母、亲戚朋友，学习生活的环境相对比较封闭，同学间的交往最频繁，内容也最广泛。随着大学生成人感和独立意识的增强，他们渴望从同龄人的交往中寻求自我、展示自我，同时他们在生理上、心理上的相似，使其在人生观、价值观上有很多共同之处，这些使他们在交往中更容易投入真情实感，能够互相理解和帮助，相互探讨人生，分担忧愁、共享快乐。

（三）同乡关系

同乡关系是乡土观念连接起来的心理上的纽带。它打破了班与班、系与系甚至学校与学校之间的界限，在一定程度上扩大了大学生的交际范围。这种心理在家乡的时候不一定感觉得出来，但在异乡学习时就显得格外强烈。俗话说的"老乡见老乡，两眼泪汪汪"就恰当地反映出在异乡求学的大学生们珍视乡情的心态。在大学校园，"同乡会"是大学生们人际交往、联络感情的自发组织。共同的风俗习惯使他们在交往中感觉很亲切，也很容易建立深厚的友情。

（四）异性关系

由于性意识的正常发展，大学生已不像中学生那样对异性交往有一定矛盾和顾虑，而是倾向于与异性大学生进行交往。这是一种正常的人际交往，对于大学生的人格健全和全面发展有着重要的影响。一部分异性同学在几年的大学生活中，一起学习、生活、参加各种社会活动，共同的兴趣和爱好使双方产生爱慕之情而建立恋爱关系，这也是很自然的事情。相关调查表明，恋爱关系在大学生人际关系中占有相当的比例。

（五）网络关系

网络拓展了人类交往的空间，网络交往已经成为一种重要的新型人际交往方式。一般来说，网络交往对大学生来说具有双重效应：一方面，有的大学生通过网络结交了许多新朋友，获得了很多有价值的信息，开拓了思路，使自己受益匪浅；另一方面，有的大学生患上网络人际依赖症，将虚拟的网络当做了现实的世界，过度热衷于网络交往，过分迷恋在网络上产生的友谊或爱情，幻想用这些虚拟的人际关系取代现实的人际交往，而人毕竟要生活在现实之中，所以，这样的网络关系容易使人表现出孤独不安、情绪低落、自我评价降低等症状，严重的甚至出现自杀意念和行为。还有的大学生在进行网络交往时受到不良影响，在网络空间里放纵自己的思想、言语和行为，全然丧失了一个大学生的道德良知和社会责任。

二、大学生人际交往的特点及作用

（一）大学生人际交往的特点

1. 交往愿望强烈

大学生迈入大学校门，生活环境发生了变化，面对的是无数陌生的面孔。与此同时，没有了父母的"包办"，大部分事情要由自己来解决。这时，他们渴望尽快与同学、老师建立友好关系，寻求一种心理上的依赖感和归属感。大学生由于生理、心理上逐渐成熟，渴望了解他人、了解社会，也希望得到他人的理解、尊重与承认，在与人交往中证明自身的价值。此外，大学生求知欲望强烈，渴望通过扩大人际交往面来获取大量信息，以此补充自己的大脑。以上这些因素都增强了大学生交往的愿望，这体现了当代大学生积极活跃、乐观向上，渴望融入社会、在社会中施展抱负的健康心态。

2.交往的平等性

大学生都处在同一身心发展水平上，他们年龄相同，知识能力水平相似，社会经验阅历相仿，思想观念相近，不存在较大的利益冲突。此外，他们在学校没有层级差距和地位分化，只有共同的学习任务和学习目标。因此，大学生的交往大都是在地位平等情形下进行的。同时，大学生在人际交往中追求精神上、态度上的平等，需求同学间的平等相待、以诚相见，使他们在交往中充分体会到了人格独立和个性自由。

3.交往注重感情

一方面，大学生受到过较好的环境陶冶，又具有青年人感情丰富的特点，在人际交往中十分注重感情的交流，强调交往的感情色彩。在择友上从情感相融出发，注重情投意合，而不是从对方的家庭背景、经济状况、学习成绩等方面考虑，较少带有明确的功利性目的。另一方面，大学生人际交往的目的是为了获得感情需要的满足。这种满足既表现为寻求友谊、消除孤独，在同性同辈中找到情感交流的对象，也表现为通过与异性同辈的交往来满足友谊与爱情的需求。

4.交往富于理想性

大学生社会阅历浅、接触的人少，尚未体会到社会上人际交往的复杂性，这在客观上造成了大多数大学生把人际关系看得比较单纯和容易处理，对人际关系的追求过于理想化。他们希望人们能够相互帮助、相互理解、真诚相待。然而，现实中的人际交往并不是像他们想象的那样简单，理想与现实的矛盾会给大学生带来很大困惑和苦恼，他们常常对自己现有的交往不满意，感到人间缺乏友情，少数人因此会消极地自我封闭，拒绝与人交往，甚至会引发一些心理疾病。

5.交往的时代性

大学生对社会的参与意识逐渐增强，表现为在人际交往上更加丰富多样，更加具有时代特征。比如，高校内的协会、社团、沙龙等就是大学生自发的组织。无论是班级、年级还是专业、性别等，都不会成为大学生交往的障碍，而且大学生也正在努力地把自己的交际领域扩大到校外乃至社会。随着信息社会的来临，计算机网络的飞速发展，现代通讯工具的普遍应用，上网交友成为当代大学生人际交往的热点。以复旦大学调查结果为例：有50%的学生认为“以寝室为中心”是最有效、最现实的社交方式，而在另一半学生中，“社会工作”和“BBS、QQ等新兴网络社交”分别以26%和18%的比率占了主导地位，远远高于6%的“好朋友为主的小圈子型”传统方式。这一结果反映了当代大学生追求建立形式更加广泛多样的人际关系，在人际交往的各种活动中增长知识和才干。

（二）大学生人际交往的作用

1.促进社会化

社会化是个体学习和掌握一定的知识、技能及其他能使个体参与社会生活的品质，以获得社会有效资格成员的过程。个体社会化程度的高低是衡量其成熟程度与能力强弱的尺度之一。人们在社会交往过程中，不是被动地接受生活规范，而是积极主动地在与人、与社会交往中习得社会规范、适应社会生活。大学生的交往性质和交往水平直接影响着其社会化的水平。

2. 展示自我价值，获得自尊心与自信心

当代的大学生是活泼开朗的年轻一代，敢说、敢想、勇于展示自己，不愿把对事物的认知埋在心底，尤其是那些较为深刻的认识，只要有机会，就会在不同场合以不同方式与他人交流，期望在交流中得到他人的理解、认同、欣赏、崇拜乃至服从，以证实自身价值，以便获得足够的自尊心和自信心。每个人只有在交往过程中，在满足别人需要的同时，才能满足自己的需要。当代大学生自我价值的展示也表现在帮助他人，与他人分忧，解决他人困难等方面。他们并不一定追求什么结果，而是更看重行动的过程，在这之中，大学生的自信心得到增强，获得了受人尊重的满足。

3. 增进对他人和自己的了解

正确认识他人是人际交往的前提。大学生在交往中更多地了解他人，增加了品评的客观性。人际交往实际上也是认识自我的过程。大学生的交往双方都可以通过对方对自己的反应和看法了解自己的形象，获取对自我评价有参考价值的信息。这样，在与他人的交往中不断认识自我、评价自我，弄清自己与周围的关系和交往性质，准确地把握自己的位置，及时调整行动步伐，从而控制交往局面，建立积极、良好的人际交往关系。

4. 获得积极经验，为未来发展创造机会

一个人的时间、精力、认识范围是有限的，所有的经验不可能全靠自身去实践，最有效的办法就是从前人、他人那里汲取有益的知识，以求得用较短的时间和较少的代价获得积极的经验，尽量减少失败的教训。美国卡内基工业大学曾对 1 万人的个案记录进行分析，结果发现："智慧"、"专门技术"对于成功的贡献率只有 15%，其余 85%均取决于良好的人际关系。

三、影响大学生人际交往的因素

（一）客观因素

1. 社会环境因素

一是社会环境中一些不良现象对大学生的人际交往产生了负面影响。如随着社会的发展，人们的传统价值观受到冲击，贪污腐败、唯利是图、极端个人主义、享乐主义等现象使一些大学生也以是否有钱有权，是否有利用价值为择友标准，这对大学生健康人际关系的建立十分有害。同时，社会生活中不讲信用、欺骗、欺诈和道德失范也使大学生对正常的人际交往心存顾忌。

二是就业的压力导致部分大学生缺乏必要的人际信任，一方面为了竞争不择手段，一个好的工作岗位甚至会导致原本的好朋友反目成仇，另一方面也加剧了他们的孤独感。

三是网络对大学生人际交往的影响。一方面，网络人际交往维持并强化了传统人际交往所难以维系的人际关系，极大地扩展了大学生的人际交往范围；网络创造的"虚拟现实"环境为大学生提供了实践不同角色、理想自我的场所；网络对公共空间的分隔，为大学生提供了无限的个人空间，增强了大学生人际交往的主动权。另一方面，网络人际交往也带来了一些新问题，比如现实人际交往的退化，人与人之间情感与可信度的下降，多个社会角色引发的心理、道德和行为问题，集体认同感、归属感淡化等问题。

2. 家庭环境因素

一是家庭氛围的影响。和谐的家庭氛围往往会使大学生具有平和的心态，性格比较开朗，喜欢与他人交往，因而容易建立融洽的人际关系。反之如果家庭氛围比较紧张，学生即使遇见什么麻烦也不愿意和家人交流，甚至会排斥家庭，这都会对他们健康人际关系的形成造成影响。

二是家庭价值观的影响。一方面很多父母往往希望自己的孩子能够脱颖而出，出类拔萃，从小就对孩子灌输竞争的重要性，优胜劣汰的残酷性，使得很多孩子从小就认为竞争是随时随地的，如果自己不能打败对手，就会遭遇淘汰，于是，他们在人际交往中视所有人为竞争者，因此不能友好相处，学习他人之长，并且会产生孤独感。另一方面，父母崇尚物质，片面强调金钱的重要性，也会使大学生的人际交往受到影响。

三是家庭经济条件的影响。一方面家庭经济情况良好的学生容易有优越感，而家庭环境相对较差的学生要么是盲目的羡慕，要么就刻意与“有钱的学生”保持距离，不愿与之交往。无论哪种情况，都对大学生的人际关系有害。另一方面，大学生的人际关系趋于经济化，有钱的同学热衷于搞各式各样的活动，而囊中羞涩的学生则不愿参加那样的活动，渐渐就会影响同学之间的正常交往。

3. 校园环境因素

一是校园生活环境。大学校园生活一般都是集体宿舍，由于大学生来自不同地方，出身于不同的家庭环境，脾气、性格难免各异，加之当代大学生多数是独生子女，很难在一开始就融洽相处，总是希望别人让着自己，生活中诸如打扫卫生，打水等小事都有可能争执，进而影响了他们的相处。对于刚上大学的新生更加上想家等因素的影响，很容易陷入孤单情绪，对人际关系的建立也变得没有信心。

二是校园学习环境。校园学习环境包括一个学校的校风、班风、学风等。大学生如果在一个学习环境比较好的校园生活，自然而然会受到良好校风、班风、学风的影响，努力上进，积极进取，也更容易形成互助友爱的人际交往关系网；反之则不利于他们的良好人际关系的形成。另外有的学校片面追求学生好的成绩，而忽视了他们其他方面素质的培养，使得学生在校期间只关注于如何获得奖学金或者如何获得更好的就业机会，而忽视了友情。加之现在多数高校没有给学生提供固定教室，大大减少了同学在一起的时间，这对他们进一步培养同学关系也有一定影响。

（二）主观因素

1. 时空接近性

俗话说：“远亲不如近邻，近邻不如对门。”人与人之间在空间距离上越接近，彼此之间越容易形成较为密切的关系。例如同一班级中同一宿舍的同学，彼此间就可能比其他同学更为熟悉；同一校区中来自同一地域的同学也会比其他同学更亲切。当然，交往的频率也是一个重要因素。交往频率是指人们相互接触的次数比率。一般来说，人们相互之间的交往越频繁，越有助于增进了解，互通有无，就越有利于形成良好的人际关系。这也就是人们所谓“一回生，二回熟”的道理所在。当然，在频繁的相互交往中也有可能产生矛盾，或者发现对方具有无法容忍的缺点，相互也会疏远，乃至中断彼此关系。

2.态度相似性

人们常喜欢同自己态度相近的人交往,正所谓“物以类聚,人以群分”。当交往双方有着相似的成长背景、兴趣爱好、价值观、人生观及世界观时,彼此的处世方式及对某个问题的观点就容易趋于接近,矛盾冲突也较少,就会逐步形成良好的人际关系。反之,如果两个人的理想和态度相差太远,就必然会造成情感上的格格不入,也很难建立起深厚的友谊和良好的人际关系。共同的兴趣或爱好是形成良好人际关系的纽带。在现实生活中经常看到有琴友、“驴友”、“发烧友”、车友、牌友等,这些人的友谊就是建立在共同兴趣或爱好基础上的。通常,对某种事物的兴趣爱好其蕴含的社会意义越大,由此而形成的人际关系基础也越牢固。

3.需求互补性

需要的互补是指人与人之间在交往中互相满足需求的一种心理状态。在日常生活中,我们经常发现不仅个性相似的人们之间会形成友好关系,而且有些性格、气质等完全相反的人之间也会形成友谊关系,如性情急躁与温和的、独断专行与优柔寡断的、活泼外向与沉默内向的人的互补型等。这是因为在人际交往中,人们都不可避免地希望在同对方的交往中满足自己的某种心理需要,而个性不同的双方可能正好可以取长补短、互相满足对方的需要。

4.外表相悦性

仪表包括容貌身材,也包括修养风度。如果一个人容貌姣好、阳光健康、谈吐风趣、举止大方、待人有礼、风度翩翩、学识渊博等等,都会使人产生愉悦的情感并愿意与其交往。这种仪表的因素有时也能取代交往频率。如两个人虽然互不相识或从无接触,但也会一见钟情、相见恨晚。虽然我们一直被告诉不要因为一个人的外貌好看就认为这个人很好,但我们很难避免外貌对印象形成的影响,因为爱美是人的天性,无论在哪种文化背景下,美貌都是一种财富。进一步研究表明,虽然一般情况下美貌会产生辐射效应,使人们对有美貌的人各个方面作出更为积极的评价,但如果人们感到有魅力的人在滥用自己的美貌,则会反过来倾向于对她们实施更为严厉的惩罚。

5.个性吸引性

才能与人际吸引具有一定相关性。一般说来,人们喜欢那些有能力、聪明的人。因为与有能力、聪明的人在一起可以让我们获得更多的东西,也会觉得更安全。当然,才能与被人喜欢的程度,在一定限度内成正比,超出一定范围,其才能所造成的压力会使人倾向于逃避或拒绝(任何一个人,无论如何不能去选择一个总是提醒自己无能和低劣的对象来喜欢)。

个性品质对人际吸引的影响更大,而且这种吸引比较稳定和持久。心理学家安德森(Anderson,1968)对个人品质受到喜欢的程度进行了研究,结果发现,大学生喜欢的品质由高到低依次是真诚、诚实、理解、忠诚、真实、可信、聪慧、可依赖、有头脑、体贴、可靠、热情、善良、友好、快乐、不自私、幽默、负责、开朗、信任别人,而厌恶品质由高到低依次是说谎、虚伪、邪恶、冷酷、不诚实、不真实、令人讨厌、恶毒、不可信、不善良、不真诚、贪婪、自负、粗鲁、狭隘、自私、敌意、不友好、古怪。在吸引人的个人品质方面,男女两性也存在的差异:男性吸引他人的品质有真诚、果断、勇敢、理智、忠诚、冒险、胸襟开阔等,而女性吸引他人的品质有开朗、活泼、温柔、体贴、善解人意、待人热情、随和等。

第三节 大学生人际交往障碍及其调适

一、大学生人际交往障碍的类型

每个人都希望自己总是处于良好的人际关系氛围中，能在和谐融洽的环境中学习和工作。但是，并非人人都能如愿以偿。人际关系是一把双刃剑，当人际关系和谐融洽时，它会给人以愉快、充实、幸福、成功、欢乐，而当人际关系紧张失调时，它又会给人带来烦恼、痛苦、失望、忧伤，给人们的学习、生活、情绪和健康等方面带来一系列的影响。根据现实观察和分析，大学生人际关系的障碍可归纳为以下五种类型。

（一）与他人交往平淡，缺少知心朋友

这类大学生通常可以和多数人进行正常的交往，但又感觉到这种交往太平淡，与人相处的质量不高，相互间缺乏吸引力和影响力，多属于点头之交，没有知心朋友，没有人值得他牵挂，也没有人会想念他，这类学生常常会感到孤独、空虚迷茫和失落。造成这种现象的主要原因是大学生自我封闭的心理，人与人之间缺乏基本的信任，不能主动地暴露自我。

（二）与某些人难以相处而成为一块心病

属于这种类型的大学生在生活中能够与多数人交往，而且关系也不错，但与某些人或个别人交往不良，感到困难，无论如何也处理不好关系。他们可能是自己的室友、同学或关系比较亲近的人，从根本上回避不了，生活中不得不与其打交道，由于相处不好，常常会影响情绪，甚至会成为一块心病。

（三）与人交往感到恐惧，有社交恐怖症

这类大学生虽然具有与人交往的愿望，但是每当与人交往时总因心跳加快、面红耳赤而失败，转而害怕与人接触，自己封闭自己。此类大学生最大的特点就是怕见人，怕与人交往。与人交往时出现强烈的恐惧害怕、紧张不安、心慌出汗、面红耳赤、语无伦次、不敢抬头、不敢看对方的眼睛等现象，直至完全与人隔绝。社交恐怖症的类型很多，有言行恐怖、视线恐怖、生人恐怖、熟人恐怖、长者恐怖等。这种心理疾病在大学生群体中所占比例很小，但它的影响却很严重，常常使人陷入痛苦、焦虑、自卑和不安之中，严重影响了日常生活，因此需要引起足够的重视。

（四）感到交往有困难，不会处理人际关系

这类大学生渴望交往，希望能与周围的人建立和谐融洽的人际关系，但由于多方面的原因，此类大学生不能做到这一点，体验不到社交成功的快乐，为此他们很苦恼，并渴望改变这种状况，但又找不到有效的办法。造成这种状况的主要原因有：交往能力有限，人格上有某种缺陷，缺乏社交技巧，存在社交心理障碍。

（五）缺乏交往动机，不想与人交往

这种类型的大学生与前几类不同。前几类都还有交往的愿望，而这类大学生则比较特殊,他们缺乏人际交往的愿望和兴趣,对人际交往很反感,认为把过多的精力花在人际交往上太不值得,人际关系好坏不会对人造成什么影响,只要学习好、业务强就行了。因此,此类大学生常常独来独往,自我封闭,孤芳自赏,性情内向,言语不多,不合群,显得有些怪僻。这种大学生的主要问题是出于不科学的思想认知,把人等同于机器,没有情感,没有欲望,没有交往需求,这是对人的本质异化。也有的大学生不想与人交往,其实是一种自我防御。他们本来就缺乏与人交往的能力和技巧,但为了掩饰自己的这些缺陷,保护自尊心,便否定人际关系的价值,认为搞好人际关系是俗人干的事,自己这么高雅的人怎么能去干那种事呢?

二、大学生人际交往障碍的原因分析

(一)自私与自负

自私与自负是以自我为中心为前提的处事心态,认为凡与我相吻合的便是真理。这种人片面强调自我需求的合理性,极端自私自利和自以为是。如有些大学生在午休或晚上,不管别人是休息还是学习,便旁若无人地为所欲为。这种人还常常喜怒无常,让别人都围着他转,稍不如意就火冒三丈,在同学中显得十分霸道,以此来满足自己的不良心态。

(二)嫉妒和猜疑

嫉妒有方方面面的表现,有些人在与人交往时,发现自己的境遇不如他人,就会产生抱怨、憎恨,甚至愤怒等复杂的心态。这种人总是怕他人超过自己,当别人比自己强时,又无竞争的勇气,于是,往往采取讽刺、挖苦、挑拨、漫骂等不正当行为,去伤害他人。严重的嫉妒,还会吞噬人的理智,影响正常的思维,迫使别人不敢与之交往,最后形成"孤家寡人"。

猜疑是一种由主观臆断所产生的不信任的情绪情感。猜疑者总以为别人在议论自己,看不起自己,抱着以邻为壑的态度,无中生有,搬弄是非,总把别人的善意当成恶意,结果不仅会产生人际关系的裂痕,而且还会造成严重的人际关系冲突和伤害。

(三)自卑和孤独

自卑,即因自我意识发生偏差,而过低地估计自己,轻视或看不起自己,是人际交往的羁绊。有这种心理影响的人,往往对自己的不足和别人对自己的评价很敏感,又担心自己的不足或缺陷被别人发现,所以在交往中缺乏勇气,畏首畏尾。过于自卑的人,别人同他打交道常常感到压抑、沉闷,他也害怕与别人打交道。

孤独是心理的屏障,这是心灵上的一种孤寂。孤独感强烈的大学生,找不到或者说根本就不想找到知音,缺少心灵的默契。一般表现为把自己真实的思想、感情、欲望掩盖起来,对别人怀有戒心,自我防御较强。由于难于沟通,使人感到与之交往不是很累就是无效,于是便与之保持心理距离,久而久之,孤独者就越加孤独。

三、人际交往障碍的调适

(一)优化个性特征

人际交往中我们只要尽力发挥自己的优势特征,同时注意克制自己不良的个性行为,就一定能在你的交际圈内游刃有余、颇受欢迎。

(二)不能苛求他人

世界上没有十全十美的人。不能根据自己的兴趣和爱好对他人过于苛求,要想使自己的朋友没有一点缺点，那是不可能的。中国有句古话说，水至清则无鱼，人至察则无徒。过分苛求自己的朋友，就可能没有一个朋友。固执地追求完美之人，只能失去朋友，失去友谊，从而失去自我。因而在交往中，要将心比心，善于谅解他人，宽容他人。

（三）善于理解别人

与人交往，一般人都有自己的一些原则、想法和感情，但是千万不要以己度人，把自己的情感和意志等特征投射到他人身上。自己想干什么事，就以为别人也同自己一样想干；自己不想干什么事，就以为别人和自己一样不想干。对自己喜欢的人，越看越喜欢，优点越看越多；对自己不喜欢的人，越看越讨厌，缺点也越看越多，因而表现出过度地赞扬和美化自己所喜欢的人，过分指责或中伤自己所厌恶的人。自己对某人有看法，就认为对方也在跟自己过不去，结果往往对他人的情感、意向做出错误的评价，造成人际关系障碍。所以人在交往中要正确地理解别人，对别人的行为，不要轻率地下结论，应多观察，多了解，多分析，任何时候都不要以自己的标准和立场去推断别人，必要时应调换位置，设身处地地站在别人的立场上多想想，才能在人际交往中减少失误。

（四）学会与不同的人打交道

正如自然界没有两片完全相同的树叶一样，人群中也无法找出两个相同的人。人与人的差异不仅表现在年龄、性别、外貌特征上，而且还表现在性格、气质、能力等个性特征上。比如说，有的人性格外向，为人热情开朗，而有的人则性格内向，沉默寡言；有的人脾气暴躁，遇事好冲动，而有的人则温和含蓄，遇事沉着冷静，善于忍耐克制；有的人谦虚谨慎，不骄不躁，而有的人则骄傲自负，狂妄自大；有的人生性多疑，敏感脆弱，有的人则大大咧咧，豪爽洒脱；有的人心胸狭窄，气量小，难以容人容事，而有的人则胸襟宽广，度量大，想得开；有的人爱占小便宜，斤斤计较，而有的人则大大方方，不在乎一时得失；有的人善解人意，遇事为别人想得多，而有的人则以“我”为中心，处处为自己打算，等等。

一个群体的成员往往来自于五湖四海，各地的民俗习惯、风土人情各不相同，每个人生长的家庭环境和成长经历千差万别，个人的生活习惯、兴趣爱好和个性也有很大的差异。因此，在人际交往中，无法用一把尺子去度人度事，而必须因人而异，根据不同的交往对象选择不同的交往方式，选对了，合适了，就能达到成功的交往效果，与不同成员均能建立深厚的友谊。

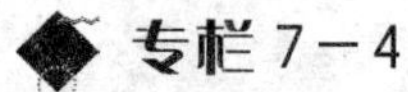

人际交往中的心理效应

我们生活在万千世界，客观外界给予我们种种刺激。例如，说一句话，其中就有喜怒哀乐等诸因素的影响和体现；紧握一下手，就会给大脑带来不同的冲击。要增强人际交往意识，就必须了解交往的心理效应。

首因效应

首因效应指的是在社会认知过程中最先的印象对人的认知有着极其重要的影响。比如，初次看到某人谈吐优雅、待人礼貌，形成一个好印象。在日后的交往中，往往不会想到他在其他场合会有行为粗鲁、蛮横的表现。相反,若给人第一印象不好,要转变别人的印象则需要花很长时间。由于首因效应的存在,使得人们往往根据第一印象来推断他人的其他特征,而且还力图使后来所得到的信息与第一印象相吻合,并以此证实自己的判断。由于首因效应是最初的、不全面的认识,因而会有偏差。所以,了解并掌握首因效应的作用,其实际意义在于:作为被认识的对象,要注意给别人留下良好的印象,良好的开端是成功的一半,良好的第一印象是人生交往的资本;作为认识的主体,要尽量减少首因效应对自己的影响,要把第一印象与日后的观察结合起来,客观、公正地认识一个人,对人有一个正确的评价。

晕轮效应

晕轮效应是一种人际认识情境中的认知倾向,是个人主观推断的泛化、扩张和定型的结果。人们习惯于按照自己对一个人的一种品质的关注来推断出他还具有一些其他的品质。这是一种普遍的倾向。如看到一个人举止热情、大方,便容易得出该人聪明、慷慨、能力强的结论;看到某人话少,就会认为此人冷漠,狡猾、僵化。在大学中,诸如以貌取人之类的行为倾向便是晕轮效应的直接表现。当一个人的外表充满魅力时,其与外表无关的特征,也会得到更好的评价。人际交往中应注意克服晕轮效应的影响。与此同时,还应在交往中优化自己的谈吐举止,培养良好的外在形象等,利用晕轮效应的作用以便于在交往中获得成功。

刻板印象

"刻板印象"是指人们对某一类人或一群人进行固定化判断和评价的认知倾向。刻板印象一旦形成,不但较难改变,且会沿袭传播。刻板印象的形成途径主要有两类:亲身经验和社会学习。当人们第一次与一个群体接触时,他们与其成员的互动就构成了刻板印象形成的基础。有些人习惯于机械地将交往对象归于某一类人,如南方人、北方人,本地人和外地人等。刻板效应忽略了个体间的差异性,在交往中会产生先入为主、以偏概全的偏差,特别是当这类评价带有偏见时,会损害人际关系,影响大学生人际交往的顺利进行。如大学生中有的因为自己是本地人而对外地同学产生偏见,其结果势必造成同学之间的误解和矛盾,从而影响交往的正常进行。因此,大学生应时时提醒自己把交往对象看成一个独特的人,在实际交往中去发现、认识和理解对方,以此来弱化刻板印象。

投射效应

投射效应是指把自己所具有的某些特质强加到他人身上的心理倾向,往往会对他人的情感、意向、观念等做出错误的判断,造成彼此间的误会、矛盾。例如,某男大学生暗恋一位女大学生,在平时交往中自然会察言观色、以探虚实,但由于投射效应的作用,他往往倾向把对方表现出来并不具有特定含义的信息解释成对方默认,于是鼓起勇气向其表白心怀,结果却被婉言拒绝;该男大学生至此还深信自己判断正确,认定对方是不好意思。有时,投射效应是出于一个人自我防御的心理需要而产生的。自己有某些缺陷、毛病或不良品质,于是不自觉地会在别人身上搜寻有关的蛛丝马迹,在别人身上"发现"同样的毛病,进而对自己的毛病心安理得。所以,在交往中关键是认清别人与自己的差异,另外需要接受自己、客观地认识自己,不断地完善自己,促进交往顺利进行。

角色固着

角色固着是指个人言行举止过分拘泥于特定角色的心理倾向。生存于社会中的每个人都有一定的身份标志,但任何一种角色都有局限性,都难以代表完整的个人。因此,角色固着有碍正常的人际交往。拘泥于特定角色进行交往,会使交往停滞于表层,难以深入下去。另外,角色固着也容易产生把人工具化的倾向。比如,领导只注意下属是否做好工作,而忽略他们作为人的其他方面。学生只注意到老师在台上讲课怎样,很少去想老师作为一个人也有许多其他方面的欢乐和苦恼。克服角色固着的关键是把交往对象看成一个有血有肉的人,而不是某种固定的角色。大学生在与老师和同学的交往中,也要有意识地克服角色固着,使自己和交流对象都更真实、更完整,促进交流的进行。

第四节 大学生人际交往能力的提升

一、遵循人际交往原则

大学生在协调人际关系时,不仅要把握影响人际关系的相关因素,而且要善于运用正确的原则和方法去实际地协调人际关系,有效地防范和解决各种人际冲突。

(一) 平等原则

平等是交往的前提。平等就意味着交往双方在交往中互相尊重、一视同仁。平等在一定程度上可以说是交往的最重要原则。人们只有处在平等、自由的人际情境中,才能真正达到自我控制,获得充分的安全感。我们要想使别人从内心深处真正接纳我们,就必须保证别人在同我们共处时能够实现对情境的自我控制,保持自己的自由与平等。交往是平等的,当你尊重了别人,才能获得别人的尊重。在与他人进行交往时要首先认识到,尽管由于主客观因素的影响,人与人在外貌、能力、个性、家庭条件等方面存在差异,但在人格上是平等的。因此,大学生在交往中不应冷落集体中的任何人。同时,每个人对自己要有自信,对别人要有诚心,平等交往,这样才能维持交往的持久。

(二) 诚信原则

朋友之交,言而有信。没有诚信、缺乏诚意,是人际交往的大忌。如果轻易许诺却失信于人,会给人一种极强的不信任感,会严重阻碍交往的继续进行。因此,大学生要清醒地认识到,许诺是非常郑重的行为,对力所不能及的事情,不要轻易许诺,不要碍于面子答应,之后又无法兑现承诺。比如借了书籍不还、活动不守时等,虽然表面看起来都是小事,但实际上这是交往双方考察对方人品的重要途径。所以,诚信也是一个人立身处世之本。

(三) 尊重原则

由于先天遗传素质的差异和环境的影响,每个人在能力、气质和性格等方面各不相同,并因社会分工而具有不同的社会身份,但每个人都有自己的人格尊严。因此,尊重的原则也就包括自尊和尊重他人两个方面。自尊是在各种场合都要自重自爱,不做有损人格尊严的事。不自重的人当然得不到他人的尊重。过分自卑、缺乏自信心的人,往往怯于人际交往；习惯于依赖他人的人，往往缺乏人际交往的主动性、对等性；至于低三下四、阿谀奉承、丧失自尊的人，人们必然耻于与之交往。尊重他人就是重视他人的人格和价值，承认他人在人际交往中的平等地位。大学生的自尊心都比较强。因此，大学生在交往中尤其要注意尊重他人。有的人要求别人尊重自己，自己却不懂得尊重别人，这也是造成人际冲突的一个重要原因。

（四）相容原则

相容是指人际交往中的心理相容。世界之大，每个人都既有共性更有个性。要做到心理相容，应注意与人相处时的容纳、包涵及忍让，增加交往频率、寻找共同点、表现出谦虚和宽容。为人处世要心胸开阔，求同存异，宽以待人。宽容他人就是宽容自己，苛求他人也就是苛求自己。“己所不欲，勿施于人”，即无论做什么事，都要将心比心。即使别人犯了错误，或冒犯了自己，也不要斤斤计较。

相容原则非常重要，因为大学生交往中的许多问题都是由于不能宽容造成的。要能宽容别人，首先要理解别人，学会设身处地地为别人着想。而要真正理解别人，就要多进行深入交流，了解各自的性情爱好和价值观念，这样才不至于在出现问题后无端猜疑，引发不必要的纠纷，有利于形成轻松和谐的交往气氛。

（五）互利原则

建立良好的人际关系离不开互助互利，交往双方通过物质、精神、感情的交换而使各自的需要得到满足。人际关系以能否满足交往双方的需要为基础，只有交往双方的心理或物质需要能获得满足，其关系才会继续发展。但是要注意不应将此曲解成斤斤计较的功利原则。事实证明，交往中互利性越高，双方的关系越稳定和密切；互利性越低，双方的关系越容易疏远。

（六）慎交原则

古人云：“君子必慎交友。”只有慎交友，才能交好友。在现实生活中，同诚实可信、见识广博的人交朋友便有好处；而同心术不正、阳奉阴违、花言巧语的人交朋友，就有害处。例如，有的人由于被“朋友”的误导和利用而走上犯罪道路，有的人在朋友走上歧途后，不分是非，盲目地为了朋友两肋插刀而落入犯罪的深渊。真正的朋友是能够互相激励、识大体、明事理的“义友”，是能够风雨同舟、患难与共的“密友”，是能够互相欣赏优点，互相规劝过失的“诤友”。大学生在交往中一定要善于择友，“结有德之朋，绝无义之友”。

二、掌握人际交往技巧

（一）会倾听

大学生必须充分认识到有提高这方面技巧的必要，并且很想改进它。如果没有这种强烈愿望，再怎么努力也是枉然。一位优秀的倾听者应该是这样的：

1. 让别人说完，不轻易打断别人。

2. 如果有听不明白的地方，他就提问。

3. 注意别人在说什么，而且通过不断的舒服的眼光接触，让别人感到他在注意听。不会在听你说的时候东张西望。

4. 保持虚心的胸怀，随时准备修正自己的观点。

5.善用反馈和诠释技巧。

6.注意非语言的交流信号，比如说话者的身体语言。

7.别人说话的时候，不会不合时宜地走神。

专栏7-5

你是一个怎样的倾听者

我们都能感觉到，生活中大多数人喜欢说，而不喜欢听。殊不知，在人类的行为中，巧妙的聆听态度最能够使人体会到受尊重及被肯定的价值。有人愿意对你说，那是一种信任，你要以愿意听表示尊重，而且在你说服别人之前，必须先聆听别人说话。

接着，我们用下面的方法测试一下你是一个怎样的倾听者。

总是=5分　　几乎总是=4分　　有时=3分

几乎不=2分　　从不=1分

1.我允许对方把他的想法说完，而不会中途打断他。

2.我积极地想办法，提高自己记住重要事实的能力。

3.在会议上或者接听重要电话时，我会写下重要内容的详情。

4.如果对方的观点与我的不同，我会避免变得敌对或激动。

5.我会对说话的人重述他所说的要点，以确认我正确理解了他的意思。

6.我在提醒对方说话不走题时，做得很得体。

7.倾听的时候，我会摒除干扰。

8.我努力表现出对他人的谈话很感兴趣。

9.我知道当我说的时候，我学到的反而少(我说的太多，听的太少)。

10.听起来就像我在听(我用诠释的方法提问题)。

11.我记住了这一点，当人们觉得他们被理解了的时候，他们就很少防御他人。

12.我明白我不必非得赞同说话的人。

13.在和人谈话中，我观察对方非语言的交流方式，比如，形体语言、语调、语气等除了说话者的语言外所有能够提供信息的信号，并通过这些方式获得信息。

14.我的样子让人看上去就像在认真听对方谈话(我身体向前倾，眼睛看着对方)。

15.当我记下对方留言的时候，我会要求对方把姓名和地址都写出来。

得分：

64分或64分以上：你是位优秀的倾听者。

50～63分：你比一般的优秀。

40～49分：你需要改进。

39分或更少：你不是一位有效的倾听者，你需要练习、练习、再练习。

（二）会赞美

1.要选准角度、恰如其分

假如你要向一位女同学表示赞美，而这位女同学相貌平平，与其说她美如西施，不如肯定她善良的心地、温柔的性情和不一般的才干。高水平的赞美是不落俗套的赞美。

2.要具体实在

比如，你想赞美一个同学，笼统地说“我真的喜欢你”，不如说“我喜欢你今天的穿着打扮”，或“我喜欢你，因为你刚才说的话很真诚”。

3.要真诚

言不由衷的赞美只会让人生厌。如果你被别人赞美了，只要不是过于离谱的阿谀奉承或不怀好意的虚情假意，那么你首先要感谢对方的好意和真诚，有时，很有风度、很幽默地回答一句：“谢谢你，你绝对正确！”也不失为一个好办法。

4.要讲究艺术

有时好朋友不小心讲错一句话就会伤害到别人，赞美别人也一样。有位男士去一女生宿舍拜访，要找的那位不在，只好坐下来等。那位男士想与宿舍的两位女生套近乎，就同时赞美这两位小姐。他很天才地对其中一位说：“你虽然没有她漂亮（这样已经得罪了一个人），但你的亲和力比她高（又得罪一个人）。”不会讲话嘛！那么应该怎么讲呢？“你们两个人都很漂亮，一个是古典美，一个是现代美”，或者说“一个亲和力很高，一个很热心”，这样就皆大欢喜了。

（三）能宽容

“人非圣贤，孰能无过。”与人交往时，不要总是看着别人的短处，要想想他人的长处。对于别人的错误甚至无理取闹，不要揪着不放，得理不饶人，斤斤计较，针尖对麦芒。不宽容对方，以牙还牙或者坚决对立，只能使隔阂越来越深，人际关系越来越紧张，对人对己均无益处，只会增加更多的麻烦。可以说，苛求他人就是苛求自己，宽容他人也是宽容自己。古人云：“己所不欲，勿施于人。”我们说，己所欲，也勿施于人，适当地替他人着想，学会换位思考，就能理解他人的反应。当然，原谅和宽容不是无原则的忍让，更不是好坏不分、软弱可欺。

（四）能说“不”

首先应该进行认知方面的调整。平等和互益是人际交往的重要原则。如果双方的交往不能遵循这些原则，或者双方在遵循原则方面是不平等的，那么双方的关系必不能长久。不要以为吃亏的一方对另一方的一味容忍、退让更有助于双方关系的维持，恰恰相反，容忍与退让本身会使对方的侵害性行为愈发无所顾忌，因此忍让的极限也很快到来，业已失去平衡的关系不得不在具有破坏性的矛盾冲突中遭受重创。与其如此，倒不如在双方关系刚刚开始偏离平衡状态时，吃亏的一方就尝试着去矫正它，可以采用启发、提醒、劝导对方的方法，也可以采用较为激烈的方式，如争论、冲突等，达到让对方醒悟、转变态度与行为的目的。当然这样做需要付出一定的代价，还可能冒一定的风险，但是有利于双方的成长，有利于双方发展真正稳固的关系，所以是最明智的选择。假如吃亏的一方总是委曲求全，那么双方的关系只可能最终毁于一旦，或者变得极其虚伪。无论怎样，这都是最糟糕的结局。

其次，要注意增强自信心。自己要先清楚，对事情本身是不是应该说“不”。如果你是对的，就不必退缩。

其三，可以做以下自我训练：

(1)采用系统脱敏法逐步减轻对于“拒绝别人”情境的焦虑情绪。

(2)设计并练习适当的言语表达方式，使个人能够针对特定的情境，在不刺伤对方自尊心的情况下，及时地、从容镇定地表达出“不”的意思。例如，可以通过练习，在有关的情境中运用类似下面的或婉转、或幽默、或半开玩笑的口吻和语句：

——也许你说的有道理，不过我想尝试一下自己的想法。

——我觉得这样挺好，请你别为我担心(或多谢你的好意、关心、建议等)。

——你觉得那样对我合适吗？

——我的想法好像跟你不一样，你愿意听吗？

——你的这种态度让我感觉不舒服。

——你这样说，未免过分了吧？

——你这样做，叫我说什么好？

——实在抱歉，我没法满足你的要求。

——对不起，我不能那样。

——抱歉，现在不行，以后再说好吗？

——对不起，我需要这本书了，请把它还给我吧。

——你需要东西时总也不放过我，是不是存心要让我破产啊？

——不好意思，我知道你有点失望，可是我真的做不到。

——对不起，请你不要这样，好吗？

——请你做一下，好吗？谢谢。

刚开始，可能你说不出口，逐步练习，会慢慢适应，自信心也会渐渐增强，新的行为方式就会固定下来，形成习惯；以后，就再不必为不能拒绝别人而苦恼了。

（五）会批评

1.批评前要了解对方行为的原因

在批评之前，对我们认为不对的事，我们要先找对方了解具体的行为原因，给人以解释的机会。

2.批评应注意场合

批评要想奏效，必须尽量减少对方的防卫心理。如果我们在大庭广众之下批评别人，对方很可能意识到自己的形象和自尊受损而不是自己所犯的错误，可能马上以敌视的态度来反击你，以保护受到威胁的自尊心。这种不分场合的批评除了增加对方的反感和抵触外，不会有任何效果。注意给人以“台阶”，让他把偏激情绪平息一下，换个地点再个别交换意见，这样容易取得预期的效果。

3.批评从真诚的赞美和诚心的感谢入手

前面已谈了赞美的重要性，它可以提高对方的自信和自尊，从而在感情上容易接纳我们。在这种背景下再诚恳地提出批评，对方往往更容易接受。

4.批评要对事不对人

比起一些具体的言行来，人们对自身的人格、能力等看得更重。如果你的批评有贬低其能力、损毁其人格的意味，便容易激怒对方。如果你在肯定其能力、人品的前提下指出其一个具体言行的不足，对方则容易接受。如：“按你的能力，这件事本可以做得更好”，“依你的为人，你不该说出这种伤人的话”等等。

5.批评要点到为止，不翻旧账

最有效的批评应该言简意赅，点到为止。如果你习惯于用“你怎么总是怎样怎样”之类的形式批评别人，暗示的意思是“你恶习难改”，这样等于贬低了对方的人品。

三、培养良好交往风度

人际交往能力是后天习得的，我们一定要大胆实践。只有在实践中才能从各方面锻炼自己，克服交往中的心理障碍，探索、总结、掌握交往技巧，从而改善、建立良好的人际关系，使自己愉快地度过大学生活，更为将来走向社会奠定良好的基础。除了遵循以上的交往原则和熟练运用各类交往技巧外，交往实践中还要注意培养良好的交往风度。

（一）精神状态良好

一个人良好的精神面貌是社交形象的基础。良好的精神面貌表现为：为人纯正，热情自信，落落大方，精力充沛，富有朝气和魄力。这种精神面貌会给一个人无穷的社交活力，对健康的人际交往起着良好的促进作用；相反，如果萎靡不振、无精打采，便显得在敷衍对方，即使你有交往的诚意，对方也会感到兴味索然乃至不快，从而影响了我们交往的正常进行。

（二）仪表礼节洒脱

根据人际吸引原则，一个人风仪秀整、俊逸潇洒，能增加个人的交往风度。我们应注意自己的衣着服饰与自己的气质、体型、年龄、身份、场合相符，讲究基本的称呼、问候、告辞、致谢、婉拒等礼节及交往的身体姿态。

（三）表情体态得体

人的体态是一种无声的肢体语言，它通过人的手势、身体的各种姿态和面部传递信息，这既能体现人的精神魅力，又能体现人的外在魅力；既是人的思想感情与文化修养的外在体现，也是交往风度的具体表现方式。如果表现出热情与兴趣，往往身体要略微倾向交谈对象，并伴有微笑、注视。在社交场合，有些体态是要避免的，如拉拉扯扯，指手画脚，将身体靠在他人身上或者物体上，当众伸懒腰、挖耳朵等。

（四）言行文明高雅

大学生是有较高文化修养的人，说话时更应注意用词准确通俗，语音、语调恰当，不拖泥带水、喋喋不休。幽默的谈吐会使人轻松愉快，增添活跃气氛，但要注意场合，掌握分寸。朴素大方、温文尔雅的行为，能正确表达自己的良好愿望；粗俗不雅的动作使人生厌，过分亲热或者冷漠会引起误会，而分寸得当的交往距离则能使彼此间都感到舒适坦然，有利于正常的人际交往。

课堂活动与体验

活动主题:学会赞美别人

1.找个你愿意交往的人,可以是熟悉的朋友,也可以是还不大熟的人,只要是你不常给对方赞美的人就可以了。

在这里写下他(她)的名字:

2.每天赞美他(她)一次,持续两周。

3.注意:真诚地赞美对方,赞美时看着对方的眼睛,给出具体的赞美。

4.记录下你对他(她)的赞美,填在赞美行为记录表中。

5.在你的赞美之下,对方是不是有反应?请记录下对方的反应。如果可能,和他(她)交流一下双方的感受,并也记录在下面。

6.请你对实验结果进行分析:

天数	对方值得赞美的地方	你的赞美是怎样的	对方的反应

第八章

大学生压力管理与挫折应对

学习目标：

- ◆ 能正确理解压力与挫折。
- ◆ 了解大学生压力和挫折的主要来源。
- ◆ 能够理解压力和挫折对人生的意义。
- ◆ 能够有效管理压力和应对挫折。

谁能帮帮他们

某高校学生王杰(化名)，以前在高中是佼佼者，但是到了“人外有人，天外有天”的大学，遇到了很多学习上的竞争对手，情绪非常糟糕，总觉得每个人都比他强，自己就是巨人堆里的矮子，很为自己的学习担忧。听学哥学姐讲，还要过级、拿证书，他就更加焦虑、紧张，心情沉重，每天一躺到床上就做噩梦，上课也不能集中精力。他非常痛苦，不知如何是好。

大学生杨某就要毕业了，很担心自己的工作，所以提前半年就着手找工作。可是半年时间眼看要过去了，她还是没有找到自己认为适合的工作，为此特别痛苦，只有靠写日记排解烦恼。她后悔考大学，后悔对所学专业的选择。她想轻生，又觉得对不起父母，继续找工作，又感到绝望。最终，她还是选择了轻生。

谁能帮帮他们呢？

第一节 挫折和压力概述

一、挫折及其特点和意义

（一）挫折的含义

什么是挫折？由于研究的角度不同，语言学家、心理学家、教育专家对挫折一词的理解也不尽相同，所以在解释和描述上也有很大差异。“挫折”一词最早出现于《后汉书·冯异传》中：“北地营保，按兵观望，今偏城获全，虏兵挫折。”后来《元史·盖苗传》中也有“虽经挫折，无少回挠”等描述。这里的挫折是“失利、挫败”的意思。社会心理学和行为科学中对挫折的界定是：“指人们在某种动机的推动下，为实现目标而采取的行动遭遇到无法逾越的困难障碍时，所产生的一种紧张、消极的情绪反应、情绪体验。”

由此可见，挫折应有两种含义：一是个体有目的的活动受到阻碍或干扰时的对象和情境，成为挫折情境；二是个体从事有目的的活动受到阻碍或干扰时的情绪反应，成为挫折感或挫折心理。因此，我们认为，所谓挫折，是指人们为实现目标而采取的行动遭遇到无法逾越或自认为无法逾越的困难阻碍时，所产生的一种紧张的情绪反应、情绪体验。它是人的一种消极的心理状态，包括挫折情境、挫折认知、挫折反应三个因素。

1.挫折情境，是指人们的需要不能获得满足的内外障碍或干扰等情景因素，如考试不及格，比赛未取得理想名次，受到讽刺、打击等。

2.挫折认知，是指人们对挫折情景的知觉、认识和评价。挫折认知既可以是对实际遭遇的挫折情境的认知，也可以是对想象中可能出现的挫折情境的认知。

3.挫折反应，是人们伴随着挫折认知，对于自己的需要不能满足时产生的情绪和行为反应，常见的有焦虑、紧张、愤怒、躲避或攻击等。

（二）挫折的分类

在心理学有关挫折的研究中，人们习惯于把挫折分成为缺乏性挫折、损失性挫折、阻碍性挫折三类。

1.缺乏性挫折

主要是指当我们无法拥有自己认为非常重要的东西时，所体验到的一种挫折感受。如由于物资缺乏、能力缺乏、生理条件缺乏、经验缺乏、感情缺乏等带来的挫折感受都属于缺乏性挫折。大学新生中常见的由于“缺乏知心朋友”而产生的孤独感和挫折感就是缺乏性挫折。

2.损失性挫折

主要指失去了原来拥有的东西而引起的心理挫折，如失恋、亲人去世等，都是严重的损失性挫折。

3.阻碍性挫折

主要是指那些我们的需求和目标之间出现阻碍或障碍时给我们带来的心理挫折。这种阻碍可能是客观的或物质性的，可能是社会性的，也可能是观念性的。比如，有些需求与风俗习惯不一致时，这种风俗习惯或规范就成了需求和目标之间的阻碍，也就会给我们带来心理挫折的感受。大学新生入学时，很多人是初到离家乡很远的城市，当地的风俗、饮食习惯等与家乡有很多不同，可能会有很多的不适应，或饮食无味，或感到天气闷热或寒冷得受不了，进而沮丧、后悔，觉得不该报考到这个城市的这所大学。这种现象属于阻碍性挫折。

也有人从其他角度对挫折进行过分类，如将其分为需求挫折、行动挫折、目标挫折。需求挫折主要指内在需求得不到满足所带来的心理挫折感；行动挫折则指工作、交往等行动失败而造成的挫折感受；目标挫折与需求挫折相类似，如考试达不到预期的分数，或者是在工作上得不到预期的职位，或者是买不起喜欢的东西等等，都属于所谓的目标挫折。

（三）挫折的特点

1. 挫折的必然性

大量事实证明，只要有人存在，有社会生活的发生，就会有种种需要，就会有因需要得不到满足或行为目标无法实现而产生的挫折心理。人为了在自然界中生存和发展，必须同自然界进行抗争，向大自然进行索取，而这一活动过程不可能是一帆风顺的，困难和挫折是不可避免的。人与人之间社会关系的形成也不是一蹴而就的，不可避免地会产生种种矛盾和冲突，如需要的无限性与满足需要的条件的有限性之间的矛盾和冲突、人际交往中的矛盾与冲突，等等。在复杂的社会现实中，既然矛盾和冲突的存在是客观的，那么，因动机不能实现、需要不能满足而产生挫折心理也是必然的。

2. 挫折的普遍性

从某种意义上讲，挫折也是社会生活的组成部分，纵观人的一生，挫折无不与之相伴。幼儿期虽阅历尚浅，但也会遇到挫折，如想要的玩具、食物得不到满足，在幼儿园受到了小朋友的欺负。上学后，既会有学习成绩不理想的问题，又会有与同学的团结问题，老师的批评，父母的埋怨等等，都会使幼小的心灵产生挫折感。在以后的学习和生活中，一帆风顺者并不多，尤其是考大学，能真正按自己理想升入大学的还是少数，挫折感使莘莘学子的身心备受考验。随着年龄的增长，因恋爱、就业、人际关系、社会适应等一系列问题而引起的挫折心理也会越来越多。再者，随着改革开放的深化，竞争会更加激烈，个体遭遇挫折也会更频繁、更尖锐。所以，人的一生有坎坷、有逆境是自然的、正常的，关键是如何正确认识、科学对待，以及如何调适由此带来的挫折心理。

3. 挫折的双重性

挫折对大学生的学习、生活、人际交往等究竟起着促进作用还是阻碍作用，我们应客观地、辩证地看待这个问题。一方面挫折是前进中的跌倒，如挫折发生后，有些大学生对自己的信念往往产生动摇、怀疑，甚至对自己实现目的的能力产生怀疑或否定，从而使信心受到或大或小的打击。由于挫折带来的这种消极影响，对大学生的学习和生活不能不说是一大障碍。而且，挫折还会引起大学生的一些攻击性行为。如在学习中一再受挫的大学生，往往不从自己身上找原因，而把学习的失败归咎于老师，迁怒于同学，甚至向家长发泄。这种人际关系障碍在一定程度上也会影响他们的学习。另一方面，挫折在大学生的学习和生活中也有积极作用。许多事实都表明，挫折在一定程度上能够磨练人的意志，增强个体的心理承受能力。

4.挫折的差异性

当个人的重要动机受到阻碍时，其挫折心理反应就会较强烈，而较不重要的动机受到阻碍时，其挫折心理反应就会相对较轻。然而，什么是重要动机？什么是不重要动机？这就因个人的心理发展层次和个人的认识不同有很大的差异。因此可以说挫折是一种主观感受，对某人构成挫折的情景，对另一个人并不一定构成挫折。再者，一个人是否有挫折感与他的抱负水平有密切关系。挫折的差异性还表现在挫折心理反应的差异性上。在同样的条件下，不同个体挫折心理反应的强度不同，有的人反应微弱，有的人反应强烈，还有人愈挫愈勇。在影响时间上亦不同，有的人事过即休，有的人耿耿于怀。面对同样的挫折情境，为何个体的反应会如此大相径庭？这与个体的挫折心理承受能力直接相关。

（四）挫折对大学生成长成才的意义

挫折是一把双刃剑，可以给人带来痛苦和不幸，也可以使人在与困难斗争的过程中获得经验与信心。"没有挫折就没有成长"，大学生在成长过程中，必定会遇到各种挫折和危机，这些挫折和危机在给人带来巨大心理压力和情绪困扰的同时，也给人带来了成长成才的契机。能够忍受挫折的打击，保持正常的心理活动，既是大学生良好社会适应能力和心理健康的标志，也是大学生成长成才的关键。

1.提升大学生社会适应能力

21世纪是竞争的时代。从各国综合国力的竞争来看，其实质是科学技术和人才的竞争。人才是一个国家发展最重要的资源，但现代意义上的人才不再是那些高分低能的"高材生"，而是具有综合素质的人，这其中包括良好的心理素质和社会应变能力。从未经过挫折打击的人，往往在情感上很脆弱，一次微不足道的挫折就可能使其痛不欲生。但挫折在给人打击的同时又给人以一定的压力，它能磨练人的意志和毅力，使人在以后的逆境和困难面前更加坚强。有人专门研究过国外293个著名文艺家的传记，发现有127人生活中遭遇过重大挫折。世界上各行各业有所成就的人都对成功道路上的挫折有着深刻的体验。大文豪巴尔扎克曾说，世界上的事情永远不是绝对的，结果完全因人而异。苦难对于天才是一块垫脚石，对于能干的人是一笔财富，对弱者是一个万丈深渊。总之，在当前竞争异常激烈的时代，如果大学生没有遭受挫折的思想准备、没有抵抗挫折的能力，将很难在这个复杂的社会中站稳脚跟，从某种意义上可以说，挫折是人迈向成功的催化剂。

2.促进大学生人格健全发展

健全人格既是心理健康的基础，也是心理健康的良好表现。人格特点会影响一个人对待事情、对待他人的观念和态度。当代大学生一般没有父辈们那样艰辛生活的磨练经历，学习和生活环境相对优越，经受挫折与承受挫折的机会较少，不少学生心理成长缓慢而单一。当大学生踏入大学校门，成长环境发生了根本性变化，大学生必须独自面对复杂的环境，许多事情必须自己做出选择和决定。在这种新的环境下，大学生若能够勇敢地迎接挑战，把战胜困难当成提高自己的途径，即使结果不理想，也能够坦然面对现实，对前途充满信心，对生活充满希望，那么大学生势必更好、更快地适应社会生活，进而促进人格的健全发展。

专栏 8－1

挫折承受力测试

1. 碰到令人担心的事：

A. 无法着手工作　　B. 照干不误　　C. 两者之间

2. 碰到讨厌的对手时：

A. 感情用事，无法应付　　B. 能控制感情，应付自如　　C. 两者之间

3. 失败时：

A. 不想再干了　　B. 努力寻找成功的机会　　C. 两者之间

4. 工作进展不顺利时：

A. 焦躁万分　　B. 可以冷静地想办法　　C. 两者之间

5. 工作中感到疲劳时：

A. 脑子不好使了　　B. 耐住疲劳继续工作　　C. 两者之间

6. 工作条件恶劣时：

A. 无法干好工作　　B. 克服困难创造条件　　C. 两者之间

7. 在绝望的情况下：

A. 无法干好工作　　B. 克服困难创造条件　　C. 两者之间

8. 碰到困难时：

A. 失去信心　　B. 开动脑筋　　C. 两者之间

9. 接到很难完成的任务或很难完成的工作时：

A. 顶回去　　B. 千方百计干好它　　C. 两者之间

10. 困难落到自己的头上时：

A. 厌恶之极　　B. 欣然努力克服　　C. 两者之间

评分标准：A＝0 分；B＝2 分；C＝1 分。

总分在 17 分以上说明受挫能力很强；在 10～16 分之间，说明对某些特定挫折的承受力比较强；在 9 分以下的，说明承受能力比较弱。

二、压力及心理压力

（一）压力与心理压力的界定

压力是个人在面对具有威胁性情境中，一时无法消除威胁、脱离困境时的一种被压迫的感受。压力通常有三种含义：一是指现实存在的具有威胁性的刺激，即压力源。二是指人对压力事件的反应，即压力反应。三是指由威胁性刺激带来的一种被压迫的主观感受，即压力感。压力有持久性和暂时性之分，当压力变成一种持续性存在的感受时，就叫做生活压力。

心理压力是个体在生活实践中对压力事件反应而形成的一种持续紧张的综合性心理

状态，即个体心理真正意识到了压力存在而无法摆脱时形成的带有紧张情绪的心理状态。心理压力是个体对压力事件的反应所形成的综合心理状态，无法施加给别人，只有自己能体验到。实际上，同一压力事件，对不同的个体来说，不一定都会形成心理压力，即使都形成了心理压力，各人的心理压力强度也会不同。这样界定心理压力有助于解释“应激”。应激是指由出乎意料的紧急情况所引起的特别紧张的情绪状态。它是心理压力的一种特殊表现形态。应激的实质是人对某种意外的环境刺激所作出的适应性反应。只不过应激是一种强烈而短暂的压力反应状态，是对突如其来压力的反应状态，是一种特别紧张的情绪状态。

（二）心理压力的特性

1. 心理压力的情绪性

情绪性是指个体有心理压力时总带有明显紧张的情绪体验的特性。如前所述，心理压力总伴随有一定的紧张情绪体验。紧张本是人在某种压力环境的作用下所产生的一种适应环境的情绪反应。心理压力的情绪性表现十分复杂，有消极和积极之分。心理压力的情绪性往往是消极的，这是因为压力事件往往是不符合我们需要的。心理压力的情绪性是积极还是消极的关键要看个体的需要和认识。如果个体认为压力事件能满足自己某方面的需要，便可能产生积极的情绪，如探险者就乐于冒险，否则就产生消极的情绪。此外，这种情绪性的紧张度和负面性还受两个因素的制约：一是受压力大小制约，二是受个体心理承受力大小制约。所谓心理承受力，一般是指个体对挫折、苦难、威胁等非自我表现性环境信息的处理理性程度。当心理承受力一定，压力越大，形成的负面情绪越强烈，心理越紧张，易出现忧郁、痛苦、惊慌、愤怒等情绪。当压力一定，心理承受力越小，则心理越紧张，负面情绪越大。反之，心理承受力大时，负面情绪也小，心理不紧张；当压力和心理承受力相当，或略大于心理承受力时，这种压力也称为适度压力。适度压力下个体情绪虽有些紧张，但往往能使人精神振奋，产生热情，有利于意志的锻炼和能力的提高。

2. 心理压力的动力性

心理压力对个体行为的调节作用就是心理压力的动力性。在日常生活中，人们常说要变压力为动力。之所以能变压力为动力，是由于个体有心理压力时，不会无动于衷，而会采取一定的行为处理所处的具有威胁性的刺激情境。心理压力的动力性表现为对适应行为的积极增力作用和消极减力作用两个方面。有研究表明，当个体心理压力过大时，人的理智一般难以控制，个体常表现出两种极端的行为反应，要么呆若木鸡，完全停止行动，要么攻击。中度心理压力一般会使人的行为能力降低，产生重复和刻板动作。心理压力较小时，情况就较复杂化，一般适应行为增多。在适度压力或轻度压力状况下，个体可能在理智的控制下，充分发挥主观能动作用，对压力事件较妥善处理，从而也使自己心理承受力得到增强，使个体生物性行为和正向的适应性行为增多，动力性随之增长。但在适度压力或轻度压力状况下，个体若不能理智控制或失去理智，不能发挥主观能动作用，而对压力事件漠然置之，不及时妥善处理，则心理承受力得不到增强，动力性随之降低。没有一定的心理压力，人难以增长心理承受力，人的正向适应性行为得不到学习提高。一旦面临较大压力，将不知所措，容易造成心理障碍。

此外，心理压力还具有一定的偶然性和内发性。这是由于常人所说的“天有不测风云，人有旦夕祸福”，以及“庸人自扰”所造成的。全面理解心理压力的特性有助于大学生做好压力管理，增进身心健康。

（三）心理压力对人心理与行为的影响

1. 心理压力对心理和行为的积极影响

(1)压力满足基本需要

汉斯·薛利曾指出，完全脱离应激等于死亡。医学和心理学研究都已证明，人的生理、心理均需要足够的刺激来引发生理激活状态，情绪的适度唤起等，如果毫无压力会感到厌烦，难以保持适当的效率。如果没有压力，就无法正常生活，也更无从发挥个人能力和潜能。实际上，所有的压力反应都具有累积效应，可见承受压力是生活中不可避免的，也是每个人不可或缺的。

(2)压力增强适应性

压力有正面效应，其表现的是一种愉快的满意的体验，这是一种积极的应激。正如人们所说的“愉快欢乐的压力”，主要是强调压力带给人们积极的一面。正应激可以增加心理警觉，加深人们的意识，集中注意力，提高记忆力，还可以导致高级认知与行为表现，有助于个体适应环境。在现实生活中，正应激可能就是一种挑战，促使机体适应变化的需要，增强适应性，促进个体的成长和发展。

(3)压力的其他积极作用

面对压力且有效的处理，可以学到压力处理方法，累积经验，增强压力抵抗能力。压力的积极作用还表现在应对不良情绪上，也表现在竞争激烈的活动中，如体育运动中的竞技项目，对自己前途有重要意义的考试等。在上述情境下，运动员和学生都处于高度的应激状态，以便能在竞争中取胜。

2. 心理压力对心理和行为的消极影响

(1)压力影响生理健康

在应激状态下，机体的生理活动和能量消耗可能超出了机体的负荷，从而使人精神过度紧张、烦躁、焦虑。如果这种状态长期地持续下去，就会引起机体内营养物质和能量的过度损耗，降低免疫系统的功能，很容易患上各种生理疾病，严重危害身体健康。

(2)压力引发消极心理

心理上的紧张反应通常是通过行为变化表现出来的。压力状态下，心烦意乱，情绪压抑，注意力不集中，思维混乱，缺乏逻辑，健忘等。一般来讲，心烦意乱表现为急躁、爱发脾气；情绪压抑表现为沉默、退缩，行动减少；注意力不集中表现为行为缺乏主动性，失去对生活目的和意义的追求等。心理紧张伴随的行为反应通常表现为自我防御。最近有证据表明，应激状态引发消极的状态，一般都有心理上的丧失感，导致心理衰竭、疾病，甚至死亡。

(3)压力对生活和工作的不利

长期处于压力状态下，使人自我评价降低，自信心减弱，表现为消极、被动、无所适从，还容易养成消极的生活习惯，如通过吸烟降低紧张水平，通过酗酒、贪吃、过度工作来消极回避紧张情境等。工作中处于睡眠状态时的绩效，与处于高压的歇斯底里状态时的绩效，二者总体上是无效率和无创造力可言的。

第二节 大学生心理压力和挫折的产生

常言道:“人生逆境十之八九,顺境十之一二。”随着社会改革的深化,社会环境的变化对以往宁静的大学校园也形成了很大冲击。大学生是承载社会、家长高期望值的特殊群体,成才欲望强烈,但心理发展尚未完全成熟、稳定。社会的发展、涉及大学生切身利益的各项改革实施、生活环境的变化、求职择业的竞争、成长过程中的问题等,使得大学生成为高压力群体。此外,从大学生特有的生理和心理发展特点看,他们正处于由青年向成人的过渡阶段,由于自身独立性不完全,对家庭和学校依赖性较大,对社会理解有限且过于理想化,难以适应环境突变,自我认识动摇不定,都会在内心形成一系列的冲突和矛盾,从而产生较大的心理压力,遭遇较多的挫折。

一、大学生心理压力源分析

(一)沉重的学习压力

一方面,据有关调查表明,学业问题仍然是大学生主要的压力来源,占78.3%。现代大学生学习任务相当繁重,挣学分、拿学位成了首要任务。在学习上,大学的学习课程多、难度大、要求高,与中学相比,学习环境与方法差别大,学习压力和竞争加重。此外,大学生往往一边要忙着完成专业课的学习,一边还要不断注重自己各方面能力的培养,为将来走向工作岗位打好坚实的基础。另一方面,大学是人才济济的地方,许多大学生为了保持中学时代名列前茅的地位,为了不辜负父母“望子成龙”的期望,经常有被同学超过的危机感和落后的恐惧感。每天学习持续时间过长,使大部分学生感到睡眠不足,学习兴趣下降,学习效率不高,各种紧张症状随之产生,势必造成心理上的压力。另外,考试也是造成大学生心理压力的重要原因。研究发现,面对考试,较多学生表现出不同程度的应激症状,其中以失眠、焦虑症状为典型特征。“考前忧郁症”,“考试综合症”等随着压力的产生而诞生。

(二)环境适应的压力

大学生的成长正处于“心理断奶期”,离开父母的精心呵护,来到完全陌生的环境,告别紧张忙碌的高中时代,进入“自由自在”的大学校园。这一切,如同180度的转变,给没有充分心理准备的大学生们带来了空前的压力。而在生活上,很多大学生是第一次离开父母,自我照顾能力差,环境适应性较差,甚至对于洗衣服、打扫卫生等日常小事都无法适应,从而产生焦虑情绪,导致心理压力。另外一些学校环境的生活条件不能满足大学生的生活要求,譬如学校硬件环境跟不上、食堂饭菜质量太差、学生宿舍拥挤、吵闹等,也常常导致远离父母过独立生活的大学生产生极大的心理压力。

(三)人际交往的压力

马克思说,社会不是由个人组成的,而是表现着这些个人彼此处在其中的那些联系和关系的总和。一个人的发展取决于和他直接和间接进行交往的其他一切人的发展。大学生人际交往方面的困惑是影响大学生心理行为的重要因素之一。一方面,大学生朝气蓬勃，渴望学习新东西、交往新朋友。另一方面，由于大学生来自全国各地，不同的生活习惯、性格、个人喜好等，使大学的人际关系变得较为复杂，而大学生往往又缺乏人际交往技能，从而造成了大学生既渴望交往又害怕交往的矛盾心理。另外，随着市场经济文化对大学校园的冲击，大学生方方面面竞争的加剧，原本单纯的同学关系变得非常微妙。因此，不少大学生为人际关系而苦恼，常常抱怨"太累了"。如何更明确地表达自我，与他人和睦相处已成为当代大学生普遍关心的问题，同时也给他们带来了越来越大的压力。

（四）情绪和情感的压力

喜怒哀乐等情绪、情感像空气一样时刻围绕着大学生，渗透在一切活动之中，影响着大学生的学习、生活。青年期的大学生心理上正经历着急剧的变化，表现为情绪波动大，情感体验丰富而复杂，易陷入情绪困扰，造成心理压力。情感问题是多方面的，对于大学生而言，更为突出、敏感的是男女之间的感情问题。青春洋溢的大学生，追求异性、渴望爱情是情理之中的事。但由于对爱情理解不足，爱情观不确定，对爱情与友谊不能明确地区分，往往很难适度把握，不能适当地处理，由此产生的各种情感问题，都会给大学生带来心理上的压力。加之大学生本身情感丰富而不稳定的生理、心理特点，青春期情绪与理智的冲突以及性冲动与性压抑的冲突等，使得大学生时常感到压力巨大，备受煎熬，产生焦虑、抑郁心理。有关调查显示，恋爱占大学生自杀原因的44.2%。

（五）求职择业的压力

现在大学年年扩招，学生的数量直线上升，使得大学生之间的竞争不断加大，对就业感到前所未有的压力。对于冷门专业的学生，由于社会需求量相对较小，常常为能否找到工作感到苦恼。对于热门专业的学生，工作的可选择性机会大了，又会为工作地点，进事业单位还是企业单位等问题而难以抉择。当代的大学生们面对将来的求职择业和前程，心上的弦始终是悬着的，片刻也不敢放松。也有的大学生对国家从包分配的"铁饭碗"到双向选择的变化，始终不能适应，耿耿于怀，整天闷闷不乐，担心"毕业即失业"的大学生也大有人在，由此造成心理压力。

（六）经济负担的压力

高校扩招后各高校的收费标准大幅提高，大学费用给很多家庭造成经济负担。一名普通高校大学生平均每年需10000元左右的费用。高额的学费常使一些条件不好的家庭不堪重负，加上不断增多的日常生活费用，一些家庭甚至负债累累。对此，大部分学生虽然已经步入了大学校门，但会时常感到内心不安。也有的学生自身经济条件不好，又不能正确对待，发现与身处大都市的富裕家庭的同学相比，反差较大，自卑感油然而生，从而自惭形秽，内心充满矛盾，承受着更大的心理压力。

（七）社会环境和内在心理因素的压力

我国正处在向市场经济、开放型社会过渡的历史转型时期。这个时期的一个突出特点是旧的平衡被打破，新的秩序正在建立。当代大学生不仅仅是生活在校园里的天之骄子，也时刻关心社会并深受社会这个大环境的影响。个人在社会生活中受到政治、经济、法律、风俗等限制而产生心理压力。而人口膨胀、环境污染、交通拥挤、升学竞争、经济萧条、失业率上升等，皆可能给关心社会发展的大学生带来沉重的心理压力。大学生的内在心理因素也是心理压力的主要来源。个人心理因素形成的心理压力十分复杂，往往是多种原因造成的，主要来源是日常生活中经常发生的个人心理冲突和动机行为的挫折。由于心理冲突和动机受挫，常使大学生的需要部分或全部得不到满足，目标实现受到阻碍，因而产生心理压力。且每个人的心理压力阀不同，大学生的心理压力也就因人而异。另外，大学生正处于青年期，其个人生理因素带来的压力也是相当大的，如对身材、面貌的不满意等。

二、大学生挫折心理产生的内外因分析

从人的心理发展的规律来看，制约人心理发展的因素有内部和外部两个方面，它们是互相制约、相互影响的。正如心理学家们论述的那样，人的心理发展是遗传和环境相互作用的产物。生物遗传因素只给人的发展提供了可能性，社会环境才使这种可能性转化为现实性。而社会环境对人的影响是以人的社会实践活动为中介的。人的心理正是在内外因相互作用中，通过人的社会实践活动形成和发展起来的。在大学生挫折心理产生的过程中，内部原因是主要的，外界环境只是产生了挫折的情境，挫折心理产生的根本原因还在于大学生自身的原因。

（一）大学生挫折心理产生的外部环境因素分析

1.自然环境

自然环境因素指来自于自然界或具有自然性质的对个体心理发生影响的因素。例如自然灾害、疾病、突发事故等。对于大学生来说，疾病、家庭遭受自然灾害导致贫困等都可以导致挫折。例如一个大学生踌躇满志准备考研时，一场突然来临的大病却使他不能参加面试，从而丧失了读研的机会而使其产生挫折心理。

2.社会环境

社会环境对个人的需要、动机与指向目标的行为影响较大。作为大学生，事事都会受到社会政治、经济、风俗习惯、甚至偏见等因素的制约，使大学生的需要、动机与指向目标的行为受阻。诸如大学生缴费上学、自谋职业、经济紧张、生活困难、社会环境变迁带来的困扰、社会风气的不良带来的理想与现实的冲突等等，都可能使大学生行为受阻，产生挫折心理。

3.学校环境

调查表明，大学生进入大学校园后，普遍存在挫折心理，有85%的大学生曾遭受三项以上的挫折，主要涉及大学生的学习目标、人际关系及经济条件。这些挫折心理的产生，除了和大学生的自身因素密切相关外，学校环境的影响也是不容忽视的一个重要的因素，如学校生活环境差、学校学习环境不尽如人意等，都会在很大程度上影响大学生学习热情和积极主动性的发挥，进而影响大学生学习目标的实现。

4.家庭环境

家庭是个体生活的中心，是个体身心发展受到最早影响的环境。国内外大量研究表明，不良的家庭环境对大学生的身心影响很大，容易造成家庭成员的心理异常。家庭也是导致大学生产生挫折心理的一个重要因素，主要表现在家庭教育方式不当、家境经济拮据、父母关系不良、家庭结构不完善等方面。

专栏8－2

挫折产生的五个条件

1.有行为动机和明确的行动目标。有欲望才会有失望，只有确定了动机与目标才会引出失望受挫的结果。例如，大学生为取得奖学金，争取各门功课的好成绩；或者刻苦学习，争取考上研究生。

2.有满足动机和达到目标的手段或行动。例如，某人通过刻苦钻研，排除其他干扰和影响，争取取得优异的成绩。

3.有挫折的情境发生。如果动机和目标能顺利获得满足或实现，就无所谓挫折。如果在实际生活中，虽然实现目标过程中受到阻碍，但通过改变行为，绕过阻碍达到目标，或阻碍虽不能克服但能及时改变目标及行动方向，也不会产生挫折情境。只有在实现目标的道路上遇到阻碍而又不能克服与超越时，才构成挫折情境。例如，某人要求自己一定要考上研究生，但却未考上，这样就形成了他的挫折情境。如果他仅仅把考研究生作为一种尝试，即使没有考上，也不构成挫折情境。

4.人们在实现目标的行为受到阻碍时产生挫折，行为主体必须对此有知觉。如果客观阻碍存在，但人们主观上并无知觉，就不构成挫折情境。

5.人们必须有因挫折的知觉与体验而产生的紧张状态和情绪反应。具体来说，行为主体往往在受挫后有焦虑、失眠、恐惧、愤怒、自思、自疑、往坏处想，甚至有“快有发疯”的感觉等消极的紧张情绪体验。

（二）大学生挫折心理产生的内部因素分析

1.生理因素

引起大学生挫折心理的生理因素主要有个体的身高、性别、相貌以及生理缺陷所带来的限制，导致需要不能满足，活动不能实现。如某位女大学生非常羡慕模特的职业，可是因为个子太矮，几次应聘都遭到拒绝。这样由于身高达不到规定的标准，使她不能成为模特，因而会产生挫折心理。有的大学生在生理上存在这样或那样的缺陷或不足，如口吃、色盲、残疾等；还有的大学生患有慢性生理疾病，一时难以治愈，忧心忡忡；有的人脸上有疤，不敢与人交往；有的女生嫌自己太胖，不敢出入公共场合。这些都是挫折心理的诱发因素。

2.挫折认知因素

这里说的认知是指人们对周围事物的想法和观点。心理学认为，外界刺激正是通过认知这一中介而产生各种各样心理行为的。面对相同的挫折情境，不同的人会有不同的认知，获得的情绪体验也有区别，因而受到的压力和打击也不同。例如，大学生在认知方面常常会出现主观随意性、片面性及肤浅性等现象。对挫折情境有正确认知的大学生挫折承受能力会高一些，对出现的挫折也常常能够化解。

心理学认为，挫折本身并不是导致情绪障碍的直接原因，人们对事件所持的看法、解释、信念才是引起人的情绪化行为反应的直接原因。合理的信念会使人们对事物产生恰当的、适度的情绪反应，而不合理的信念则会导致不恰当的情绪和行为反应。

3. 自我意识因素

大学生自我意识健全与否，对大学生挫折心理有着很大的影响。部分大学生自我意识模糊，自我评价缺乏全面性，自我体验缺乏客观性，自我控制缺乏主动性，必然会遇到更多的挫折。

4. 心理准备因素

多次经历生活磨练、有过挫折体验的大学生，通常有较强的挫折承受能力，而生活经历平淡、一帆风顺的大学生(尤其是独生子女)往往因挫折经验少而难以承受挫折，正所谓"饱经忧患者不避艰难，阅尽沧桑者不惊世变"。有挫折心理准备的大学生往往会把挫折的出现视为正常的、普遍的现象，一般能够冷静对待挫折，比那些对挫折毫无准备或准备不足的大学生更能接受挫折。那些在挫折面前束手无策或被挫折打得措手不及的大学生，往往是在成长过程中过于顺利、得到保护过多，没有经受过挫折磨炼的人。

5. 个性因素

个性是一个人所具有的意识倾向和较稳定的心理特征的总和。一个人的性格特征、个人兴趣、世界观都会对挫折承受力有重要的影响。研究证明，多血质的大学生要比抑郁质或胆汁质的大学生挫折承受能力高。性格开朗、乐观、坚强、自信的人，挫折承受力强，对挫折有较强的免疫力；性格孤僻、懦弱、内向、心胸狭窄的人挫折承受力低，更容易产生挫折心理。当人们对某事有浓厚兴趣，一心钻研，在别人看来是很苦的事，他们却乐在其中，挫折承受力就强。可见，个人兴趣也应是应付挫折不可忽视的因素。

综上，大学生产生挫折的原因是多方面的，不是单一的，严重挫折的产生往往是多种原因综合的结果。同时，易产生挫折心理的大学生主观上多对自我缺乏正确的估计或者抱负水平脱离实际，对成功的期望值过高或对挫折没有正确的认知，没有经受挫折的实践经验。

(三) 大学生心理压力和挫折的特点

1. 心态迥异性

由于大学生有着不同的个性、生活背景以及人生经历等，所以在面对挫折的心态上也有很大的差异。有的学生谈到对挫折的恐惧，尤其是人生道路一直平坦、家庭环境比较好的学生。也有很多同学表示不喜欢挫折，但也绝不怕挫折，他们认为遭受挫折、困境是倒霉的，但是只要能够正确地对待，坏事可能会变成好事。更多的同学已经意识到，在社会急剧变化的今天，竞争越来越激烈，在这种情况下，害怕挫折是无益的，只有勇往直前，战胜挫折，才能取得成功。由此可见，大学生面对挫折心态也有明显的差异，体现了他们的年龄特征和社会阅历的局限。每个人的生活经历、人生境遇和心理状态，往往就是其挫折感受程度的标尺。

2. 频率和强度差别性

研究表明，大学生遭遇挫折的频度随进校时间呈抛物线形，即大学二、三年级遇到的挫折频率要高于一、四年级的学生。有近 20％的大学生在日常生活中遇到的挫折较多，有 75％以上的大学生较少遇到挫折。大学生的挫折强度随入校时间的增加、年龄的增长和知识能力的丰富而减弱。大学一年级的挫折强度最强，挫折的内容主要表现在环境应激方面。大二、三年级学生受到的挫折主要表现在学习、人际、恋爱及自我意识等方面。大四学生较多的挫折感受就是由择业带来的，26.5％的学生感到有强烈的挫折感，主要原因包括所学专业需求较少、理想与现实存在差距等。

3.影响差异性

人的一生，不可能一帆风顺，逆境和失败是不可避免的。挫折对大学生产生的影响也不尽相同，有的大学生能够看到挫折的积极性，认为挫折有利于磨炼自己良好的性格和坚强的意志，他们心态是积极的，不会因困难和失败而产生沮丧、失意感；有的大学生却因挫折情境而从此一蹶不振，对学习望而生畏、忧心忡忡，或自暴自弃、心灰意冷，甚至对生活失去信心。可见，面对失败和同一障碍，并非人人都会产生挫折心理，或者挫折心理的程度也各不相同。而且，心理学研究还表明：就同一大学生而言，面对同一挫折情境，在不同时期、不同心理状态下的感受也是不同的，在大一可能产生的挫折感，到了大四可能就不会产生了。一般来说，这要取决于挫折的大小和个体的挫折承受能力。

第三节　大学生压力管理与挫折应对

引起压力的根本原因是来自生物、社会和心理的压力源，所以要从根本上消除压力就必须彻底根除压力源。但现实生活中压力源往往很难一下消除，那么我们就应当增强对压力的管理，使其处在自己可以控制的程度。同时，大学生产生挫折的原因是也是多方面的，严重挫折的产生往往又是多种原因综合的结果。大学生只有学会有效的压力管理和挫折应对，才能更好地维护自身的心理健康。

一、大学生压力管理

（一）构建自己的社会支持系统

当一个人独自面对压力的时候，其应激反应的消极作用远远大于社会支持的效果。因此，要想不在压力面前孤立无助，最好构建自己的社会支持系统，这其中包括自己的亲人、朋友、同学、老师等。社会支持系统可以在你需要的时候给你情感安慰、行动建议，帮助你渡过难关。强大的社会支持让你不再感到孤立无援，可以迅速恢复你的信心和勇气，面对挑战，解决问题。构建社会支持系统要注意几个问题：一是学会尊重他人。只有尊重他人的人才能获得他人的友谊，也才可能获得帮助。二是扩大社会交往面，结交更多的朋友。三是必要时向亲人、朋友和老师敞开心扉，将自己面临的压力说给他们听，让他们帮助分析并提供建议。请相信这样做不会遭到嘲笑，只会让他们感到你对他们的信任，因此你也能得到最大可能的帮助。

（二）增强自身的抗压能力

首先，当代大学生应当培养自己健全的人格，树立正确的人生观、爱情观、事业观，这直接关系到大学生处理压力的态度和方式。其次要培养自己分析问题解决问题的能力，切实提高自己的竞争能力，解除自己被社会淘汰的危险，只有不断更新自己的知识，提高技能才能强化自己的信心，使自己立于生活的主动地位。最后，在人际交往中要善于易位思考，设身处地站在对方的位置考虑，与人为善，达成和谐的人际关系。

（三）**做好压力的技术控制**

1. 积极倾诉法

把自己的感觉写下来，或者把自己的压力和自己的想法告诉自己身边的人。研究发现，把自己烦恼时的体验和想法写出来或与人交流，能够更好地适应压力。

2. 艺术疗法

如能从艺术中获得启迪，利用写作、画画、演奏等艺术的形式释放压力。或者通过听音乐，借音乐的曲调和声音排遣情绪。也可以读些伟人的自传，特别是读其遭遇挫折时的故事情节。或者看一些富于哲理型的童话故事等，启迪人多角度思维和战胜困难的勇气。

3. 爱心助人法

有时，自己感到不快乐，是被“自我”的情绪抓住，感觉不到存在的价值感。当暂时放下自我，去帮助别人时，你的行为将带给你正面的快乐和满足，而你的消极情绪则被正面的感觉替换了。

4. 适度的运动

适度的运动有游泳、爬山、健康舞蹈等。鼓励有压力时，练习腹部深呼吸，即吸气时，腹部鼓起来；呼气时，腹部瘪下去，尽量用腹肌排出所有残留空气，用意念体会腹部的起伏。感到头晕眼花时，恢复正常呼吸。

5. 营养降压法

处于压力状态的人比一般的人需要更多的维生素和矿物质，尤其是B族维生素。维生素B、C及钙、镁被证实与焦虑性症状相关联。对于压力下易疲劳的人而言，及时补充此类营养物质，可以缓解压力带来的生理性症状。

6. 冥想降压法

研究表明冥想可以减少人的脉率和氧气的使用，而且也能改变人脑电图的曲线，可以使人身体放松，同时，身体放松时思想对关注的中心更加敏锐，反过来加速身体的放松，一天的压力就会抛在脑后。具体操作步骤如下：

(1)先回想最近3个月以来发生的事件，最好是有负面情绪和感受的事情。并把这件事带来的最深刻的感受，如觉得生气、委屈、不公平、害怕等用词表达出来。

(2)在一个安静的环境中坐下或躺下，先做一组深呼吸，让自己完全放松下来，可想象此时自己正在大海边或绿色的草坪上，自由的呼吸，感到无比的舒畅。

(3)闭上眼睛，想象自己手中有3～4只气球。自己一个一个的将其吹气鼓起来。并在上面分别写下前面所感受到的生气、委屈、不公平、害怕等情绪。继续保持想象，每当你将气球吹得更大一些的时候，气球上的字体变得越来越模糊、越来越变形。

(4)继续吹大气球，让气球的体积越来越大，上面的字更加变形、扭曲，已经认不出字的样子了。

(5)松开手中的气球，让其随风飘在空气中，气球越飞越高，越飘越远，视线已经看不清楚上面的字体了。你的感觉也如同气球一般，越发的轻盈、自由。气球继续四处飘逸，飞过人们的视野，已经模糊不清了，直到消逝在天际里。你的心头舒缓了许多，仿佛扔下了4个大石头的感觉，如释重负。

(6)再一次深呼吸3次，感受自己身体和心理的感受，慢慢地醒来。

二、大学生的挫折应对

（一）选择合适反应

出于人自我保护的本能，大学生在受挫以后，会自觉或不自觉地采取某种活动方式，消除或减轻内心的不平衡和压力。一般有积极的行为反应和消极的行为反应两种。

1.积极的行为反应

一般来说，挫折使大学生表现出痛苦、不安、焦虑的情绪状态。大学生积极的行为反应，可使其在心理挫折得到一定缓冲的同时，表现出自信、愉快、进取的倾向，从而有助于大学生战胜挫折。

(1)认同。认同又叫“自居作用”或“表同”，是一个人在遭遇挫折时，自觉地效仿他人的优良品质并获得成功的经验的方法，使自己的思想、信仰、目标和言行更适应环境、社会的要求，从而在主观上增强获得成功的信念与勇气。大学生在学习、生活中常常把一些历史名人、科学家、自强不息的模范人物，某些歌星、影星，甚至自己身边的同学，作为自己认同的对象。那些与自己家境条件、经济状况、社会经历极为相似或相近的名人、学者，更是他们认同的对象。大学生可以从这些人的人生经历、奋斗精神，甚至风度、仪表等方面获得信心、力量和勇气，进而奋发进取，战胜挫折。

(2)升华。是指一个人因种种原因无法达到原定目标，或者个人的动机与行为不为社会所接受时，用另一种比较崇高的、具有创造性建设性的、有社会价值的目标来代替，借此弥补因受到挫折而失去的自尊与自信，减轻挫折所造成的痛苦。

升华是一种最有建设性的、积极的行为反应，它曾经在历史上演绎出了绵绵佳话：古之文王拘而演《周易》，仲尼厄而作《春秋》，屈原放逐赋《离骚》，左丘明失明写《国语》，孙子膑脚修《兵法》，司马迁受辱著《史记》……在高校中，一些貌不惊人的大学生，由于长相、身材的影响，往往在最初的社会交往中受到制约，于是他们在学问、个体思想道德修养上下功夫，学习成绩出类拔萃，品德优秀，为同学所瞩目。升华一方面转移了原有的情绪与情感，使心理得到平衡，另一方面创造了积极的价值，无论对于自己还是对他人，都有积极意义。

(3)补偿。在社会生活中，由于主客观条件的限制和障碍，使个人的某一个目标无法实现时，行为主体往往以新的目标代替原有目标，从而以现实取得的成功体验去弥补原有的失败的痛苦，这就是人们受挫后的补偿行为反应，也就是人们常说的“失之东隅，收之桑榆”。例如，某大学生数学成绩欠佳，于是便着力于外语水平名列前茅；某大学生恋爱失败，便着力于用功学习，用好的成绩补偿失恋的痛苦，等等。上述大学生由于补偿作用，相应减轻了消极情绪的压力。

(4)幽默。当处境困难或尴尬时，人格比较成熟、心理修养较高的大学生，往往以幽默来化险为夷，在无伤大雅的情形下，传达意图，处理问题，把原本困难的情况转变过来，大事化小，小事化了，摆脱困难，维护自己心理平衡，渡过难关。幽默是值得称道的一种对付挫折的积极行为反应。

2.消极的行为反应

消极的行为反应也是大学生受挫以后常常表现出来的行为特征。消极的行为反应在一定时期、一定程度上可以缓解受挫大学生的紧张心理，但这种行为反应缺乏积极的社会价值，其后果是：一方面对大学生个体身心发展十分不利，甚至诱发精神疾病；另一方面也可能危害社会和他人。大学生消极的行为反应应引起各方面的重视。

(1)攻击。人们在受挫以后，往往在非理智情况下把“高能量”的愤怒情绪指向造成其挫折的对象——人或者事物。具体表现为对他人讥讽、谩骂、殴打甚至加以杀害，损害物品等。这是一种破坏性的行为。根据受挫者攻击对象的不同，大致可分为直接攻击和转向攻击。这两种情况在大学生中都有发生，只不过直接攻击行为不及转向攻击行为普遍。

(2)倒退。是指受挫者在遭到挫折以后，表现出与自己的年龄不相称的反常行为。通常，当人们受到挫折以后，如果以成熟成人的行为方式面对挫折，就会产生心理上的焦虑、不安；而这类受挫者为了“避免”上述情况，往往放弃已经习得的成熟成人的正常行为方式，而恢复使用早期幼儿幼稚的方式加以“应付”，从而减轻内心的心理压力。只要细心观察，倒退的行为反应在高校中还是容易发现的。例如，一名学生会干部在受到系领导批评后，自己感到“委屈”，无法进行理智分析和对待，竟一连三天抱着被子睡觉，不吃不喝。

(3)轻生。是受挫者受挫以后表现出的一种极为消极的行为反应。在现实中，由于受挫者反复受挫，周围缺少帮助，又找不到摆脱挫折的方法与途径，受挫后愤怒的情绪使之失去理智，从而以自杀的方式消除内心紧张心理。

(4)固执。一些大学生在遭受挫折后，往往不分析失败的原因，反而盲目地重复着导致其挫折的无效行为，这就是固执的行为反应。其特点是行为呆板且无弹性，并具有强制性。它可以表现个体和群体的固执行为反应。在高校中，固执行为往往发生在一些性格内向、倔强、看问题片面的大学生身上，以及由情感为纽带形成的消极的大学生非正式团体中。固执是一种不明智的消极行为，是当代大学生不应采取的挫折反应。

(5)反向。一般来说，个人的行为方向和他的动机方向是一致的，即动机行为促使行为向满足动机的方向进行。但是，人受挫后，由于自己的内在动机不能为社会所容忍，加上不敢正面表露自己的真实动机，于是便从相反的方向去表现出来。这种把自己的一些不符合社会规范、不被允许的愿望和行为，以一种截然相反的态度或行为表现出来，以掩盖自己的本意，避免或减轻心理压力的行为反应，称为反向。

反向行为由于与动机相互矛盾，因而表现得过分夸张、做作。它虽然可以在一定程度上掩饰个体的真实动机，但是，掩饰包含着压抑，长期运用会从根本上扭曲自我意识，使动机与行为脱节，造成心理失常。

(6)逃避。逃避是大学生受挫和预感受挫时表现出来的一种消极行为反应。在现实生活中，大学生受挫或预感受挫，便逃避到自认为比较“安全”的情境中。逃避主要有三种表现方式：

其一，逃到另一“现实”中。这种情况在大学生中比较常见。某大学生过去在学习上一直很努力，但由于种种原因受到挫折后，不仅不从主观上分析原因，而是一改过去刻苦学习的精神，变得漫不经心、得过且过，同时在娱乐、谈朋友上倾注其精力，试图以学习之外的活动避开因学习压力给自己带来的焦虑与不安。其实，从与自己成长和发展有最直接关系的学习环境逃避到其他活动中去，可能在某个时候有一定的缓解作用，但并不能真正消除内心紧张。因为紧张的心理以“潜意识”方式从当前现实转入“另一现实”之中，它在一定条件下和一定时期，可能对大学生产生更大的不良影响。

其二，逃向幻想世界。大学生在受挫以后，往往沉溺于不合乎实际的幻想之中，以非现实的想象方式来应付挫折。为了暂时解脱现实问题的困扰，展开了不受制约的想象，试图在幻想中求得平静和安宁。幻想在一定时期、一定程度上可使人暂时脱离现实，有缓解挫折感的作用。暂时的精神解脱，有助于对挫折的容忍并提高个人对将来的希望。但是幻想毕竟是幻想，在多数情况下无助于现实问题的解决。因此，大学生在幻想之后，应实事求是地面对现实，以便应对挫折。

其三，逃向疾病。在日常生活中，人们对一个人的行为总是有一定要求的。一个健康的大学生，应该能很好地适应社会，并学习刻苦、对人热情、精力充沛、奋发向上。但如果对象是一个病人，社会对他的各种要求都可能暂时取消或减轻，对他的过失也不作严格的计较。因此，一些大学生在失败或可能失败之时，巴不得自己生病。现实生活中还真的有人病倒了。这一类病，心理学上称为机能性障碍。当事者生理上是正常的，也检查不出什么器质性的疾病，而它们的功能却出了问题。比如眼睛是健康的，却看不到东西；四肢是正常的，却呈瘫痪状态。这些人不自觉地(也可以说是无意识地)将心理方面的困难，转换为身体方面的症状，借以逃脱他人及自己的责备，以维护自己的“尊严”。须特别注意的是，此类病人并非诈病，诈病或可用来骗人，却骗不了自己。

(7)压抑。压抑的行为反应在大学生生活中比较常见。大学生在其学习、生活中，常常把不愉快的经历不知不觉地压抑在潜意识里，不再想起，不去回忆。由于压抑，痛苦的经历似乎被遗忘了，使人在现实意识中感受不到焦虑和恐惧。例如，某大学生因一时糊涂偷了寝室同学的几元钱，事后他羞愧难当，内疚不已，心理冲突所带来的痛苦时时折磨着他，可他又没勇气向同学承认错误。过了一段时间，他似乎把这件不光彩的事忘了，内心恢复了平静。然而这并不是真正的遗忘，而是压抑起了作用。以后每遇到同学丢失东西，他就怕被怀疑，甚至在同学面前词不达意，举止失常，以致发展到怕见同学，怕见任何人，把自己封闭起来不能过正常的生活。

(9)冷漠。大学生在遭受挫折以后，往往还表现出对挫折情境漠不关心、冷淡，活动上表现茫然与退让，情绪情感上失去喜怒哀乐，对一切无动于衷。冷漠一般是在行为主体反复遭受挫折，对引起其挫折的对象无法攻击，又无“替罪羊”宣泄，也看不到改变境遇的希望等因素下发生的。例如，一些学习困难的大学生，虽然尽了相当大的努力，但学习成绩上却没有多大进展，每学期总有几门课“红灯”高照，这些大学生承受着外界(学校、家长、同学)和内心越来越大的压力，对大学生活、同学关系、社会活动往往反应冷漠，表现出暮气沉沉，缺乏责任感。对于处于冷漠状态的大学生，社会、学校、同学应予以热情关心与帮助，使他们重树信心，避免滑向心理疾病。

(10)文饰。即文过饰非的行为反应，也叫“合理化”，是一种常见的挫折反应方式。当个体达不到追求的目标时，为避免或减轻因挫折而产生的焦虑和维护自尊，总是要在外部寻找某种理由或托辞对自己的行为给予某种“合理”的解释，这种解释可能自圆其说，但从行为的动机来看，却不是行为的真正理由。文饰行为在大学生学习、生活中时常发生。文饰的行为反应表现有以下两种形式。

①“酸葡萄”反应行为

在伊索寓言中，有一只饥饿的狐狸，它看到一串串甜熟的葡萄，馋涎欲滴，但因葡萄架过高，三跃而不得食，为了维护自己的面子，就对身边的动物说："葡萄味酸，非我所欲也。"可见，酸葡萄反应是一种借着减少或否定其难以达到的目标的优越性，而夸大渴望获得物品（目标）的缺点来维护心理平衡的一种防御手段。

②"甜柠檬"反应行为

这也是借助伊索寓言中的一个故事。有只狐狸原想找些可口的食物，但遍觅不得，只找到一只酸柠檬，这实在是一件不得已而为之的事。但它却说："柠檬味甜，正我所欲也。"甜柠檬反应的特点在于夸大既得利益的好处，缩小或否定它的不足之处。如某学生极想报考研究生，但无奈功底不足，便自我安慰道："中国现在大学生占总人口的比例还不到百分之几呢，大学学历也就够了。"

文饰方式虽然是人们面临挫折时自觉或不自觉地采用的一种心理防御机制，但它除了暂时缓解内心冲突，保持黑暗时的心理平衡之外，对心理发展更多的只能起消极作用。因为文饰自我的理由往往是不真实或次要的理由，起着自我欺骗和自我麻痹的作用，影响了实事求是地面对现实和做积极改变的行为。因此，长期地、过分地使用这种方式，会使自己不去认真吸取教训，放弃对自我的认识和改造，以至于降低积极适应环境的能力。

(11)投射。是受挫者把自己内心不被允许的愿望、冲动、思想观念、态度和行为，转嫁于他人或其他事物上，以摆脱内心的紧张心理，从而保护自己，并为自己的行为辩护。例如，某大学生上课迟到了，老师批评他，可他却说："我们班长还在后面呢！"以此减轻内心的紧张和压力。

投射作用与文饰在性质上较接近，同样是以某种理由来掩饰个人的过失，但二者是有区别的。在一般情况下，运用文饰行为反应的人都能了解自己的缺点，主要是找一些冠冕堂皇的理由为自己的缺点辩护。例如，有的大学生考试没考好，明明是自己不用功，却指责老师教得不好或出题不明确、评分不公正等。运用投射行为反应的人否认自己具有不为社会认可的品质，反而将它加之他人予以攻击。例如自己作风不正派或想有不正派的行为，反而猜测他人有不轨行为，或说是受别人引诱造成的。

专栏 8－3

心理压力调适的理论

弗洛伊德的本我、自我、超我

弗洛伊德（Sigmund Freud，1856～1939）在19世纪末所创立的精神分析是历史上最悠久、影响最为深远的一个学派。弗洛伊德认为人格由"本我"、"自我"和"超我"三个部分组成。本我是个人最原始、最本能的冲动，依照"快乐原则"行事；自我是个人在与环境接触中由本我衍生而来的，依照"现实原则"行事，并调节本我的冲动，采取社会所允许的方式行事；超我是道德化的自我，依照"道德原则"行事，是良知与负疚感形成的基础。本我、自我、超我之间的矛盾冲突及协调构成了一个人的人格基础。个体的心理健康源于三者的协调一致。本我的冲动和愿望，往往在现实中难以被社会认可，受到社会规则、道德的约束，受到压抑，形成内心的压力。所以，必须通过自我来进行调节，将压抑于潜意识中的欲望再现出来，将愤怒、敌意宣泄出来，帮助认清自我防御的本质，明确自己与他人的关系，进而现实地强化自我，消除压力，摆脱心理障碍。而最好的理想境界，是达到超我状态，能够将社会道德内化。现实中为应对压力、焦虑，维护心理健康时，常采用“自我防卫机制”，如补偿、合理化、转移、升华及理想化等方式。

罗杰斯的两个自我理论

人本主义心理学家罗杰斯(Carl Ransom Rogers，1902～1957)十分重视“自我观念”作用。他认为的“自我观念”就是个人对自己的认知和看法的整体观念体系，包括“我是一个什么样的人”，“我有什么能力”等等。这种“自我观念”对个人心理的发展和健康状况影响巨大。罗杰斯认为，在个人的“自我观念”中常常有“理想的我”和“现实的我”的矛盾。“理想的我”是个人认为自己应有的样子，“现实的我”是个人对自己当前的评价。此二者之间的关系决定了人们是乐观还是悲观的心境。如某个大学生希望成绩名列前茅，而现实中他的成绩并不如意。自我观念中的矛盾必然产生压力和焦虑，影响心理健康。每个人心中都有两个自我，个人只有不断吸取经验，不断调整自我观念，使自我观念同实际的自我相一致，才能使心理健康。现实和理想的自我，只有个人努力去调整自己，使二者形成合理的吻合度，心理才能保持健康。

马塞尼的应激应对理论

肯尼斯·马塞尼(Matheny)和同事把应对定义为：“任何预防、消除或减弱应激源的努力，无论是健康还是不健康的、有意识或无意识的，这种努力也可能是以最小的痛苦方式对应激的影响给以忍受。”马塞尼小组提出斗争应对产生于应激源引起反应时，它企图减轻或打败存在的应激源。根据马塞尼的分析，在斗争应对中，提出五种行为类型。其类型包括：(1)监视应激源和症状；(2)集中资源；(3)攻击应激源；(4)容忍应激源；(5)降低唤起。应激监督对启用其他策略是必要的。集中资源包括对有效的应对努力进行组织和安排。攻击应激源，寻求对应激源的直接消除。这将包括运用问题解决技能、信息寻求、社会技能、坚定反应和改变过度反应的方式。个体也许需要改变认知结构以防止自我限制的假设出现，消除自我击败的思想，对合适的选择坚持开放的态度。容忍应激源是当一个应激源无法用直接的行动消除时，认知重组就成为根本。最后，降低唤起包括放松、倾诉、宣泄和利用药物等。应对行为可能是积极的或消极的，活跃的或逃避的，直接的或间接的。它可能包括寻求帮助、寻找信息或转移注意。无论是什么样的应对，它们的目的只有一个：预防、消除或降低应激。

应激的压力阀理论

应激的压力阀理论是属于应激控制论的一种。

压力阀(Stress threshold)指在感觉到压力和对绩效产生负面影响之前，一个人能容忍压力源的水平。虽然每个人自身的压力与个体的绩效一般都呈倒U型关系，但是个体不同，对于压力与绩效之间的最高点也是不同的，容忍压力的能力和水平不同，即每个人的压力阀是不同的。这也就进一步说明了为什么在同样的环境，同样的压力之下，个人有个人不同的感受，有的人仍能正常学习、工作，感觉相对舒适；而有的人，压力反应较强，心烦意乱，影响日常的工作和生活。这既是通常所说的耐受力、抗压力不同的原因，更是个体的压力阀不同的结果。每个人的心理压力阀都掌握在自己的手中，压力阀好比是一个压力源与压力感之间的一个阀门。首先，要把这个阀门拧紧，不让压力通过，即提高抗压力。学习和工作中，要找到自己最主要的压力源，然后克服压力源。如觉得自己没有很好的管理时间的技巧，就要学习时间管理。其次，如果这个压力源是不可承受的，就要打开阀门的另一面，选择远离压力源，释放、排解压力，不让压力产生负面影响。可以休息一段时间；找专业人士或自己相信的人倾诉等，不要把压力隐藏在心里。压力阀掌控的好与坏是通过个体与环境是否取得和谐的关系而定的，表现为：一是个人的心理环境与实际环境相一致。所谓心理环境是指个人因实际环境所产生的看法、想法和意念。个人的心理环境如果能与实际环境相一致、相吻合，就会产生适当的行为来应对其所处的环境。二是个体能够依据实际环境调节自己的反应。对事件的处理，不会受一时一地的影响，能考虑到广大的时空因素，并随时调节自己的反应。例如，个人在某种情境下，必须改变自身行为，以顺从环境；而有时必须改变环境，以符合个体的正当需求。个人与环境的关系不是固定不变的，在不同的环境下，对同样的事物，个人会因环境的不同而做出不同的调适。因而心理学研究表明，压力阀水平较高和心理压力阀掌握好的大学生对于压力容忍度较高，且能及时采取积极措施应对、释放压力，一般有满足感，心情舒适，而无恐惧、抑郁、焦虑感等。

（二）有效承受挫折

1.认识挫折的普遍性和不可避免性

每个人在成长的过程中，不可能总是一帆风顺、尽如人意。人生总会遇到这样那样的困难、挫折和厄运，可以说挫折是生活的组成部分，人的发展成长就是在不断战胜挫折中前进的。认识挫折的不可避免性，做好充分的心理准备，随时准备迎接挫折，战胜挫折，取得成功。

2.认识挫折的两重性，树立正确的挫折观

挫折有消极的一面，也有积极的一面。挫折给人带来失败，造成损失，给人打击，产生痛苦；但是挫折也能催人奋起，磨练人的意志，使人接受教训，取得经验，增强才干，变得更聪明、更成熟、更坚强。遇到挫折应正确认识挫折，找出原因，接受教训，使挫折向积极方向转化，使失败成为成功之母。

3.正确对待挫折

在人生的道路上，没有一个人是一帆风顺的，总会遇到各种各样的困难、挫折、失败，甚至是厄运，这完全是正常的事，关键是看自己如何对待。有些人可能会在困难面前低头，被失败吓倒，因而在心理上产生挫折感。而挫折承受力低的人往往不敢正视困难，而是寻找自圆其说的理由，为自己辩解，而且在挫折面前容易丧失自尊心、自信心，增加思想负担，使人感到智穷力竭、灰心丧气，有这种心态的人常常失败，因此我们称之为抗挫低能者。然而，成功者完全以相反的态度对待困难，他们敢于正视困难、挫折和厄运，善于分析困难挫折，从中找出原因和教训，找到克服困难、战胜挫折的办法，从而解决问题、翻越障碍，使自己走向成功，体现出了“失败乃成功之母”的真理。

挫折也包括人生中的各种不幸和厄运，诸如学业受阻、社会打击、身体致残、天灾人祸等等。当处于这种逆境时，重要的是正确对待，首先不要被厄运吓倒，然后是鼓起勇气和热忱，以坚强的毅力、不屈的精神，去搏击、奋斗，战胜困难，赢得成功。奇迹多是在厄运中出现的,人们最出色的工作往往是在处于逆境的情况下做出的,思想上的压力,甚至肉体上的痛苦都有可能成为精神上的兴奋剂。

4.正确归因,寻求解决办法

造成挫折失败的原因有两类:一是外部客观因素,一是内部主观因素。有人倾向于外归因,认为挫折失败原因在外部,挫折是由运气、机会、命运、遗传素质、材料难易、社会控制、自然界的力量等无法预料和难以支配的因素造成的;而倾向于内归因的人则喜欢从主观内在因素方面寻找成功或挫折的原因,如自己的知识技能、能力水平、努力程度、策略选择等。其实如果不实事求是,不加分析地片面强调某一方面都会出现失误。正确的归因应该是从事实出发,认真分析成功或挫折的真正原因,是外部因素,还是内在原因,或者是两者相互交织起的作用。通过对挫折的内外因素进行全面分析,认清挫折的情境,分清是客观原因,还是主观原因,具体因素是什么?进而对挫折正确认知和恰当反应,并找出对策,转败为胜。正确归因,有利于战胜挫折,提高抗挫折能力。

5.调整目标和策略

若多次目标受挫,行为受阻,愿望不能实现,挫折后就应该重新衡量一下,目标是否合适,并进行恰当的调整。如果目标过高又不能降低,最好是将大目标分解成若干子目标,一个个子目标实现后,大目标也就能实现。另外还可以从实现目标的步骤、举措、策略方法的选择、人际关系的协调、阻力来自何方等方面查找原因,寻找对策,策划新的实施方案,战胜挫折,获得成功,从而增强抗挫折能力。

6.创设挫折情境提高抗挫能力

人对挫折的承受力或者说是适应能力,与其它心理品质一样,是可以经过培养和锻炼而提高的。如果能创设某些挫折情境,指导自己运用适当的方法战胜困难,取得成功,可使自身挫折承受力得到提高。例如,在学习时适当为自己设计一些较为困难的学习任务,通过较大努力才能完成,比总是不费力就能解决问题受到的锻炼大。又如在体育活动中,参加长跑、爬山比赛,必需战胜困难,才能完成目标,既能增强体质,又能磨练意志,从而提高自己的耐挫力。许多学校组织学生进行长途拉练,搞军训,完成一些较艰苦的任务,其目的就是为了提高学生的挫折承受能力。在学习、生活及工作中多为自己创设一些挫折情境,多多经历风雨见世面;自找苦吃,接受克服困难、挫折、委屈的磨练,全面提高自身的挫折承受力。

7.角色扮演

所谓角色扮演就是让人站在他人的立场上,暂时置身于他人的社会位置,设身处地,按照他人所处的地位身份,根据人们对角色的理解、期望和要求的方式和态度去行事,以增进人们对他人社会角色及自身原有角色的理解。角色扮演是一个被广泛应用而有效的心理技术。生活中当自己陷身挫折困境时,可以扮演某种角色,站在他人位置,分析、处理问题,体验他人在面对挫折时的情绪和行为,评价哪些情绪和行为是积极的、合适的,加以认同,从而增强对挫折的承受力。

通常有三种形式进行角色扮演:一是扮演实际角色,二是想象角色,三是角色转换。

扮演实际角色,就是扮演事实上的角色。如让自己扮演历经挫折最终取得成就的中外科学家,了解、熟悉所扮演的科学家在挫折、困难面前是多么勇敢自信,如何敏捷思考,敢于创造，如何顽强拼搏和坚持不懈，从而战胜挫折，取得成功。站在科学家所处位置和情境，表现他们的态度、情感和行为特点，体验他们在挫折面前的坚强不屈和获得成功后的愉悦心情。通过表演，使自己对某些科学家战胜挫折的心理品质、策略方法、意志特征和高度的责任感有较深刻的了解和深切的体验，增强了自身的人生目的和抗挫折能力。

想象角色，就是想象中的角色，不是事实角色。让自己想象某一角色所处的情境是什么？在这种情景中角色会遇到什么挫折，面对挫折应选择什么对策去战胜困难，通过想象增强自己的抗挫折能力。

角色转换，就是改变生活中不同个体的角色。正如常言说的，想要公道打打颠倒。生活中总有些人认为，自己老是在经受挫折、磨难，上帝乃至每个人都在做对不起他的事。其实真正让他站在别人的立场生活一段时间后他会发现，原来自己的想法是多么的错误、片面。有实验结果表明，角色转换不仅可以使接受训练者的学习、工作及生活质量提高，并且使他们的自我概念、成就动机、人际关系、情绪状态也都有了不同程度的积极改变。可见角色转换能有效地增强抗挫折能力。

8.改善挫折情境

挫折主要是由挫折情境引起的，如能改变或改善挫折情境，那就能有效地对付挫折，挫折感自然会随之淡化，乃至不复存在。关键是如何才能预防或改变挫折情境呢？

首先应防患于未然，及时预见可能产生的挫折情境，并采取积极行动，在发生挫折之前将可能产生挫折的因素消除掉。如对学生来说考试失败是重要的挫折情境，如果在平时能够认真听讲和复习功课，踏踏实实地掌握好所学的知识技能，并在考前认真做全面系统地复习准备，使所学知识更牢固地掌握，那么就会防止考试失败，避免因考试失败而产生的挫折感。相反，由于准备充分而大大增加考试成功率，因此产生成功感，带来自我有效感，引发成功的愉悦体验，增强学习的自信心和内在的动力。在学习和做事情的过程中要善于制定目标，分析主客观情况，了解与达成目标有关的因素，认清有利条件和不利条件，精心设计解决问题的方案、步骤，选择正确的策略方法，采取必要的行动，努力创造条件，力争取得成功。

如果挫折已经发生，就要设法降低和减轻由挫折带来的不良影响。要进行自我劝解，或将情绪发泄出去，不要使自己陷入痛苦之中，使身心受到伤害。缓解挫折的不良影响主要是分析挫折的原因，接受教训，尽快修正。缓解挫折的苦恼，可以找亲朋好友去诉说，以得到他们的同情、支持和温暖。受挫后也可以暂离挫折情境，到一个新的环境里，或去旅游，转移注意力，以新的感受代替挫折的痛楚。

9.挫折情绪的自我控制

人遭受挫折以后，会产生情绪反应，如何将消极情绪宣泄出去，以维持生理和心理的平衡和健康，形成对挫折的积极适应，是转败为胜的重要环节，而挫折情绪的自我调控恰能做到这一点(可参考情绪调节的相关内容)。

（三）积极应对挫折

1.树立积极乐观的应对态度

斯宾诺莎说："不悲哀，不嘲笑，不怨天尤人，而只是理解。"(《伦理学》)这是我们面对生活以及面对生活压力时的一则座右铭。同时也是我们应当接受的关于应对的基本态度。

生活需要理解，生活的压力或挫折也需要理解。在理解的基础上，在不悲哀、不嘲笑、不怨天尤人的理解的基础上，才能够更加有效地应付挫折。

2.运用正确的应对原则

(1)愉快地生活。无论在家还是在工作场所或参加娱乐时，热爱生活，享受生活，但要学会克制冲动。

(2)有意义地生活。学会确立生活中小而具体的目标，并努力去实现，同时不断地修正和树立新的目标与追求。不过，目标过于远大或与自己能力相去甚远时，往往会感到“心比天高，命比纸薄”的心境。

(3)自信与乐观。生活如同大海，有波峰，亦有波谷，并非如镜面一样平坦，因此在遇到挫折和处于波谷之时，自信和对前途的乐观尤为重要，切不可自暴自弃。请记住“天生我才必有用”。

(4)遇事莫慌，学会放松。情绪的过分紧张和焦虑，会影响人们解决问题的能力。而生活中常常会遇到一些始料未及的事，只有学会放松和调节自己的情绪，保持规律的生活和充足的睡眠，才能去面对和解决问题。

(5)改变认识，柳暗花明。学会换个角度看问题，有时会使沮丧、绝望的人看到希望，如同俗语所说的“树挪死，人挪活”、“塞翁失马，焉知非福”。

(6)面对现实，改进应对策略。挫折不可避免，回避只是暂时的解脱，只有面对挫折，才能使自己走向成熟。学会“吃一堑，长一智”，才能真正体会“失败是成功之母”的真正内涵。

3.掌握有效方法应对挫折

(1)运用问题定向方式应对挫折

问题定向应对，是指直接指向问题本身的处理或解决的一种应对挫折的方式。问题定向应对，既可用来解决外在的问题，也可用来解决内在问题，改变自身。比如，大一学生，对所学专业不感兴趣，若要解决这一挫折问题，可有以下基本考虑：或调换专业、退学重考，改变自己的外在环境，通过解决外在问题来消除挫折；或调整认识和兴趣，通过调节自我，来减少挫折感。一般来说，克服自身的缺点，学习一些新的技能，提高自己的自信与自尊，以及改变自己的欲求水准等，都属于解决内在问题的方式。

(2)持之以恒，冷静理智地应对挫折

挫折往往给当事人带来很大的情感冲击——焦虑、愤怒、沮丧等。当这些负性情绪占上风时，人就不能客观地看待挫折，理智地认识自己，冷静地分析问题、解决问题。因此，在情绪反应很强烈时，首先要做的是平息感情的波澜，如寻求社会支持，向周围的人倾诉；或运用积极的防御机制，减轻心理上的痛苦。待心情较为平和、理智了，再来解决问题。但是，挫折带给人的情绪困扰往往不是一次性可以消除的，它会有反复、有波动。这就意味着保持冷静和理智是应对挫折的过程中经常要做的一项工作，必须持之以恒，增强自信，因为只有遏制住情绪的狂潮，才能保住理性的家园，才能有效地解决挫折问题。

(3)寻求社会支持

这里所说的社会支持与上文所说的社会支持是一个意思，不过此处强调的是，有效地应对挫折更需要从周围的人或有关机构那里获得相应的信息、方法和策略，必要时甚至需要请他们出来解决问题。所谓“当局者迷，旁观者清”、“三个臭皮匠，顶个诸葛亮”、“一个篱笆三个桩，一个好汉三个帮”等俗语，通俗地说明了社会支持在个人应对挫折、困境中所起的作用。大学生受挫时应学会积有寻求社会支持，因为它有助于受挫者汲取社会的力量，在他人或群体、组织的支持、引导下，改善心态，调整行为，缓解挫折的打击，摆脱由挫折引发的烦恼。

课堂活动与体验：“走过泥泞路”

活动主题：“走过泥泞路”

1.目的

通过各种情境、角色扮演活动，清醒地认识到小组成员曾经经历的挫折，其来源、反应及当时的应对是否有效，如何应对，以便今后能更好地迈向新生活。

2.要求

分组，请每组成员回忆自己曾经经历过的挫折，并将当时的情境简单地表述出来，有机地结合下文提示的情境，适当地表演出来，特别是自己如何应对挫折情境的，作出了怎样的挫折反应，效果如何等等，并和小组、大组成员共同讨论、分享。

3.步骤

(1)热身活动：“汪洋中的一条船”心理游戏。

①每组先领取一张完整的对开的白纸，假设该纸即为船，纸外即为大海。请小组成员先对折白纸，让每位小组成员都站在上面；再在对折的基础上再次对折，仍然要让每个小组成员都站在纸上，任何人站在纸外即为落入大海。每组要想办法尽可能地将纸折成最小的面积，仍能让小组成员站在上面。

②分享：请每位成员思考并讨论活动中自己和小组做了什么，效果如何，有什么体会，并在大组分享，结合其他小组的分享体会，谈谈自己的感受。

(2)展现泥泞路第一段：学习焦虑。

①请小组成员表演大学新生在第一学期期末考试前处于焦虑、紧张的状态，最后导致考试不及格的挫折情境及其采取的应对。

②在部分成员表演后，展开小组讨论，并就其应对方式的有效性加以重点讨论。

(3)展现泥泞路第二段：人际关系冲突。

①请小组成员表演如下挫折情境及应对：学习生活中与其他班级和年级或不同专业的同学因一件小事发生了磨擦，难以调和，最后打了起来，自己受了重伤，休息了一个多星期，耽误了学习，受了老师的批评，自己感到很委屈，同学还取笑自己，说自己没本事。

②在部分成员表演后，展开小组讨论，并就其应对方式的有效性加以重点讨论。

(4)展现泥泞路第三段：生活困难。

①请小组成员表演如下挫折情境及应对：大学特困生由于家庭经济困难或自己因家庭突遭不幸，一时经济拮据，生活难以为继，更谈不上买一些喜欢的东西，又不想找同学借钱，失去了往日的欢乐。

②在部分成员表演后，展开小组讨论，并就其应对方式的有效性加以重点讨论。

(5)展现泥泞路第四段：工作压力与发展。

①请小组成员表演如下挫折情境及应对：一位大学生因学习任务繁重，同时又有较多的社团工作，感到不知所措。

②在部分成员表演后，展开小组讨论，并就其应对方式的有效性加以重点讨论。

(6)展现泥泞路第五段：父母要求与自我发展。

①请小组成员表演如下挫折情境及应对：一位大学生因父母对其期望值较高，希望他能尽早通过TOFEL、GRE考试，拿奖学金出国留学，而他自己只想在国内的大学选择自己喜欢的专业，潜心钻研，扎扎实实地学本领，用于实践，并注重全面发展，因而产生了心理冲突。

②在部分成员表演后，展开小组讨论，并就其应对方式有效性加以重点讨论。

第九章

大学生性心理与恋爱心理

学习目标：

- 了解自身性生理及性心理发展特点。
- 认识大学生恋爱心理特点。
- 了解大学生性心理与恋爱心理所存在的问题。
- 能够形成对性心理与恋爱心理的正确认识。
- 能够培养起健康恋爱观。

同居四年结束后我还剩下什么——一个女大学生的自白

和每一个善良、纯情的女生一样，我把爱情当成生命中最美好、最值的追求的东西。我渴望能够在大学里得到一个真正懂我、爱我又很体贴、体面的男生的喜爱。我一边漫不经心的学习，一边等待着那个人的出现。我长得还算漂亮，所以身边经常有围着转的男生。而我一直以高傲的姿态打量着身边的男生们。

后来，他出现了。他追我的方式很张扬，是恨不得让全世界都知道他爱我的那种，当时我很欣赏他的胆量，我觉得这样才是男生、才够男人，我的虚荣心大大满足了。我接受了他，也爱上了他。一段时间的磨合之后，我们过起了天下所有大学里都在流行的“二人世界”。

女生一般最忠诚的就是自己的爱情。我也这样认为，爱一个人就应该把全部都奉献给他，就应该不顾一切的去爱，就应该抛弃一切。我也做好了随时“献身”于爱情的准备。

好像大学的恋爱都有一套潜规则，没过几天恋人就要到学校附近租间房子，要开始同居，要真正的献身于“爱情”。他是个很正常的男生，没多少天就向我提到在外租房的事，我答应并支持了他。

这样的日子随之而来，我终于明白什么叫“二人世界”了。那就是：两个人整天在一起，他就是你世界的全部。你自信的认为拥有了他就拥有整个世界，这个世界上其他什么都已经不重要了。他成天变着花样宠你，他活着就是为了宠你，你活着就是为了爱他。疏忽学习和生活，疏忽自己原来的朋友，疏忽所有那些和你们爱情不相关的东西。甚至对周围的人和事开始变得冷漠。一位思想家说过：爱情的伟大之处就是两个人在相爱的过程中，学会了更好地去爱他人。这样看来，我们这些所谓的爱情简直有点自私、可笑，简直就是作茧自缚。

就这样，我们把大学的日子消耗在恩恩爱爱里，什么学习、就业、能力锻炼都放在了后面。为了一起出去游玩，我们一起逃课。他为了陪我做一个头发，不去做实验。我为了陪他看一场篮球赛，不去上自习。他省吃俭用也要给帮我买那件我偷偷看上的衣服。他每天骑自行车带我去菜场买菜，然后我们一起做饭，我们就好像过起了居家的日子。

后来，我怀孕了，也在我们意料之中。以前在电视或网络看到这些事总以为离自己很遥远。想不到，轮到自己的时候自己还能那么平静。

我瞒着家人，他凑了一些钱。我们一起去学校附件的医院里做了流产手术，他还算负责任，一直陪着我。

有了第一次，后来又有了第二次。不就是流产吗？他竟然冷静地说了这样一句话。

是的，不就是流产吗？只要你在我身边，我死了都愿意。我说。

他突然张了下嘴，我流产他不惊讶，我说了这句话他却惊讶不小。

医生郑重地对我说："如果你再流产的话，就有可能……"

没什么，我有他。

没什么，真的没什么吗？

毕业了，要找工作，找工作真的很难，找个适合自己、又有前途的工作是难上加难，两个人想在同一个地方找到合适的工作更是难比登天。所以，那天，他很平静地对我说："我们该分手了……"

分手？就这样就分手？我的四年青春、四年大学光阴就这样白白的消耗了？

我欲哭无泪，可在现实面前又是何等无奈。

毕业那天我一无所有，学习不好，能力没有，也没有积累人脉关系，因为我一直在恋爱。除了享受四年"恩爱"的时光，我一无所有，我也打算将那时光彻底忘却，因为我是个女人，我还需要新的爱情，我不能活在回忆里。

再回头看那句话：恋爱才是大学里唯一的必修课。我苦笑。

不管到了什么时候，爱情当然很重要。但是恋爱方式更为重要，尤其对于前途未卜的青少年。多一点冷静，少一点天真，多一点理智，少一点疯狂。人生就可能会是又一番风景。

今天，我就用我的经历来劝慰正在走或者打算走此路的学弟学妹们：冷静一点，理智一点，凡事三思而后行，不要跟风，不要附庸，做一个真正的自己！

生活中，一提到"性"这个字眼，人们总是讳莫如深，心存疑虑，有许多人把性看成是淫秽、羞耻的事情，大家都避而不谈。青少年遇到或提出有关性方面的问题，不是不敢向人请教，就是常常得不到正确的答复，或者得到的是敷衍搪塞。久而久之，性问题就显得更神秘莫测了。然而，性问题却是每位青少年成长过程中无法回避的问题，因为，性是人类最基本的生物学特征之一，是人的一种基本需要和本能。大学生的年龄一般在 18～22 岁之间，处于青春发育后期，由于性机能的成熟，性意识的觉醒及性心理的发展，加之高校环境的特殊性，恋爱及性问题成为了不可回避的现实。深刻理解和正确对待大学生的性心理及恋爱问题，对大学生的身心健康和发展有十分重要的现实意义。

专栏 9－1

性的概念

随着人类文明的不断发展，性已经从单纯的生殖功能中分离出来，逐渐向追求情感的交流和快乐的满足方向迈进。因此，目前众多学者都认为，应从生理、心理和社会三个角度来认识、理解性的概念。

从生理学的角度看，性是人类最基本的生物学特征之一，性的需要就如同人的呼吸、饮食一样，都是人的自然本能。孟子云"食、色，性也"，《礼记》云"饮食男女，人之大欲存焉"，都表明人生来就有食欲和性欲两大欲望。按照《中华性医学辞典》对性的解释：性是指男、女两性在生物学上的差别。性是生物繁衍的基础。《韦伯斯特大学生辞典》中将性解释为："男女在与生殖有关的活动中的机能。"从而将行为引入性的内涵，认为性交是两性之间发生的性行为，性欲是对性行为的要求。这些都是从生物学的角度，从人的结构和功能方面来认识性的概念。

从心理学角度来说，性的基本意思是指与"性"有关的一切心理现象，它不仅包括性交、性爱抚等所有直接的性活动，还包括人们对于性的情感、态度、价值观和性方面的喜好等心理方面的表现。它不仅指人们普遍认为的正常性活动，也包括所有被认为是"反常"或"不正常"的性行为。

从社会角度说，人是社会的人，性是人类得以繁衍、进化之本，性活动则是人类社会生活的基本内容之一。无论何时何地，人类的性观念和性行为都受制于一定的社会意识形态和道德规范，而不是"两个人的私事"。至今，世界各国不同的民族，因其社会制度和文化背景不同而性观念迥异。所以性科学是研究人类性现象和性行为及其相关的社会学内容的一门严肃的科学，今天仍然在不断地深入发展。正因为如此，有关性的概念以及相应的性生理、性心理、性医学等内容的性教育，必须通过正确的途径和方式及时教给每一位未成年人。

综上所述，性既是人类的本能需求，又是人类社会必不可少的行为活动，而且还有着深远的社会学意义，因此不但毋需为谈性而羞涩，而且还要把性放到严肃的科学的位置认真研究。

第一节　性心理和大学生性心理特点

伴随着现代科学的长足进步，对人类性行为的认识和研究越来越受到社会的普遍重视和关心。大学生正值青春妙龄，怎样增进性爱的和谐、如何去培养有利于个体健康的性心理，自然成为大学生所关心的议题。

一、性心理及其特征

（一）什么是性心理

性心理是指在性生理的基础上，与性别特征、性欲和性行为有关的心理状态、心理过程。性心理的产生，既是一种自然本能的驱动，又是社会因素影响的结果。进入青春期后，性生理发育的自然本能，强有力地影响着人的心理发展，促使性心理的萌芽。社会上的各种媒体又充斥了有关两性知识及爱情的内容，成年人的两性交往活动等等，都会对大学生产生影响，促使性心理的产生。

（二）性心理的特征

1. 性别角色的认同

性别角色，俗称“第三性征”，是社会依据一个人的性别而对其做出的在行为举止和待人处事等方面的期望和要求。比如我们常说男子应有阳刚之气，女子应有阴柔之美等等。一个人对待性的态度不仅仅决定于生物本能，而且受文化传统影响较大。父母、老师、同学、学校以至整个社会，都在慢慢地使青少年扮演适合其性别的行为模式。这样，男女在生理成熟的同时，在言谈举止、生活习性、待人处事、思维方式和价值观念等各个方面，也逐渐形成了明显的区别，许多人都能正确认知自己的特点，并尽量使自己的行为和社会期待相符合，这就标志他们已经开始成为一个真正的男人或者女人。

性别角色的获得与自我认识的形成密切相关，是一个人社会化成熟与否的重要体现，是心理健康的重要标志。京剧大师梅兰芳男扮女装，塑造了许多女性形象，这是很高的艺术造诣，深受人们的喜爱。但在现实生活中，一个男人若柔声细语、矫揉造作，就不受欢迎了。同样，人们喜欢花木兰，但对生活中的“假小子”，男人们也不太欣赏。世界是两性的和谐统一，男性和女性在生理和心理上各有自己的特点，各有自己的性别魅力。现代社会的大学生应当在生理、心理和社会活动中，进行合乎科学、合乎道德、合乎时代要求的全面角色认同。如果背道而驰，由于行为与社会文化的期待和影响不一致，无法获得社会公认和赞许，会使他们在人际交往中遭遇很多困难和阻碍。而且，不能认同自己的性别角色，会造成性心理障碍，从而严重影响恋爱和性生活质量。

2. 性欲望和性冲动

随着性生理的发育，少男少女在心理上会自然产生性欲望和性冲动，会做有关性内容的梦，出现性的幻想和憧憬，性欲强烈时手淫，这是性激素水平迅速升高所致，是一种正常的自然现象，是顺理成章、天经地义的事。歌德说过：“哪个少年不善钟情，哪个少女不善怀春。”大学生随着性生理发育的成熟，春心萌动、渴望接近异性，甚至产生更进一步的欲望与需求也是在情理之中，因为异性间自然吸引是人的一种正常的情感需要，由情感需要而产生的欲望也是合情合理的。

3. 性心理性别差异

男女性心理是不同的。在对异性的内心体验上，男生更多的是新奇、喜悦和神秘，而女生常常是惊慌、羞涩和不知所措；在情感流露上，男生表现得较为外显和热烈，女生往往表现得含蓄和深沉；在表达方式上，男生往往较主动，女生往往采取暗示的方式。此外，男生的性冲动易被视觉刺激唤起，男性一般都会表现出比女性易受到视觉及情景、形象的刺激而出现性欲的反应和特征，而且许多男性较注重器官的刺激；而女生则易在听觉、触觉刺激下引起兴奋，女性的快感1/3来自性器官的接触，2/3是来自全身的接触及情感上的满足。

二、性心理的发展

人生不同发展阶段有不同的性心理，这些不同的性心理连成一个互相衔接的长链，链上的每个环节都是互相作用、互相影响的。在一岁半到四岁的时候，人就能从外部特征分辨周围人的性别，但却认为性别是可逆的，学龄前儿童已懂得男女性别是不可逆的。在第二性征未发育前，孩子都处于性无知期，虽知道男女有别，仍旧两小无猜。经历了青春期的成长，伴随着第二性征的出现，性意识的觉醒经历了下列四个阶段。

1.异性排斥期

青少年在第二性征出现后，朦胧地意识到两性差别，开始有了不安和羞涩的心理，很怕异性注意到自己的变化。于是原来经常在一起的异性同学或者邻居，突然变得相互间疏远排斥了起来，见面不打招呼，即使是青梅竹马的童年伙伴也较少交往。若有个别男生与女生交往，很容易引起班里同学的嘲笑和起哄等。有时青少年还会讨厌从小在一起的异性，在学校里男女同学甚至会互相指责和攻击。有的孩子在家里还不由自主地疏远异性长辈。

2.崇拜长者期

也称牛犊恋期。性生理的发育带来的严重不安，使青少年对性别角色茫然不知所措。容易对某个长者(长者可以是老师、高年级学生、明星、名人、父母等)产生崇拜及爱慕，从中体验自己的性别角色。这一时期对异性的感情倾向于偶像化和理想化，但有时又会产生一种负疚感。

3.友谊交往期

青春期中期，青少年更多地倾向于精神上的愉悦和共鸣，逐渐喜欢接近身边的异性。这一时期，常常显得笨拙和拘谨，易用纠缠不休、喧嚷吵闹或捣乱等方式吸引异性的注意和关心。这一阶段是青少年性心理发展的重要阶段，对异性的正确观念逐渐形成，通过两性间的初步交往，健全对自我的认识。男女间学会了相互交往并以能力和自身优势来吸引异性，获得异性的赞誉。这一时期，尽管抱着强烈的与异性交往的愿望，但由于交往技巧的缺乏，常使异性间交往不能尽如人意，有的人遇到挫折后产生很强的自卑心理。

4.异性热恋期

随着性心理趋于成熟，男女双方从内心深处都感到异性的美好，对异性的爱慕和向往有了比较严肃的选择和排他性，个体的性意向逐渐清晰，钟情的对象日渐明朗，自然而然地进入了异性热恋期，尝试用各种方式接近异性，引起特定异性的注意与好感。个体不仅注重外部形象的修饰，而且更注重内在个性品质的完善，这也是青年个性成熟在性意向方面的反映。

三、大学生性心理特征

大学生从入学到毕业的年龄大约在18～22岁之间，这一时期的大学生由于受文化层次、接受教育程度以及所处的特殊环境影响，其性心理发展除了具有这一年龄阶段青年的普遍性特征以外，还有其特殊性。

1.性心理的好奇性和探究性

大学生对自身的性生理、性心理方面的现象与问题极其敏感与好奇，这种好奇心理既是生理成熟的需要，也是心理发展的要求。从青春期开始，性爱好奇心理一直伴随着大学生的成长而成熟，从性认知的好奇到爱的追求，构成了大学生恋爱的动力。目前，我国高校性科学教育尚未普及，而大学生的认知能力较强，这种好奇就表现为强烈的探索欲望和追求情感体验，他们有意无意地从网络、报刊杂志、电影电视等媒体探究相关知识，偶尔也在宿舍中交流。由于性给人的神秘感及羞耻感，大学生的这种交流是零散的，不系统的，且往往是通过笑话等多种形式表现出来的，容易使得他们形成对性知识的错误理解。由于缺乏正确引导，以满足好奇心为目的的盲目"探索"，往往容易造成大学生出现性爱失误或性罪错。

2.性意识的强烈性和表现上的内敛性

大学生尽管情感上迫切需要抚慰，渴望理解，期望有人能分担自己的烦恼，但他们又是自尊心极高的群体，为避免自尊受到伤害，不愿意向别人敞开自己的内心世界，形成了闭锁心理，在对待性问题上也是如此。生理成熟导致大学生的性意识极其强烈，他们十分重视自己在异性心目中的形象，但又表现得拘谨、羞涩、冷漠，内心对某一异性很感兴趣，表面上却总是喜欢表现得无动于衷、不屑一顾或做出回避的样子。他们好像非常讨厌那种与异性的亲昵动作，实际很渴望体验。

3.性心理的动荡性和压抑性

青年期是一生中性能量最旺盛的时期，由于不少大学生的社会阅历较浅，尚未形成稳固的、正确的性道德观和恋爱观，因而，他们的性心理易受外界不良的影响而动荡不安。有一些大学生会由于性的能量得不到合理的疏导、升华而导致过分的压抑，少数人还可能以错误或变态的方式表现出来，如"厕所文学"、"课桌文学"，或在网络的BBS上发泄，极个别人会发展成窥视癖和恋物癖等。

第二节　大学生性心理问题及调适

一、大学生性心理问题的主要表现

大学生已进入青年中期，性生理基本成熟，性意识增强。但由于性心理的不完全成熟，生活经验欠缺，对青春期的性冲动和性要求理解不当，常会产生一些不必要的紧张，甚至不正确的行为。这主要表现在以下几个方面。

（一）成长的烦恼：性困扰与性苦闷

1.性体像的困扰

青少年进入大学之后，性生理功能和性体征的发展都已基本完成，许多人会不同程度地出现自我欣赏，常常在镜中端详自己的外貌，甚至悄悄与他人进行比较。男性希望自己身材高大、体魄强壮、声调浑厚，拥有男性磁力以吸引女性；女性则希望自己容貌美丽、身材苗条、乳房丰满、声调柔美，以显示女性魅力，吸引男性。当他们的体征不如己意时，就常出现烦恼和焦虑。在心理咨询中常常见到一些男大学生因自己个子矮而烦恼.一些女大学生因体态肥胖而自卑。其实，没有人是十全十美的，不必自惭形秽，要记住“天生我才必有用”。大学生只要自信、自尊，就一定能找到真爱。

2.性特征苦闷

男大学生有的过分注意阴茎的大小、长短，阴毛的浓稀等；女大学生则关注自己乳房的发育过大或过小，生殖器的正常与否等。一些对自己性征苦闷的人会因担心恋爱、婚姻不美满而背上沉重的包袱，更有甚者常因自己感觉某一方面性征不太正常而陷入自卑之中，例如一些男生为阴茎短小，一些女生因乳房发育小而自感在别人面前抬不起头来，无法自信地从事工作和学习。而在实际生活中，临床医生并不以阴茎长短判断是否正常，只要能过正常性生活就可以。女性乳房大小则受遗传及身材的影响，如果不是病症引起的，大小都属正常。

（二）封建时代的烙印：性避讳与性压抑

避讳谈论性，认为性爱是下流的、丑恶的，性的价值在于生殖，这是我国封建时代对性爱问题的主导观念，至今这一观念仍有较强的势力。例如，目前我国还没有在青少年学生中普及系统的性知识教育，教师、家长和学生自己都羞于公开谈论性问题，生理课上讲授生殖系统时，教师甚至是对男生与女生分别讲授的。因此，青少年只能从私下里去了解性知识，而由此得来的性知识时常是扭曲的、非科学的乃至病态的，更谈不上在性生活中追求美好的体验。有些人在结婚以后还不敢、甚至没想过追求性福和创造性爱的甜蜜与美好。这些都会严重影响人们的身心健康和恋爱婚姻的质量。

专栏 9－2

性梦与堕落无关

心理大师弗洛伊德的大部分作品中充斥着性与梦的联系，声称梦大多数与性有关，“梦是一种受压抑的愿望经过变形的满足”。他还认为性本能是人类一切心理和行为发生的主要基础，是心理疾患产生的根本原因。弗洛伊德的“泛性论”如今受到普遍的批评。但他认为梦是人们潜意识的幻想和欲望活动的表现的观念仍受到人们相当的支持。蔼理士在《性爱的睡梦》中，对男女两性做性梦的方式、性质、表现、后果做了一番科学的调查和研究。他写道，梦境是许多意象错综交织而成，既复杂，又凌乱，这种复杂的光景很容易把两性的形态上的区别掩饰过去，使做梦的人轻易辨别不出来。而现实中这些(做梦的)人，“真可以说是毫无瑕疵，绝对不容许我们疑心到他们心理上有什么潜在的变态或病态的”。他还提醒人们对性梦的诊断价值不要妄加评判。这确实是个严肃的科学的态度。

心理学家认为：青春期的少男少女或处于“性饥渴”的成年人，性梦是一种调整性张力过高的自慰现象。异性间的性吸引——爱慕、倾心、崇拜，有时会出现性冲动。但在意识清醒状态下，理智、道德可抑制这种冲动。然而在入梦之后，这种被压抑到潜意识中去的性冲动就像弗洛伊德说的，依“本我”的享乐原则行事，不受理智道德约束了。在清醒状态下不敢做不敢想的性心理、性行为都可以出现，使大脑皮层中出现活跃的兴奋灶。这种性梦的自然宣泄，类似一种安全阀的作用，可以缓和累积的性张力，有利于性器官功能的完善和成熟。这种情况，决非病态，不必忧心忡忡，精神紧张。

再有一件被学者们肯定的事是，凡属做性梦，其梦境中的对象总是一些不相干的陌生人，而难得是平时自己爱慕的对象。即使在入梦以前，在思虑中竭力的揣摩，以期于梦中一晤，也是枉然。这个研究成果告诉我们：性梦作为意识控制解除下的一种潜意识行为，既无法控制，也无法预防。无论平时是多么"正人君子"的人，在性梦中都可能出现荒诞不经的性事，此时绝没必要以清醒状态下的人们普遍遵循的伦理道德去鞭笞这些"荒唐事"。性梦绝不是意味自己对恋爱对象的不忠和背叛，也不是邪恶丑陋的现象，因此不必内疚、焦虑，了解并正确看待这一点非常必要。

极少数男青年，误以为自己的性梦和遗精比别人多得多，因此，误以为自己的性欲或性能力太强，非得尽早尽多地发泄不可，结果走上了违法犯罪的道路，甚至事后还以此来为自己辩护。这可就大错特错了。性梦和遗精本身就是一种不自觉的性欲满足，人不可能永远满足于此，但真正过性生活却需要有选择能力、爱的能力、负起责任的能力和适应社会的能力。

尽管性梦是正常的心理生理现象，但若性梦频繁则要寻找原因。例如，过度劳累；性自慰过频过强烈；内裤穿得过紧，刺激摩擦阴部；外生殖器不正常充血刺痒或泌尿系统炎症、膀胱涨满等。心理上的兴奋，情绪上的激奋（如睡前饮酒）也是常见的原因。

至于许多男性在性睡梦中常出现梦遗，这当然同样也是正常的心理生理现象。因为在当今的社会中，对于相当多的人来说，独身和迟婚是不可避免的事实。既有此种禁欲的因，便不能没有梦遗的果。所以都应该正确看待。

（三）西方文化的冲击：性自由与性开放

在性生活中，快感是一种最基本和原始的欢乐。在人类最基本的生理需求中，适度的性生活会使人获得精神上的满足而表现为精力充沛、生活愉快和工作有劲头。但有这样一些人，他们不满足于生活的现实环境中的沉闷气氛，而以非常频繁的性行为作为日常空虚生活的调剂和补偿，以致沉溺于这种生活和性幻觉中而不能自拔。这种性爱观追求性的绝对自由，追求感官享乐，不顾法律和伦理道德，放纵人的性欲望。性自由、性放纵必然导致混乱的不负责任的性关系，它在给人带来短暂刺激的同时，不可避免地会引发诸如未婚先孕、性病传播等一系列社会问题。

完美健康的性爱，应该是不受到压抑、自然的性爱需求，是将健全的人格、道德伦理和个人尊严等融合而成，欲望的满足应该以不损害身心健康及不影响学习工作为前提。这样，人们才能获得真正的性福。

（四）性心理的扭曲：性心理障碍与异常

由于种种原因，有些大学生会出现性心理扭曲现象，性兴奋的唤起、性对象的选择以及两性行为方式等出现反复性、持久性异常表现，其正常的异性恋受到全部或者某种程度的干扰，一般精神活动并无其他明显异常，这属于性心理障碍。它包括露阴癖、窥淫癖、恋物癖和异性装扮癖等多种类型。性心理障碍的患病率难以确切了解。在性变态多种类型中，国内外资料均证实以露阴癖最为多见。性心理障碍大多数开始于青少年时期，在18岁以前出现的约占半数。除性施虐癖、受虐癖和恋童癖以外较少产生严重的伤害、凶杀等后果。

行为主义学派用社会学习理论来解释性变态的本质和发病原理。他们认为人的变态性行为和正常的其他行为一样，都是通过潜移默化学习得来的，在儿童或少年时期性发育过程中，遭受到不良性教育或性经验的影响而发病。用通俗的话来说，就是人性本善，他们是在小时候学坏的。国内有学者报告50%的露阴癖和窥淫癖者受过坏人教唆或黄色书刊的影响。国外亦有人认为大多数性变态是按照条件反射原理形成的。

精神分析学派的观点认为，性变态是性心理发育中的两个危险，即"固结"和"退行"所造成的。在人的性心理发育过程中，幼儿性活动的各个阶段可能停滞不前，这就是固结。其固结处多是性欲得到满足、感到快乐的阶段；即使一次纯粹偶然的经验也可形成固结，使性心理不能继续发展成熟。另一个危险是退行。性心理尽管已经发展到成熟阶段，有了成熟的性生活，一旦遇到客观现实的阻碍或其他精神上的创伤，增高了的性兴奋无法得到正常的宣泄和满足，便只好另寻出路，退回到已经过了时的固结处，寻找已经放弃了的对象，以求得到宣泄。

（五）性取向的偏差：同性恋

同性恋指在精神上和身体上受到同性的吸引，并且对异性不感兴趣。同性恋是性取向偏差，不是一种病态。美国精神医学会在1970年将同性恋从《精神疾病诊断与统计手册》中排除。2001年4月，我国新版《中国精神障碍分类与诊断标准》也将同性恋从疾病分类中剔除。对同性恋的看法，从世界范围来看，从最早的犯罪到非罪、从非罪到非病、从非病又到可以进行同居的注册，经历了一段不太短的时间。目前，公众对同性恋的态度越来越容忍和宽容。

大学阶段是同性恋身份得以确认并通过接触同性恋信息而发生身份认同的集中期。中国人民大学性社会学研究所所长潘绥铭于2001年对全国大学本科生性观念与性行为状况进行了一次随机抽样调查，调查显示，有6%左右的大学生在大学期间首次发生了同性之间的性接触，有同性恋心理倾向和同性接触的男生和女生一样多。在大学校园里一般称同性恋者为"飘飘"或"玻璃"，虽只有少部分同学对同性恋持明确的排斥态度，但给予理解和支持的同学也占少数，大部分人抱着"无所谓"的中间态度。

需要警惕的是，同性恋者被确定是容易感染艾滋病的高危群体。美国艾滋病流行最早见于同性恋人群。1989年，我国发现的本土第一例因性接触感染艾滋病的病人也与多个同性有过性接触。根据我国卫生部2004年底公布的数字，我国男同性恋者的艾滋病感染率约达1.35%。这一数字要比普通人群的感染率高将近20倍，仅次于吸毒人群。

二、大学生性心理问题的自我调适

大学生的性心理问题常常带有隐蔽性，加之社会的忽视与个体的掩饰，常常不容易被发现，导致发展为各种性心理障碍和疾病，造成了不良后果。为此，大学生必须针对自身的性心理问题加以有效的自我调适。

（一）坦然接受性成熟，科学对待性冲动

由于我国中小学很少系统地开展性科学教育，而"一切无知都是遗憾的，但是对性这样

的事无知则是严重的危险”(罗素语)。大学生应科学地认识与对待性生理发展及由此引起的心理变化:一是认识男女生殖系统的实体结构和功能,了解性发育的自然进程、人类性欲的生物学基础、成孕机制及受精卵发育过程、避孕方法、妊娠中止、人工流产等知识,学会以科学的态度对待性问题。二是正确对待青春期生理的各种变化,形成正确的体象观念,具备健康的性美学意识,注意青春期生理卫生,能够基本辨别各种性功能障碍、性变态类型,有效预防性疾病传播。三是合理看待生理性冲动及由此引起的性梦、性幻想和性自慰。性冲动是每个正常个体生理发育到一定阶段由于性能量的积聚必然出现的现象,标志着个体生理的成熟,是人的一种生理本能,既不要否定(也不可能否定),又不能放任自流。性梦、性幻想和性自慰均是个体性能量的自然宣泄。现实中,性自慰问题更多地困扰着大学生。人们一般认为,自慰过度会有碍于身心健康,自慰对个体生理、心理的消极影响是“自慰有害论”的结果。但什么程度才算过度?何况大部分大学生在早期自慰活动中,他们其实并不清楚自己的行为就是自慰,更无从知道“自慰有害”的歪论,及至感受到来自生理的倦怠和心理的颓废,才通过书刊、网络“对号入座”,接受“自慰无害”的宣传,但由自慰引起的心理困扰并未缓解。因此,我们认为,自慰问题的本质不是自慰有害或无害,而是人类的本能智慧与习得智慧,使他们根本无法从性自慰中获得坦然自若的性满足。自慰中的“性”已不是性本身,而是个体选择的宣泄现实心理压力,以求获得低水平心理平衡的行为方式。所以只要我们眼前有目标,心中有动力,诚实地付出智慧和汗水,乐观地对待艰难和挫折,学会合作,培养情趣,就可以真正摆脱“自慰后效应”。

专栏9－3

人类性行为的方式

性行为是指男性或女性的性别行为,一般而言是受到性欲的驱使。性行为在人们的日常生活和社会活动中是普遍存在的,而对这种行为的认同要依行为人的相互关系和所处的不同文化群体而定。例如,在西方社会可能属于一般礼仪的拥抱和接吻,在我国通常是男女相爱的一种表达方式。性行为的表现形式丰富多样,可以做多角度的划分。

(一) 按照性行为发生的对象划分

1.在异性之间发生的性行为,这也是通常意义上的性行为。

2.在同性之间发生的性行为,比较典型的就是同性恋。

3.无需他人参与,而是自己通过手淫等方式发生的性行为。

(二) 按照性体验的程度划分

1.性感,通常仅是在视觉上的兴奋。

2.边缘性行为,泛指除性行为外的一切亲昵行为,如拥抱、接吻、性爱抚等。

3.性交,也就是狭义的性行为。

(三) 按性质划分

1.正常的或一般的性行为,通常所说的正常性行为大都是指发生在异性之间,以健康的性目的为特征的性行为。青少年时期的性行为主要表现为手淫、性梦和梦遗。恋爱阶段则表现为爱抚、拥抱和接吻；婚后则主要表现为性交。同性恋则属于人群中少见的性行为。

2.异常的或变态的性行为，这主要是指那些由异常变态的性心理所支配的，并为患者所偏爱的、主导的、习惯的性行为方式，如恋物癖、窥阴癖、暴露癖等性变态行为时有发生。

（二）提高信息选择能力，自觉抵御不良性刺激

随着大众传播媒介的发展，大学生不仅能从课堂上获得信息，而且能从电视、广播、报纸、杂志、图书、网络等传播渠道接受大量的信息。这些信息不可能都适合大学生，特别是一些淫秽黄色书刊、音像制品充斥市场、网络。在这种情况下，大学生必须具有鉴别、选择和接收信息的方法和能力，抵御不良性刺激。大学生在课余时间可以阅读欣赏内容充实、格调高雅，能催人奋进的影视文艺作品、文学名著等，提升审美品位。自觉参加书评影评活动，提高鉴赏能力，自觉抵制不健康的书刊、影视的消极影响，接受优秀的书刊、影视的积极影响。正确对待与异性的交往，反对婚前性交行为，提高对社会丑恶现象如卖淫、嫖娼的免疫力，防止发生性罪错。

（三）充实精神生活，转移兴奋点

大学生富有朝气，精力旺盛，求知欲强。如果我们胸怀大志，有抱负、有追求，精神生活丰富，那么多余的能量可以得到合理的释放，就不容易受社会上不良性刺激的影响；反之，社会上一些不良的性刺激就会乘虚而入，腐蚀我们的灵魂。现实生活中可发现那些性犯罪的大学生往往具有某些相同的特点，如学习不专注、生活懒散、行为放荡，其精神世界显得空虚而颓废。而那些埋头学习、热衷于参加各类科技、文体等活动的大学生，则很少失足。因此，我们应该充实自己的精神生活，多参加学校组织的各类科技、文体等兴趣活动，从而使“兴奋点”能得以转移。同时，大学生要学会用意志调节情感、控制性欲，不让情欲“牵着鼻子走”，能把炽热的情感深深埋在心底，把精力集中在求知上，集中在各项有益的活动中。

第三节　大学生恋爱心理特点及常见误区

大学生年龄相近，志趣相投，接触机会多，相处时间长，彼此能有更多了解，产生感情也是特别自然的一件事情。这种情感与社会上的恋爱不同，它是在特定的时间、特定的环境，彼此在一起学习时产生的。大学生的恋爱除了具有一般青年恋爱过程中所具有的排他性、强烈性、直觉性和依存性以外，还具有其独有的特点，同时又容易陷入一定的误区。

一、大学生恋爱心理的特点

（一）恋爱自主性较强，恋爱动机多元

当代大学生在恋爱问题上，个性突出，重感情、易冲动，不受传统习俗的局限。一方面，他们在确定恋爱关系前，甚至在确定恋爱关系后，一般都不征求双方父母的意见。另一方面，与社会上主要受结婚动机驱使而谈恋爱的现象不同，当代大学生恋爱的动机呈现多元化的特点：

1. 情感需求

大学生的情感需求明显而强烈。有些大学生进入高校后，体验到宽松的环境和放松的心情，学习的努力程度下降，在寻找心灵的归宿和安全感的过程中，他们中的一部分人便到异性中去寻找感情寄托，通过恋爱消解寂寞，期望从恋爱中得到温暖、保护、关怀和体贴，使自己的感情有所依托，有所归属。有的大学生一进校园，就迫不及待地寻找恋爱机会，或是从老乡中寻找，或是从建立联谊宿舍开始，或是从师兄师妹关系入手，目的就在于满足情感需求，寻找一个情感的避风港。

2. 从众心理

大学校园里流传着这样的话："高中时代，爱情是奢侈品，少数人拥有得起。大学时代，爱情是日常用品，没有很寒酸。"不少学生认为大学不经过恋爱，就如同少上了一门必修课，不能毕业。有的人本来并未打算谈恋爱，甚至与好友签订拒绝恋爱同盟，立志在大学学习期间不谈恋爱，但当周围的许多同学有了异性朋友时，一些男同学为了不使自己显得无能，一些女同学为了证明自己的魅力，也就有了谈恋爱的念头，并不知不觉地开始了自己的恋爱行为。

3. 把握机遇心理

受社会上大男大女"结婚难"现象的影响，许多大学生认为要在大学校园里把握好机会，并感到在大学谈恋爱确实有许多优势，如同学之间年龄相近、文化水平相同，有共同语言，在大学校园男女生交往场合较多，挑选的机会多，容易找到意中人等。

4. 积累经验心理

有些大学生追求的并非真正的爱情，而是获得恋爱和性的体验，把恋爱看作成长过程，通过恋爱积累人生经验。他们认为恋爱可以为自己以后融入社会提供了必需的情感磨练和社交技巧，从而增大了踏入社会以后婚恋成功的系数。他们的宗旨是"及时行乐、好聚好散"，有的双方还签订恋爱契约，言明毕业之后互不干涉。

5. 功利心理

在商品经济日益发展的今天，大学生中择偶追求功利者占一定的比例，即有些大学生以对方家庭的社会地位或经济条件等为恋爱的前提条件，希望找一个家庭有权有势或家产万贯的异性。他们认为人生的目的和意义在于追求和满足个人的享乐，而达到这一目的的捷径就是找一个理想的"靠山"谈恋爱，使自己在大学里能保持高消费的水准，将来就业并留在大城市比较容易，可以少奋斗 20 年，省却干事业、打江山的辛苦。这种人把自己的前途、命运寄托在对方身上，只想稳稳当当、舒舒服服地靠一辈子，缺乏进取精神、不愿拼搏奋斗。

（二）注重恋爱过程，轻视恋爱结果

"不要求天长地久，只在乎曾经拥有，爱过恨过已经足够。"这句大学生中流传的顺口溜反映了一部分当代大学生的典型心态：对恋爱过程十分注重，对恋爱的结果却不太在意。注重恋爱过程，有利于双方相互了解、加深认识，也有利于培养感情、增加心理相容度，同时也反映出大学生不愿落入世俗，着意追求爱的真谛。但是，只注重恋爱过程，强调爱的"现在进行时"，把恋爱与婚姻相分离，只强调爱的"现在进行时"，不考虑爱的"将来完成时"，未免失之偏颇。只重恋爱过程，轻视恋爱结果，实质上是只强调爱的权利，而否认了爱的责任。

（三）恋爱观念开放，传统道德淡化

传统文化及伦理道德观虽对大学生影响较深，但随着时代的发展，受国外的“性自由”、“性开放”等观念的不断冲击，对他们的恋爱观产生影响，使得他们常常处于理智与感情矛盾的漩涡中：在理性认识上觉得应该保持忠贞，应该遵守传统的伦理道德观，但在爱的激情下，不再压抑自己、掩饰自己的感情，敢于追求爱情，对爱情的缠绵悱恻有较深的体验并乐在其中，时时沉浸在二人世界里，忘却了集体，甚至忘却了学业。有些大学生为追求性福，屡次发生婚前性行为。在有些大学周边地区，大学生未婚同居甚至成为另类风景。

（四）恋爱行为公开，浪漫色彩浓厚

当代大学生谈恋爱一扫传统的以含蓄、内在、深沉为美的形式，取而代之的是在公开场合下，手拉手、肩并肩，整日形影不离，甚至大庭广众之下楼搂抱抱、爱抚亲吻。兴奋与冲动几乎完全支配着情感，一切似乎随心所欲、顺其自然。一位大学男教师曾经历过这样一件事：上课时，他发现教室的最后一排一对男女生旁若无人的亲吻。他觉得很看不过眼，便很小心地提醒：“后面的同学请注意听讲。”众学生纷纷回头看。男生急忙闪身故作读书状，女生小嘴一噘，大为不满：“老师，我们坐在最后一排，也没影响到别人，您装着没看见不就行了么！”老师哭笑不得。大学的食堂里、宿舍楼前、小花园里，甚至自习室，搂搂抱抱或者做出更为大胆的亲昵举动已不再是众人争睹的风景，校园的爱情成了家常便饭。诚然，谁也没有权力干涉大学生的爱情，大学生有绝对的恋爱自由，但与社会青年相比，校园中的大学生受西方文化和生活方式的影响更为强烈，加上宽松的环境，如今他们谈恋爱越来越公开，大学校园已成为学子们展示浪漫爱情的场所。

二、大学生恋爱心理的误区

从 2005 年 9 月 1 日开始，新的《高等学校学生行为准则》和《普通高等学校学生管理规定》正式实施。新《规定》没有禁止在校大学生结婚，在校大学生结婚生子被默许。这一规定曾让社会各界讨论得沸沸扬扬，但并没有在大学生中间引起轩然大波。大学生的理由很简单：我们没有能力去负担婚姻的责任。的确，生活的复杂让这些 20 岁左右的年轻人不敢在心理和事业都不稳定的时候去触碰婚姻，然而爱情却简单得多，大学生该不该谈恋爱早已不是大学校园中的讨论焦点，取而代之的是大学生应该怎样谈恋爱。有些大学生认为，恋爱是大学的必修课，在大学里没谈过恋爱就不算是一个合格的大学生。在这种思想的影响下，很多大学生义无反顾地投身到恋爱的海洋中去。但是，丘比特的金箭是双刃的，它可能是位伟大的导师而让人重新体验生活，也可能是个悲剧的作家而让人终身满溢着辛酸和泪水。大学生的恋爱还存在下列误区，这是学子们要注意的。

（一）单相思与爱情错觉

很多人都经历过单相思，即倾心于某人，但由于种种原因，未曾向对方表白或未找到合适的机会或方式，也得不到对方回报的单方面的“爱情”。单相思是少男少女对美好未来的憧憬，是一种正常的心理现象。一般人们随着年龄的增长，通常都能从中解脱出来。但如果深陷其中，对单恋对象的一举一动都耗费时间和精力去关注，并因为无法表达自己的心思，以及对前景没有把握等心理因素的影响而发生严重的焦虑，就会影响学习和工作、进入

了恋爱的误区。

爱情错觉则是指在异性间的接触往来中，一方错误地认为对方对自己“有意”，或者把双方正常的交往和友谊误认为是爱情的来临。爱情错觉是单相思的另一种形式，它常会使当事人想入非非、自作多情。

陷入单相思和爱情错觉的大学生要及早止步，另做选择。要正确理解爱情的深刻含义，用理智驾驭情感，尊重对方的选择，不可意气用事。

（二）恋爱动机误区

1.弥补内心的空虚

有些大学生的恋爱动机不是出于爱情本身，而是为了弥补内心的空虚、孤独。不少人考入大学后，失去了明确的学习目标，没有远大的理想追求，缺乏学习的动力，认为学习和生活枯燥乏味，感到孤独、寂寞、苦闷。加之他们在接受西方文化时受不健康的爱情观念的影响，于是就借恋爱消磨时光，以丰富自己的生活。其目的是为了摆脱心里的寂寞和孤单，填补心灵的空虚。于是，在校时卿卿我我，心理上相互填补空白，甚至有人在校外租房同居，但毕业时互相说声“拜拜”。这种缺乏责任感与严肃感的“恋爱”，是十分危险的游戏，是对爱情的亵渎，是感情上的低级趣味，是不可取的人生态度。

2.满足自己的私欲

有极少数的大学生为了显示自己的魅力或满足自己的私欲，同时和几位异性交往、周旋，搞多角恋爱。多角恋爱易引起纷争、不幸，极易发生冲突，酿成悲剧，最终是对所有当事人都产生不良后果。还有一些大学生的恋爱并不是建立在爱情的基础上，尤其是一些大学女生，她们凭借自己的容貌，把金钱、权力等外在条件作为恋爱的砝码，不惜牺牲自己的身体和人格，纯洁的爱情变成了金钱与情色的交易，这种恋爱的结果往往使她们自己在身心上都受到伤害。

3.攀比心理

攀比心理是一个人嫉妒心理和好强心理的混合物，主要指自身做事不甘落后，也不愿见别人比自己强，它表现在个人学习、生活、情感等各个方面。大学生们在共同的校园气氛中学习、交往、生活，知识水平、思想观念的相似性促使少数人在恋爱问题上表现出相互攀比的现象。即当有些大学生看到一些条件还不如自己的同学都出入成双时，便忍耐不住了。心里暗自思量：自己并不比别人差，干嘛落伍呢？自己也可以与他们比较或展示一下。于是也开始谈情说爱，以平衡自己的心理。但一旦攀比心理得到满足，爱情也就可能走到终点。

（三）网恋：E时代虚幻的玫瑰

网恋早已成为许多高校大学生追逐的一个梦想，自从痞子蔡和轻舞飞扬在网上“第一次亲密接触”之后，更使有着浪漫情怀的学子们对网络爱情充满憧憬，他们希望通过这种方式把童话变为现实，找到心目中的白马王子或白雪公主。有些大学生不善于跟异性打交道，在现实中往往不敢涉足爱河，网络世界特有的虚拟性帮助他们克服了羞怯和自卑，使他们能够更加轻松地面对爱情。通过电脑屏幕，看着一个远在天涯海角的人向你倾诉火热的感情，那份新鲜和感动，不是坐在公园的长凳上或者电影院里可以体验到的。距离和幻想使网恋变得格外灿烂美丽，恋人们往往只靠网上谈天的感觉和自己希望的形象来描绘对方，潜意识中为对方赋予了许多美好的特点。这种情况下，爱情也就显得格外美丽。如果仅仅把网络看做一个虚拟的、与现实隔离的世界，那么网络爱情将会永远保持。问题是，我们的情感并不会一直满足于网络的虚拟模式，当这种不满足需要面对面来解决时，麻烦也就跟着来了。按照 YAHOO 公司在欧洲做的调查，网友的单独会面有 80%以上的可能会使双方失望。在异性网友接触中，这一统计数字的概率还要有些上浮，这种现象就是所谓的“见光死”。可见，网恋是把双刃剑。从虚幻的网络走向现实的爱情，有的美梦成真，有的无疾而终，有的见光则死，有的被骗财骗色。当越来越多的人开始迷上网恋时，心怀叵测的贪婪目光也同样在网上搜寻“猎物”。年轻的大学生们要睁大双眼，提高自我保护意识。“让虚幻的归属虚幻，现实的归属现实”，痞子蔡的话也许告诉了我们对待网恋的合适态度，否则受伤的总是我们自己。

第四节　大学生健康恋爱观培育

一、强化大学生健康恋爱观培养的意义

（一）大学生恋爱及性心理健康教育现状不容乐观

1. 对开展大学生恋爱及性心理健康教育存在认识误区

认识误区为：对学生是否有必要接受恋爱及性教育存在疑虑、对教育后的效果存在疑虑；对“恋爱及性心理健康教育”的狭隘理解，看不到其广阔背景后的丰富内涵，即看不到大学生恋爱及性心理健康教育不仅是恋爱和性生理的教育，实际上还包括着性心理、性审美、性别角色意识和性别行为模式，以及性伦理、性道德、性法制、科学避孕、性病预防、友谊与爱情、荣与辱、美与丑乃至人生观、价值观等不同层面的内容；消极回避，简单处理。现在的大学已不再明文禁止学生谈恋爱，但对学生谈恋爱及性等“敏感”话题刻意回避，一旦学生由于恋爱（如因争风吃醋而斗殴）及性（如因同居而怀孕）出现问题，学校则撇开问题的本质简单处理，轻者警告、记过，重者开除学籍。这样的处理方式既不可能使学生获取科学的、有益于身心健康发展的知识和技能，更不可能培养他们成熟的性心理与性道德，因而绝不可能达到防患于未然的理想境界。

2. 学校、家庭及社会在教育职责上相互推诿

多数学校认为，学校的主要职责是向学生传授考试、升学方面的知识，培养工作技能，至于恋爱和性则是学生自己的事情，是隐私，是学生家长的职责；而一些家长则认为，学生交给了学校，学生的一切问题，包括性教育理应由学校负责；有时学校和家长则认为学生恋爱及性方面的失误，原因在于社会环境太差。这样，没有一个教育主体主动去承担性教育的责任，高职生恋爱及性心理健康教育出现空白，进而影响到他们健康人格的形成和正常的异性交往。

3. 师资队伍缺乏，课程开发和教材建设薄弱

目前我国高校的心理健康教育还未真正步入轨道，专职心理健康教育教师严重匮乏，

能胜任大学生恋爱及性心理健康教育的教师更如凤毛麟角。尽管一些学校设置有心理咨询室并开设了心理健康教育课,却还是表现出管理粗放、实效性差等问题。对于大学生的恋爱及性心理健康教育,更是由于主客观条件的限制,在实施过程中,既没有建设起一套符合大学生实际、行之有效的恋爱及性心理健康教育校本课程,也没有充分发挥学校的软硬件环境资源,致使大学生恋爱及性心理健康教育形式古板、方法单一、手段陈旧、内容空乏。

（二）大学生恋爱现象不可避免

1.大学生生理、心理的发育提供了恋爱的物质基础

就生理发育来说,大学生各方面的变化虽不如青年初期那样明显,但仍然处于迅速发展阶段。生理上的成熟,特别是性器官的成熟和第二性征的发育,必然导致性意识的萌动和觉醒,表现出对异性的向往、爱慕和追求,并希望通过恋爱进一步了解,试图将自己性的欲望和冲动通过恋爱方式来宣泄。这是人类的自然属性,也是爱情萌生的原始契机,是大学生恋爱的内部驱力。

就心理发展来看,随着年龄的增长和接受信息量的增多,大学生的自我意识也迅速崛起,主体意识、个性意识日趋发展。大学生不仅在校园内为今后立足社会而求知成才,也开始为今后建立家庭做着准备。

2.大学生学习、生活的环境提供了恋爱的社会基础

首先,较之中学时期学习的激烈竞争,大学生的学习压力相对较小,学习积极性、主动性明显降低,一部分大学生为打发时间,排解孤独和无助,便希望在花前月下的卿卿我我中消磨无聊时光。

其次,大学生群体年龄相仿,观念相似,心态相同,集体活动较多,异性之间接触交往频繁,情感升华速度较快,加之群体交往中的攀比和从众,使一部分本处于观望和等待甚至没打算在学校谈恋爱的同学也受到“感染”,加入到恋爱大军之中。

最后,大学生由于离家求学,单独生活,经济上没有独立却拥有相当的自主,他们可以自由地为恋爱“买单”,而另一些同学,特别是女生,则可以从中满足一部分生活利益的需求,双方各取所需,恋爱成为必然。

3.社会、校园的文化助长了大学生恋爱的风气

一方面,相对宽松的人文环境减少了大学生恋爱的顾虑。尽管绝大多数学生并没有因高校学生管理规定中“禁婚令”的解除而打算结婚,但一些同学却由此得出大学生必然要谈恋爱的错误推论。随着社会的进步,大多数家长在子女的婚恋嫁娶方面也不过分地干涉,甚至有些家长还鼓励孩子尽早解决个人问题,无形中也助长了高校的恋爱之风。另一方面,社会各界对大学生同居现象的理解和宽容,也使一部分同学认为同居合情,恋爱有理。

（三）大学生恋爱利弊并存，且弊大于利

就大学生恋爱的利而言,正常情欲的升华和理智的恋爱能给大学生以鼓舞和力量,激发他们的聪明才智和创造力,有利于他们的成长和身心健康。其主要体现在:

1.恋爱可以给人以归属感和爱的满足。在恋爱关系中,双方会体会到被对方接纳,体会到被关心、照顾,体贴、理解。在这一亲密关系中,既爱着别人,又得到别人的爱。

2.恋爱可以满足自我价值感。恋人的甜蜜话语常常充满了欣赏与赞美,爱的关系使他们得以满足心理发展所期待的来自他人的肯定。异性特别是自己所爱之人的肯定和欣赏,

构成自我认同的重要部分。加之“情人眼里出西施”，个人发展中一些不理想、不如意的部分，在恋人眼里有时也成为优点，这些均会给身在恋爱中的大学生以极大的心理满足。

3.恋爱可以一定程度上获得性的满足。爱情的产生以及恋爱关系的建立，一个重要的基础就是人在性的方面的成熟与发展。在恋爱关系中，许多人用性的关系的深度来表明爱的关系的深度(事实上并非如此)。处在青春期的大学生充满了性方面的渴望，恋爱关系也确实提供了这一需要的满足。

较之大学生恋爱的利，由于大学生恋爱而产生的弊则更为突出。大学生恋爱的弊端与他们恋爱的特点是分不开的，其表现在以下几方面。

1.主观学业第一，客观爱情至上，浪费大好时光

调查显示，在对待学业与爱情的关系上，43.6%的大学生认为“学业高于爱情”，49.6%认为“同等重要”，只有6.8%认为“爱情高于学业”。这只能说明，大学生在认知层面可以正确看待学业与爱情的关系，实质上是高估了自己的心理调节和控制能力，过于高估了自己处理学业与恋爱关系的水准。大量的教育实践表明，在具体行动上，更多的大学生一旦坠入情网就不能自拔，或如痴如醉沉浸于卿卿我我的甜言蜜语，或加班加点致使上课时无精打采，甚至干脆逃课，成为恋爱“专业户”。脑科学研究表明，大学生所处的年龄阶段正是人生中脑神经系统最发达的阶段，其思维和记忆能力都进入了最佳时期，是完善知识储备，提高智能素质，掌握技术技能的黄金时代。一个人的成才与否，就取决于在这一时期的拼搏程度。“恋爱学业两不误”属于校园恋爱的悖论。学业与爱情关系处理不当，必然会分散精力，破坏情绪，导致成绩下降，直接影响学业。在大学求学期间，把大量的时间和精力花费在谈恋爱上，既是个人的损失，也是国家有限教育资源的浪费。

2.注重眼前过程，轻视将来结果，引发责任缺失

恋爱的终极目标和归宿本应是婚姻，但调查表示，只有11%的大学生把恋爱动机指向婚姻。这种只强调爱的“现在进行时”而不考虑爱的“将来完成时”的恋爱方式，实质上是只强调爱的权利，而否认了爱的责任，结果是大学生爱的责任的缺失，表现为大学生恋爱的盲目性、片面性和随意性，损害了爱情的圣洁和尊严。伦理学认为，人类爱的情感从来都具有一定道德责任，只有以高尚的道德为基础建立起来的爱情，才是人类社会中真正的、珍贵的爱情。大学生在恋爱的整个过程中一直都对婚姻存在一种潜意识的恐惧感，他们不会、不敢或不愿承担爱的责任，于是，或匆匆结合又匆匆分离，造成自己及他人的感情痛苦；或见异思迁朝秦暮楚，搞多角恋爱，只为了寻找精神慰藉。更有甚者恋爱态度极不严肃，超越正常恋爱关系，随意发生性关系(即便是情到深处情不自禁)，既造成个人身心创伤，又败坏了校园的道德风尚，还有可能由于恋爱中的性行为引起犯罪。

3.不良倾向凸现，调节能力较弱，诱发心理问题

人们常说，校园里的爱情是最纯洁、最真诚的，但曾几何时，“唯物”、“拜金”、“实用”之风也让这一方“净土”变得浮躁和功利；真正的爱情是心与心的碰撞、情与情的相悦，但如今的校园恋爱更多是为了满足日渐膨胀的虚荣；曾经“遮着”、“藏着”的“性”对现在的大学生来说也不以为然和无所顾忌。大学生恋爱中如此等等的不良倾向破坏了美好爱情和幸福生活的基础，带来了沉重的经济压力，淡薄了恋爱道德意识和法纪意识，同时也诱发出许多心理问题。大学生中“有情人”虽多，但“终成眷属”者少，“失恋大军”日益壮大。面对失恋

这样一种较为严重的挫折，由于心理承受和调节能力较弱，自尊心和自信心受到沉重打击，有的放弃了对爱情的追求，自我封闭；有的一蹶不振，失去了生活的意义，以至于悲观厌世；还有的甚至做出极端行为，造成人身伤害或自伤，不但阻碍了自己身心健康发展，也给高校声誉带来了不良影响。

二、大学生健康恋爱观的培育

（一）学会异性交往，具备合理的性别角色意识和性别行为模式

大学生正常的异性交往是我们生活及个体成长中必不可少的重要组成部分，为此，我们要注意以下问题。

1. 发展正常的异性友谊，破除男女之间只能有爱情、不能有友谊的封建观念

一方面要积极参加社会活动，扩大社交范围，建立良好的人际关系网络，另一方面，在条件许可的情况下，尽可能多参加一些有一定规模的男女同学均可参加的集体活动，如周末舞会、联谊会等，为促进异性同学之间的相互交往和了解提供机会。

2. 遵循异性交往的原则

一是自尊自律，做到心无杂念，举止文明，稳重大方，文雅得体，不过分拘谨，也不过分随便，不过分冷淡，也不过分亲昵，不可过分卖弄，也不过分严肃。二是相互尊重，特别是尊重对方的人格和性别特征，防止对性的放纵态度及出言不逊，甚至挑逗的言行。三是心态自然，用对待同性的心境与态度对待异性，情感流露、言谈举止自然而流畅。最后是适时适度，即交往的方式、程度及时间恰到好处。

3. 建构合理的性别角色意识和性别行为模式

在异性交往中，觉悟到自身性别所必须承担的责任和义务，愉快地接受自己的性别，实现生理性别与性别角色意识和性别行为模式的同一。男生要胸襟宽广，意志坚强，富有进取精神，具有责任感、幽默感；女生要稳重聪慧，自尊自立，富有自强意识，给人温柔感、可爱感。

（二）强化以价值观为首的“三观”修养，摆正学业与爱情的关系

大学生可以通过接受“三观”教育，构筑自己的精神世界，端正人生航向，明辨是非曲直，增强社会责任感，不在读大学期间刻意追求那份所谓的“浪漫”而白白浪费用来学习科学文化、完善知识结构、提高综合能力的大好时光。大学生要摆正学业与爱情的关系。在大学里，学业无疑是大学生的主修科，爱情只能是选修科。选修科学得再好，而主修科不过关，同样拿不到毕业证。建议大学生在完成主修科的前提下，再根据自己的实际情况考虑选修科的问题，否则，即是舍本逐末。

（三）学会健康文明的恋爱行为方式

大学生应懂得为对方承担恋爱过程中的道德义务和责任，善于用理智控制情感，敢于向婚前性行为说“不”。假若我们自己觉得恋爱时机已成熟，又具有完善的个性和基本稳定的人生观、价值观，经济条件允许，恋爱动机端正，双方自愿步入了二人世界，那么，我们可以确立恋爱关系，但要注意以下三点：

一是要充分发挥“恋爱效应”，把爱情的力量和方向引向完善自我，努力学习，共同进步上。

二是要平等相待，相互帮助，相互尊重，行为要大方，言谈要高雅，讲究语言美。

三是要善于用理智控制情感，把握性接触的层次。

一般而言，恋爱中的性接触可有四级层次：两人在一起的美好感觉为第一层，如一往情深的目光，对对方的欣赏；边缘性的身体接触为第二层，如牵手、拥抱和接吻；进一步的身体接触为第三层，如对对方乳房、生殖器等敏感部位的抚摸；性交为第四层。对于在校未婚大学生来说，恋爱中的性接触只能达到第三层，否则危害无穷，特别是对女生。

专栏 9－4

婚前性行为的危害

婚前性行为虽然一般不存在暴力强迫现象，但它对于个人和社会都是有害的。其危害主要表现以下几个方面。

（一）给婚姻造成不良后果

恋爱是婚姻的前奏，通过恋爱而互相了解，培养感情，然后决定是否结成配偶。因此，对于男女双方而言，恋爱具有一定程度的自由。而结婚则不然，双方必须相互承担社会责任，互相忠诚并受到国家法律的保护。在现实生活中，恋爱并不全部促成结婚，婚前性行为往往给双方心理带来不良影响，甚至受到严重损害。本来恋爱双方是相互平等的，可以自由选择，但发生性行为以后，双方均失去了纯洁和尊严，男方可能认为女方再也离不开自己而对女方态度随便，任意支配。而女方既有社会舆论的压力，又会害怕或担心男方变心而不得不事事迁就和容忍，从而双方失去了相敬如宾的感情基础，妨碍了彼此的了解和理想情操的培养，从而给婚后的家庭幸福造成阴影。特别是女方，由于有婚前性行为，即使发现男方有较大的缺点，不少人仍不得不勉强结婚，暗吞苦果。这是因为，一旦分手后女性一般不易找到配偶，通常很少有男性愿意娶有婚前性行为的女性为妻的。有的男性虽然主动要求婚前性行为，但一旦发生后有会引起猜疑和鄙视心理，怀疑女方以前就有过不正当性关系，日后会不会对性关系随便，这些都经常是婚后家庭不和的重要因素。

（二）损害身心健康

婚前性行为往往是在男方性冲动很强而女方却处于害羞、紧张、恐惧的状态下进行的，双方都有某种程度的非法感。这种心理状态下的性生活很难谈得上和谐，若不注意卫生还会给女方带来阴道损伤和泌尿生殖系统感染。而初次性生活的不和谐，往往会产生心理障碍，可使女方在很长时间乃至终身产生性厌恶，而男方因屡屡匆忙性交，或害怕受孕而体外射精等，则可能引起早泄之类的性功能障碍。总之，婚前性行为有可能影响婚后正常性生活，从而影响双方的身心健康。

（三）可能造成未婚先育的严重后果

婚前怀孕等于是向周围的人宣示本人有婚前性行为，尤其是女方常感到心理压力很大而产生自卑心理。若进行人工流产，由于青春期女性生殖器尚未完全发育成熟，手术时容易发生子宫损伤，还可引发以后习惯性流产和早产。而人工流产后发生盆腔炎或子宫内膜异位症，还会造成终身不育的恶果。假如多次人工流产，更会严重影响身体健康。若不进行人工流产，对青春期少女来说，妊娠和分娩也有多方面的危害。比如妊娠高血压和疼痛的发生率比成年孕妇高一倍，容易发生缺铁性贫血，胎儿畸形率比成年人高一倍；另外，由于子宫发育未完全成熟，早产的发生率也高，可达12%～19%；由于盆骨发育不完全，分娩时会造成阻塞性难产，于是不得不进行剖腹产；加之沉重的负担和社会压力，必将严重影响年轻父母的学习、工作和身体健康。总之，无论对于个人的生理和心理，还是对于社会，未婚先育都是非常有害的。

（四）增强爱的能力

爱是人的本能，但并不是每个人都懂得爱的真谛，懂得如何去爱。爱不是一种单纯的行为，而是需要我们终生学习，不断发现和创造的活动。要学会恋爱，大学生要注意以下两点。

1. 学会识别

懂得爱是什么，有健康的恋爱价值观，了解自己的所爱所需，面对中意的对象，在理智分析之后，把握时机，勇敢表达，摆脱单恋或爱情错觉的困扰。在恋爱过程中，一旦发现对方并不适合自己或自己并不适合对方，在慎重考虑后，应当机立断，以明确的态度、合适的方式提出分手，避免藕断丝连或委曲求全，为未来美满婚姻生活埋下隐患。面对别人的示爱，能及时准确地做出判断，并决定是否接受、谢绝或再观察。要既敢于用恰当的方式拒绝求爱，也能够以坦然的心态接受被拒绝，避免引起心理扰乱。

2. 学会创造

爱情是个人内心圣洁的情愫，是人类崇高的理想和精神追求，体现着真、善、美，反映着人的精神面貌和品格。自强自立的洪战辉以真、善、美的人格魅力赢得了少女的芳心，享受到美好的爱情。学会创造爱，也体现在正确处理恋爱问题的过程中，因为此过程往往也是一次人格提升的过程，此间进一步形成的诸如自信、乐观、诚实、忠贞、认真负责、积极进取、宽容理解以及较强的耐挫力等积极的人格品质，使人格更加健全，而且恋爱中每一个矛盾的克服和解决，都意味着人格向成熟和完善迈进了一步。

课堂活动与体验：男生眼中的女生和女生眼中的男生

男生眼中的女生(男生填写)

A　你认为女生最吸引你的三项特质，依次用①②③标出。

1. 温柔　2. 漂亮　3. 贤惠　4. 热情　5. 真诚　6. 稳重
7. 聪明　8. 勤奋　9. 身材好　10. 有修养　11. 好运动　12. 有主见
13. 活泼、外向　14. 内向沉稳　15. 善于打扮　16. 穿着大方
17. 爱好相近　18. 家庭背景好
19. 其他(列出上面未说明而你认为重要的特质)

____

B　简单描述你讨厌什么样的女生。

女生眼中的男生(女生填写)

A　你认为男生最吸引你的三项特质,依次用①②③标出。

1. 高大　2. 英俊　3. 幽默　4. 真诚　5. 稳重　6. 热情
7. 聪明　8. 勤奋　9. 讲义气　10. 好运动　11. 有主见　12. 有修养
13. 出手大方　14. 乐观外向　15. 穿着潇洒　16. 爱好相近
17. 乐于助人　18 家庭背景好
19. 其他(列出上面未说明而你认为重要的品质)

____

B 简单描述你讨厌什么样的男生。

统计并公布调查结果,并由此展开讨论:

1. 女生为什么看重男生的这些特质?对男生有什么启示?
2. 男生为什么看重女生的这些特质?对女生有什么启示?

第十章

大学生生命教育与心理危机应对

学习目标：

- ◆ 能够认识生命，懂得尊重生命、珍爱生命。
- ◆ 能够识别心理危机的信号。
- ◆ 能够预防心理危机，掌握心理危机初步的干预方法。

盘点大学生自杀事件

据一篇发表在某知名论坛的题为《盘点大学生自杀事件》的网帖统计：

华东某大学商学院一名大二学生坠楼身亡。华东理工大学宣传部向媒体表示，死者的成绩不好，各门课程及格的比不及格的少很多，有些甚至是零分。

华中某大学文华学院男生公寓5号宿舍楼，一名男生从4楼跳下。医护人员赶至现场施救时，跳楼男生已不治身亡。得知跳楼者死了，一名女子趴在死者身旁痛哭不已。据称，跳楼者是该校大一学生。

武汉某大学一学院男生宿舍7号楼，一名男生从楼顶跳下，当场身亡。

……

为什么大学校园的伤害和自杀事件频发？面对生命，我们大学生究竟该做怎样的思考？

第一节　生命教育概述

著名的意大利教育家蒙台梭利曾说过，教育的目的在于帮助生命的正常发展，教育就是助长生命发展的一切作为。

心理健康教育是有目的地培养受教育者良好的心理素质的教育，从更本质的意义上说不仅包含解决学生心理层面的问题和维护心理健康的一般技巧，还是加强对人生存的根本性、全面性、培育学生的生存感受能力和生命情感的教育。

生命教育是以寻求人的生命本质为基础，以尊重人的生命尊严和个体价值为前提，以生命价值个体差异为教育出发点，唤醒和培养学生自信、自立、自尊、自我发展的内在动力，构建生命的和谐。通过这种教育，可提高大学生对生命及其存在价值的认识，让当代大学生真正懂得生命的特征和意义，从而认识生命、尊重生命、珍惜生命和敬畏生命，用生命和谐构建校园和谐、社会的和谐。

一、生命的涵义

（一）生命的界定

谈到生命教育，首先涉及到的问题是如何界定生命。自人类进入文明社会以来，生命就一直受到人们关注，尤其是20世纪以来，生命更成为一个热门话题。许多研究者都从自己所属的学科出发，对生命提出了各自的界说。如生理学定义生命是具有进食、代谢、排泄、呼吸、运动、生长和繁殖等功能的系统；遗传学定义生命是通过基因复制、突变和自然选择而进化的系统；《辞海》对生命的解释是：由高分子的核酸蛋白体和其他物质组成的生物体所具有的特有现象。能利用外界的物质形成自己的身体和繁衍后代，按照遗传的特点生长、发育、运动，在环境变化时常表现出适应环境的能力。恩格斯如此定义生命：生命是蛋白体的存在方式，这个存在方式的基本因素在于和它周围的外部自然界的不断新陈代谢，而且这种新陈代谢一停止，生命就随之停止，结果便是蛋白质的分解。显而易见，这些论述都是从生物学的角度去认识和理解生命。

随着科学的分化及其发展，涉及“生命”的各门学科都试图从各自的角度定义“生命”。心理学认为，生命即意识到的自我，从婴儿期开始缓慢发展；医学则认为生命是活着的状态。生命哲学认为：“生命是世界的、绝对的、无限的本原，它跟物质和意识不同，是积极地、多样地、永恒地运动着的。”

从这些对生命的界定可以看出，人们不是把生命看成世间生物的基本存在形态，就是把它抽象为一个概念，而对人出现“生命”后所持有的概念没有本质的认识。人是有意识的，与其他生物的生命有着本质的不同。马克思指出，动物和它的生命是直接同一的，它没有自己和自己的生命活动之间的区别，它就是这种生命活动。人则把自己的生活活动本身变成自己的意志和意识的对象。马克思的论述表明，人知道“我是人”，而动物不知道它是什么，它们不知道生，也不知道死，它们只是凭着激素和神经系统的作用在完成着自然的代谢；只有人类，才具有思维和意识，人的生命是自然生命、精神生命和社会生命的统一。

（二）生命的三个层次

生命首先是一个自然的物质存在，是个肉身，这是最基本的。但人又不只是肉身，因为他有思想，人的生命还体现在意义上，这就是马克思所说的“人能够有意识支配自己的生命活动”，生命是一个精神性存在，但人的“精神”并不是自发地从人的肉体生命中产生出来的，它之所以对人的肉体生命具有某种超越，是因为它是在人的社会性生产和交往活动中，作为自然与文化、个体与族类的矛盾关系的交叉而出现的。换言之，生命不是单个人的抽象物而是社会关系的总和。因此，人的生命还是一个社会生命。人本体生命的存在包含着三重生命:一是自然生理性的肉体生命,二是关联而又超越自然生理特性的精神生命,三是关联人的肉体和精神而又赋予某种客观普遍性的社会生命。这三重生命互为前提、互为因果、循环往复的生命流程,实现着人与自然、人与自我、人与社会的交换和协调。

1.自然生命

面对一个具体的、现实的人,我们首先注意到的是个体的肉体生命。自然的生理性的肉体生命是人存在的物质载体和本能性的存在方式,是最基本的生命尺度。作为肉体的生命,人是一个自然的存在物,饮食代谢、生生息息、衰老病死,代表着生命最原初的现实形态。但人又是人的特殊的自然存在物。人的自然的生理性生命不仅在遗传上具有动物所不具有的未特定化的特点,而且不只是动物般的肉体、自然自在的顺序发展和本能冲动的任意释放。人的自然生命中如果没有意识的萌生、精神的贯注,就不成其为人的生命。而人对生理性肉体生命的物性、本能性的超越是经过自我意识、凭借内在精神的提升而完成的。人能够意识到肉体生命的存在,并能够对自身生命的存在和发展作出自主的选择。人是自在之有,但更是自为之有,他摆脱了动物的本能之态,并不固定在动物直接去实现的苟且偷生、自我保存之中,人的生命在支配直接、超越自己中实现。自然生命是生命的最基本状态,是精神生命和社会生命的基础和"载体",没有自然生命,一切都将无从谈起。

2.精神生命

精神生命亦即永恒生命,人的精神生命,就是人的思想和精神的存在。这是心理学和哲学层面的。其表现形式是自然生命满足其基本本能需要之后,追求一种精神和灵魂的境界。精神生命与人的肉体相对,是一种与"观念"、"意识"、"思维"、"理性"、"灵魂"等相一致的概念。精神可以在多个层面来探讨。比如从类的角度看,精神主要表现为与物质世界相对的人类的精神世界;从团体的角度看,精神主要表现为团体的共同信念和凝聚力,称为团体精神(包括国家精神、民族精神);从个体的角度看,精神主要指个体独特的内心世界,是个人存在的深层尺度。精神固然有多个层次,但精神的最终落脚点或归宿应该是个体的精神生活。人正因为有精神的存在,使人超越了动物的本能,而获得了自由。人在生理上会有生老病死,社会角色也总在变,权力和责任可以予夺,但人的精神和思想却可以"跳出三界外,不在五行中"而永垂不朽。无形的精神生命,是人最有自主权的一条性命,是生命的最高层次。

3.社会生命

所谓社会生命,顾名思义,是指个体走出自我限制的一种生命状态,它是自然生命的必然延伸,具体表现为生命与生命之间相互交往的一个现实过程。人是社会的人,自然生命只是相对而言,社会生命才是人生的真正内涵和本质所在,这也是人与万物生命的根本分歧所在。人总是处于"社会关系"之中,并承担一定的社会角色,在家庭中,为子女、为父母、为兄弟,孝顺、慈爱、善良或痛苦;在工作中,为同事、为属下、为领导,友爱、尽力、倾心或别扭;下班后,服务于人,亦受人服务,友善、融洽或孤独。忽视人的社会生命及其生活的社会性,看不到社会存在、社会生命对人的自然和精神生命的某种决定作用,就不可能正确地认识自然生命的本能冲动和释放,不可能正确地认识人的自由。不考虑人的社会性与他人的联系,单纯的强调精神生命的自由,就会破坏人与人的协调关系,最终是每个人都走向不自由。所以,对体现精神生命之本的自由而言,只能是关系中的相对自由,自由是与控制与秩序同在的，只有从个人领域进入到公共领域，在民主的空间和公正的制度指导下，人才能从一个自然的生物人、个体人变成社会人、契约人，社会生命背负着人生的诸多意义，人总是通过自己的社会“角色”以及相应的权利和义务，意识到自己的社会存在、社会生命，从而开始开掘、充实和引领自己的精神生命和自然肉体生命。

二、大学生生命价值的表现形式

（一）对自身

大学时期是大学生生命成长的一个黄金时期，可以自由发挥自己的特长规划自己的生活，这一阶段也是人生重要的转折阶段，夹在校园与社会之间的他们面临着学习、生活、社交上无数的未知。面对日趋激烈的学习、就业、情感压力，大学生们往往缺乏正确的判断和解决方式。而学校、家庭、社会有关生命教育的缺失，使得他们无法正确对待生死，并导致了严重的自杀问题。

诸如“为救落水少年而英勇献身”生命悲歌，留给我们的不仅是对其见义勇为的赞扬，也引起了我们对生命价值观的反思。市场经济所强调的趋利性和道德观念的重义性存在着一定程度的矛盾，随着社会主义市场经济建立和发展，人们传统的价值观念大大颠覆，这必然影响着捕捉信息能力极强的大学生群体。在现代实用主义的影响下，部分大学生贪恋物质追求却毫无精神追求，在面对自身追求和生命问题时，他们无所适从，生命观渐渐迷失，无法理解生命本身存在的意义。部分大学生不讳言自身对物质利益的追求，越来越关注自身利益的实现。简单、直接地把市场经济的价值尺度引入人生价值观中，认同金钱的多少是衡量人生价值大小的砝码，在知识的学习上也分“实用不实用”。当今社会的迅猛发展好比一把双刃剑，一方面丰富和拓展了大学生的生存空间、物质空间，但另一方面却使得他们的精神空间极度贫乏。随着网络的普及，部分大学生沉迷于网络，生活在虚拟世界里游荡不能自拔。随着物质的满足和知识层面的提高，他们对为什么活着、为谁而活、怎样活着等生命本身带有实质性的东西缺乏深刻的了解和认识。对于掌握了丰富知识的大学生群体而言，必须有一个正确的价值观的引导，才能把才干用于正途，正确对待自己，正确选择道路，才能真正实现自身价值。

（二）对他人

每个大学生对自己的前途都有着高度的期许，但在大学里，他们面对的是与自己一样优秀甚至更出色的同辈。大部分大学生也能关爱他人，有着较强的责任感，对别人的困难处境有着深切的同情，并能够做出实际行动。同时，大学生有一定的生存意识和生存能力，较之中学生成熟，但是由于与社会接触较少，涉世未深，自我意识比较强，与他人相处沟通能力较稚嫩。有些大学生由于父母的教育缺少了生命爱，缺少了生命与生命的交往和沟通，只是一味的以自我方式对待同辈。特别是受过伤害的大学生，他们尚未学会宽容，不会善待自己和他人，也不会呵护生命，善待生命。越来越多的大学生感觉到精神的空虚，在精神的家园里，他们无家可归，“郁闷”一词常常挂在嘴边，无法领悟生存的意义和生命的价值，处在与自然、与社会、与他人、与自身相疏离的困境之中，在困境中逐渐迷失方向，拥有的只是对生命情感的日益冷漠，生命感知的日益麻木，生命意识的日益薄弱。药家鑫为了逃避自己的责任伤害了别人的生命，这是一种对生命的漠视和残忍，是生命价值观异化极端表现。部分大学生在与同学、与老师的人际交往也表现出了较强的功利性和趋利性,在群体生活中表现出的集体主义观念淡漠、以自我为中心、损人利己等现象亦不容忽视。

(三)对自然

生命的价值首先是基于生命的存在和自然的存在,在实在的基础上才能发展和提升生命的价值。大自然是我们人类赖以生存的家园,我们应该爱护动物、保护环境、善待公物。但近年来,青少年折磨动物的报道层出不穷,一幕幕触目惊心的残忍画面使我们逐渐意识到:虐待动物不再是一种偶然现象,而逐渐表现为青少年发泄情绪、宣泄感情的表达方式,它体现了青少年的一种心理障碍,反映了现代青少年缓解压力方式的异化,更是一种生命价值扭曲后反社会反自然的突出表现。现代社会强调的过度竞争和过度物质化,导致了部分青少年情感的荒漠化和对自然的漠视。当一个人的注意力只集中在知识或技术等某一个狭窄的领域,他将忽略丰富的大自然世界,对大自然的其他生命缺乏感情,情感冷漠,对人缺乏同情关怀之心,不懂得珍惜生命,为实现个人目标很少考虑后果。据了解,目前我国至少有3000万青少年受到各类学习情绪、行为障碍等心理问题的困扰。越来越多的青少年通过摧残大自然的生命来释放内心的压抑,例如清华学子刘海洋硫酸泼熊事件,大学生踩猫、踩狗事件等,随意践踏树木花草、破坏公共设施的现象也较为严重。

(四)对社会

生命是一种责任,与生俱来或后天萌发的责任,承担和履行这种责任,就是探索和实现生命价值的过程,这一过程无时无刻不体现在社会活动中。生命因承重、承担而变得有目的,因履行对自己、对他人、对社会的责任而显得亮丽、充实和富有。当代的大学生大都是独生子女,父母的过分溺爱、对孩子的包办,容易使他们缺乏责任心,养成胆怯、懦弱、依赖、以自我为中心等性格,大大降低了面对困难、应对挫折的勇气。而当前社会,毒品、艾滋病、恐怖主义等随时都有可能威胁大学生年轻的生命,社会上日益严重的拜金主义思潮、传统社会教育过分强调对知识而非智慧的掌握与运用,都使人们在不知不觉中忘记了世界上最为宝贵的东西——生命!生命教育的缺失,使社会饱尝了苦果。网络社会的广泛运用和乘法效应,在优化社会结构、增进社会活力、促进社会发展的同时,对传统文化和道德价值观念产生了巨大的冲击。同时网络环境加剧了人的自我封闭,许多大学生开始忘记了丰富多彩的现实生活,沦落为毫无感情的交往机器,造成人际关系冷漠。许多在校大学生生活经验积累不够,轻信他人,交友不慎,在保护财物、身体、生命免受侵害等方面缺乏基本常识和方法,致使他们在社会活动中的安全问题比较突出。对于一些骗术及突发状况,生活阅历丰富的人往往能及时识破并保护自己,而一些大学生却常常不知应对,或是上当受骗,缺乏自我救助的常识,造成了许多不应有的或本该可以避免的损失,造成学生的财产损失,有些甚至危及大学生的生命安全。

三、大学生生命教育的内涵

大学生处在人生的关键时期,他们具有自己的特点和需求,其生命存在于自然、精神和社会三个领域。为此大学生的生命教育内涵包含生命知识的教育、生命价值的教育和生命关系的教育三个方面。

(一)生命知识的教育

当前,部分大学生由于一直受高考指挥棒的影响,唯以上大学为目标,因此对知识的掌握围着高考的科目转，至于对其他知识，包括生命知识则非常缺乏，主要表现为对自己的生理结构不了解，心理问题突出，生命自救能力弱等。生命是什么？这是一个谜团，狄尔泰曾感叹，我们体验生命，但生命对我们却是个谜。大学生虽然具有较为丰富的知识，但是对生命的认识也依然是个谜。狄尔泰认为，社会科学可以借助于直觉的理解，可以达到人的生活的深处，其出发点就在于知识和智慧。一个人要对自己的生命和生活世界有更好的理解和认识，就需拥有一定的知识和智慧。高校开展的生命教育，就是给大学生传授有关生命的知识，它涉及到关于生命的由浅入深的、形象生动的、贴近生活的各个方面的知识，涵盖着各种生命的形态、生理结构、生活习性、生命健康和人的生理规律及生命安全等知识。

在了解生命特征的基础上，高校的生命教育要引导大学生去发现生命的真谛，探求什么是人，什么是人性，解决"人为什么活着"、"怎样活着"等人生问题，唤起自己的生命意识，叔本华认为世界的本质就是生命意识，生命从本质上讲是一种强大的、不可遏止的生存冲动，是一种神秘的生命力。大学生只有意识到生命的存在，认清了生命的本质，才有生存的冲动，就会更加敬畏生命。

对大学生开展生命知识的教育，仅仅给学生灌输一些抽象的有关生命价值和意义的知识和把生命知识局限于人的生命的知识是不够的，而应是关系到地球上一切生命的教育，把所有的教育都提升到"生命"的高度来进行教育。

（二）生命价值的教育

首先，凸显"肉体"价值的重要性。让大学生真切感受到自己的血肉存在，就是当下的生存状态，是生命个体最基本而且是最重要的价值。也就是说，"活着"才使生命具有现实性，"活着的肉体"是人们"精神"存在的基础，只有健康的身体才会有良好的精神。在生命价值教育活动中，高校要重视大学生的体育、美育课的教育，向大学生讲明健康身体的重要性，让大学生认真学习掌握身体的结构、疾病的防御以及生命危机的自救等知识，使大学生对身体有深入的了解，加强锻炼，善待身体，促进身体健康，珍惜生命。

其次，凸显精神的价值。人的生命与其他生命体最大的不同就是人的活动具有目的性，人通过各种有目的的、对象性的活动来发展自己。人的存在不仅仅是自然生命的存在，更是精神生命的存在，人的生命的精神性决定了人的存在问题不只是一个单纯的生存问题，而是一个"创造存在"的存在问题。人作为主体性存在物，在创造历史的过程中，是一种更高精神的追求，表现为人们对理想、感情、道德、信仰和价值的追求。

最后，凸显社会的价值。人类生命是具体的、独特的和自我的，而意义作为人之为人的本质，总是具有不同个性的人相互区别的重要尺度，换言之，不同的人总会有不同的生命意义，因而必定有各不相同的生命价值观。如何使大学生的生命更富有价值，关键在于如何提升大学生的社会价值。个人生命的社会价值，是个体的活动对社会、他人来说具有的价值。人的本质属性是社会性，个体的人只有在社会生活中，才能使自己的物质和精神的需要得到满足，一个人的需要以怎样的方式和多大程度上得到满足也是由社会决定的，即个人生命价值的实现取决于他的人生活动对社会和他人的贡献，即他的社会价值。所以，一个人生命的社会价值高低主要是看其对社会贡献的多少。当然，大学生生命价值的教育，也应该关注和重视个体生命的特殊性，尊重和理解他们各自拥有的独特价值。人的价值，除了人类的共性价值外，总有个体的特殊价值所在。因为，人类生命是具体的、独特的和个我的，而意义作为人之为人的本质，总是具有不同个性的人相互区别的重要尺度，换言之，不同的人总会有不同的生命意义，因而必定有各不相同的生命价值观。正是在这一意义上，我们说，大学生生命价值的教育需要关注个体的不同价值取向，在尊重和理解的基础上，因势利导，因人而异，对他们进行有效的引导，更好地帮助他们提升自己、完善自我，进而促使他们更好地实现自我价值。

（三）生命关系的教育

生命关系的教育要处理好以下三个方面的关系。

1. 处理好与他人的关系

高校对大学生开展生命关系的教育，凸显大学生的生命价值，平等对待每个大学生的生命本体，遵循每个大学生的生命特征。在以人为本的现代社会，大学生不是接受知识的容器，而是一个具有独立的认知、情感、意志等个性特征的人，“对生命关系的教育”所要培养的情感是以科学知识为依托、融真善美于一体的合理的情感教育。同时大学生作为一个社会人，正处于思想活跃、精力充沛和兴趣广泛的时期，希望被人接纳和认可，迫切需要与他人建立各种关系。在与他人相处的过程中，大学生应树立起平等、信用、尊重、宽容和互利的思想，克服一些品质障碍，调整与他人相处存在的嫉妒、自卑、羞怯和猜疑等不良心理。

2. 处理好人与自然的关系

我国古代哲学的核心理念就是以“生命”为中心，认为人类与人类之外的其他生物是一个生命的有机体。“天地与我并生，而万物与我为一”，就是说，天地、万物、人是一个生命的有机体，我们应该爱一切人和一切物。大学生要认识到，人类与其他生物处在一个生命的有机体中，有着相互依存、相互制约的生态关系，要对生命有一种“敬畏”感，这样我们才能与世界上的其他生命建立起一个灵性的、人性的关系，以大爱境界关注所有生命的价值。

3. 处理好与社会的关系

大学生是一名准“社会人”，他们更应关注人的“社会性”，而人的“社会性”的实质就是“关系”，正如马克思所言，动物不对什么发生“关系”，而且根本没有什么“关系”。所以在人类社会的多种性质中，“社会关系”是一个核心的性质，社会关系只有在人们交往中才能产生并形成。大学生生命关系的教育不仅要教育大学生设法在社会中生存，更主要的是要教会大学生进行“人—人”交往，并用“人—人”交往代替“人—物—人”的交往，使大学生成为快捷交流的“服务器”，处理好与社会的各种关系，从而促进大学生健康成长。

（四）生命教育的根本在于唤醒人的生命意识

生命教育的提出与日益严重的自杀密切相关。自杀意味着身体的死亡。其实，身体的消失只是一种表面形式。在一个人决定结束自己肉体生命时，其心灵、精神早已死亡。所以，拯救自杀者，主要不在于改变外部的物质生活环境，而在于一个人以什么样的态度对待生命、对待人生。自杀者的最大问题就是生命意识的薄弱。

法国大文学家雨果曾经说过，人有了物质才能生存，人有了理想才谈得上生活。动物生存，而人则生活。生存只是为了维持和延续生命，美好的生活才能使生命之光得以展现和再造。生命教育的目标，基础层面是教人珍爱生命，学会保护生命，更高的层次则在于教人体悟人生的意义，追求人生的理想。只有实现了这一目标，才能使生物学层面上的个体生命真正转化为文化学层面上的独立的、有尊严的、自由的价值主体，即成为大写的“人”。

否则，缺失生命的意义，人只能混同于动物，苟且偷生。只有体悟生命意义的人，才会真正地热爱生命，珍惜生命，体验生命之美好，也能坦然地面对生命的困境，在与困难斗争中，活出人生的滋味和精彩。

第二节　大学生心理危机的表现与应对

一、大学生心理危机的表现

（一）心理危机的概念

心理危机是指当个体面临突然或重大生活逆境（如亲人死亡、感情危机或天灾人祸等）时个体的资源和应付机制无法解决所出现的心理失衡状态。心理危机标志着一个人正经历生命中的剧变和动荡，它会暂时干扰或破坏一个人习以为常的生活模式，其特征是高度紧张，伴之以焦虑、挫折感和迷茫感。近几年来，大学生的心理健康问题已经受到越来越多的关注。很多调查表明，目前大学生中心理问题的发生率在30%～40%。大学生因为心理问题而引发的极端事件也越来越多，如因心理抑郁而坠楼等自杀事件在国内的一些大学已屡见不鲜。这一切都凸现了当前大学生的心理健康问题对大学生生命质量的潜在威胁。

（二）心理危机的分类

根据危机产生的诱因，心理危机通常可以分为两类：

1.成长性危机

成长性危机又称发展性危机，是指人在生长过程中可能出现的心理危机。根据埃里克森（Erikson）人格发展八阶段理论，人生每一个成长阶段都可能出现该阶段特有的危机状态。当一个人从某一发展阶段转入下一发展阶段时，他原有的行为和能力不足以完成新课题，而新的行为和能力又尚未发展起来，这时个体常常会处于行为和情绪的混乱无序状态，容易产生成长性危机。成长性危机是可预见的，因而也被认为是正常的危机。升学、离开父母、谈恋爱等都有可能引发成长性危机。

2.情境性危机

情境性危机，又称外源性危机或适应性危机，是指由外部看见的或超常的、个人无法预测和控制的事件引起的危机。情境性危机的特点在于它是随机的、突然的、震撼性的、强烈的和灾害性的。情境性危机具体可能涉及到以下几个方面：

(1)基本需求的丧失，人类某方面的基本需求得不到满足，或可能遭遇丧失状况的威胁性与危险性的事件。如：亲人或心爱的人意外死亡、离去，疾病或是身体完整性的丧失等。

(2)重大自然灾害，常见有地震、火灾、旱灾、水灾等自然灾害。

(3)重大人为事件，由于人为因素导致的重大损失，如造成严重后果的车祸、自杀、犯罪事件、婚姻问题、工作问题，甚至流行性疾病传播、黑社会袭击等社会情境危机。

（三）大学生心理危机的表现

1. 无法适应新的环境

在高校里普遍存在这样的现象，有的大学生会出现各种问题导致退学或被开除学籍，比如出现过多不及格门次，不能顺利拿到学位证书等。而这些大学生入学时都是非常优秀的，他们不能正常毕业的原因，很多是由于不适应大学的学习方式和生活环境，由此引发心理危机，不得不因严重的心理疾病而休学或退学。

2. 严重的孤僻性格和自闭心理

在大学校园里，有一些心理自闭和性格孤独的学生，这类性格往往多见于一些贫困的大学生，他们将自己隔离于同学和学校之外，人际关系淡漠，甚至产生恐怖心理；缺乏获得安慰、支持的环境和宣泄转移的条件。因此，在遭到挫折和打击时，缺少别人的安抚和帮助，不良情绪得不到宣泄和释放，导致心情郁闷，严重的甚至会引起自杀。尤其是一些贫困生，进入大学后，由于强烈感受到了与他人之间的差距，常会因经济拮据感到自卑，又羞于接受他人的帮助。即使得到别人理解和帮助，也容易背上心理负担，总是觉得亏欠同学的情，往往觉得在同学面前抬不起头。同时，这些大学生对社会和他人对自己的评价和态度又非常在乎，极其敏感，因而不愿与同学交往，或在交往中沉默寡言，慢慢地就自觉地将自己封闭起来，远离人群，形成自闭心理和孤僻性格。

3. 心理极度的偏激

一些家庭经济比较困难或个性不良的大学生心理和行为常常很偏激，他们见惯了社会上各种世态炎凉，由此产生心理的不平衡，容易养成愤世嫉俗或玩世不恭的人生观。而一些个性不良的学生看问题容易走极端，心理偏激，在与他人发生冲突时，容易采取过激的行为。

4. 严重的心理抑郁

抑郁是指大学生受到学习成绩不良、恋爱或生活受挫、家庭中出现重大变故等消极因素刺激后，心理无法承受而出现的不良情绪反应。通常表现为对日常活动兴趣显著减退，感到生活无意义，对前途悲观失望，遇事往坏处想，精神不振，自我评价下降，不愿主动与别人交往，严重的心理抑郁将产生自杀的念头。我国有学者报告，在自杀未遂的大学生中，有35%～79%可被诊断为抑郁性心理问题，可见心理抑郁已经成为一个危害我国大学生心理健康的重要因素。

5. 严重的自卑心理

大学生的自卑心理主要表现在能力、自身价值等方面低估自己，并且认为自己得不到别人的尊重，因而终日忧虑不安乃至自暴自弃。生理有缺陷、相貌不佳、才不如人、家庭困难等都可导致大学生的自卑心理。一般的大学生个体或多或少在自身某个方面都体验过自卑这种消极情绪，但只要通过积极的自我调节，往往就能减轻或消除自卑心理。如果沉湎于强烈的自卑之中不能自拔，心理很容易失去平衡。

二、大学生心理危机产生的原因及过程分析

大学生心理危机的形成是很复杂的，它不是某一种原因和某一个心理问题一一对应的结果，其影响的因素是多样的。

（一）大学生心理危机产生的原因

1.家庭问题造成的心理创伤

家庭问题是大学生心理问题的主要根源之一。父母不和或离异，容易导致学生性格的畸形发展和心理创伤。父母的感情情况，直接影响孩子性格的养成，父母不和争吵、离异，毫无疑问会在孩子的成长过程中留下严重的阴影，造成沉重的心理压力，使他们常常陷入苦恼无助、愤怒、悲观、厌世之中，造成他们在情感上的脆弱和耐挫力的缺乏。

2.就业竞争引发的心理危机

自从我国高校扩招后，大学生的就业竞争和压力空前增大。虽然大学毕业生数量大幅增长，但社会整体就业岗位没有明显增加。人才市场中供求关系的巨大变化使用人单位对大学生综合素质的要求越来越高。许多学生刚进大学校门就感受到即将到来的激烈的就业竞争，再加上就业领域存在的不正之风和家庭社会背景、地域背景、性别差异等因素，使一部分来自贫困地区、农村地区的学生和一部分女生产生不同程度的心理问题，表现为焦虑、紧张、烦躁、抑郁、悲观等情绪反应。

3.学业压力引发的心理危机

由于就业竞争的压力，导致大学生中的学业压力普遍比较严重，他们既要学习好专业知识，又要学习好英语，还要参加各种证书考试。繁重的学习任务使大学生长期处于身心疲惫的状态，产生心理疲劳，表现出思维迟缓、注意力不集中、反应速度降低、情绪烦躁、倦怠，生活乏味等现象，若不及时调适，也容易引发各种心理危机。

4.由情感引起的心理危机

由于国家对在校大学生恋爱、结婚限制的解禁，当前大学生谈恋爱的现象越来越普遍，70%以上的大学生对谈恋爱持不提倡、不反对的态度，40%以上的大学生都有过恋爱的经历。但大学生的身心发展还不成熟，由于缺乏经验，无法处理好复杂的情感纠葛和情感与学业的关系，一旦失恋往往引发心理危机。

5.经济因素引起的心理危机

我国是一个发展中国家，加上农村地区占到90%以上，广大的农村地区经济相对落后，学费往往成为来自贫困地区的大学生的一个沉重的经济负担和心理负担，由此出现了贫困生的心理危机问题。由于经济困难导致大学生心理问题而引发的校园案件这几年时有发生。学生的自卑和闭锁心理、嫉妒心理，学生间不良的人际关系，都将引发他们对社会的极度不满情绪，进而仇视同学、仇视社会。

6.不适应大学生活环境

在校大学生年龄在18～22岁之间，他们在生理上多已发育成熟，但其心理发展远没有成熟。许多学生第一次离开家到一个全新的环境，一时难以顺利地实现角色转换，如水土不服、饮食不习惯、集体生活不适应、难以承受理想中的大学环境和现实中的大学环境之间的反差等等，便产生挫折心理，出现孤独、苦闷、烦恼、忧愁等不良心理反应。同时，这个时期是人生由少年向成年过渡的阶段，他们的独立精神、自主精神还没完全成熟，许多学生无法适应新的生活。而且，随着年级的升高逐渐感到学习持久紧张与竞争压力，很多大学生心理压力增大，容易产生茫然、空虚、压抑、紧张、无所适从感，导致心理挫折的产生。

（二）心理危机的心理过程分析

心理危机是一个过程，处于危机中的个体要经历四个阶段：

第一阶段，当一个人感受到自己的生活突然发生变化或即将出现变化时，其内心的基本平衡被打破了，表现为警觉性提高，开始体验到紧张。为了重新获得平衡，个体试图用其惯常的策略做出反应。这一阶段的个体一般不会向他人求助。

第二阶段，经过一段时间的努力，个体发现惯常的策略未能解决问题，于是焦虑程度开始上升。为了找到心理解决办法，他开始尝试采取各种办法解决问题。但高度紧张的情绪多少会妨碍当事人冷静地思考，从而会影响其采取有效的行动。

第三阶段，如果经过尝试各种方法未能有效地解决问题，当事人内心的紧张程度持续增加，并想方设法地寻求和尝试新的解决办法。在这一阶段中，当事人求助的动机最强，常常不顾一切地发出求助信号，甚至尝试自己曾经认为荒唐的方式。此时当事人最容易受到别人的暗示和影响。

第四阶段，如果当事人经过前三个阶段仍未能有效地解决问题，他很容易产生习惯性无助。他会对自己失去信心和希望，甚至会把问题泛化，对自己整个生命意义发生怀疑和动摇。很多人正是在这个阶段中企图自杀。同时，强大的心理压力有可能触发以前未能完全解决的、被各种方式掩盖的内心深层冲突，有的人会由此而走向精神崩溃和人格解体。这个阶段当事人特别需要通过外援性的帮助，才有可能度过危机。

危机个体陷入危机是一个逐渐的发展过程，在这个过程中，个体有许多成长的机会，且在不同的阶段，对外力帮助的需求和接受意向不同。因此，危机干预要掌握好适当的时机，以取得干预的最佳效果。

（三）心理危机的结局

由危机事件引发情绪失衡状态不会一直持续下去。一般认为，心理危机持续的时间大约在4～6周，在这4～6周中，由于处理危机的手段不同、个体的人格特质不同、所获得的支持不同，危机发展的结局也不相同。一般来说，心理危机会产生三种结局：

1. 当事人顺利度过危机。此种结果中，有两种情形：其一，是大学生通过自身努力并结合外界帮助，问题得以解决而防止了危机的进一步发展，逐渐恢复到危机前的心理平衡状态，这是较理想和出现较多的结果。其二，是最理想的状态，当事人在危机过后产生积极的变化，学会了新的应付技巧，心理适应能力同时也得到提高，心理状态变得比以前更成熟和坚强，抵抗危机的能力提高，总体的心理素质超出危机前的水平，而且从危机发展过程中学会了处理危机的新方法，整个心理健康水平提高，个体通过危机获得了一次成长的机会。这是危机发展的最佳结局。

2. 当事人虽然看似度过了危机，但只是暂时将不良的情绪压抑到潜意识当中，并没有真正解决问题，却在心理上留下一块“瘢痕”，形成偏见，留下后遗症，在以后的生活中，危机的不良后果还会不时地表现出来，下次遇到同样的危机事件时，可能出现新的不适应状况。

3. 当事人未能度过危机。心理危机未能得到有效的应付与干预，而进一步发展或难以自拔，经受者陷入绝望之中，或沉溺于类似借酒浇愁的消极应付方式之中，变得孤独、多疑、抑郁、自责、焦虑、适应不良，发展成神经症或精神病，甚至可能采取自杀行为。

三、大学生心理危机的自我应对

（一）重新认知世界

重新认知世界可以改变一个生活事件的意义或大学生对自我和他人及世界的看法。

自我合理化是大学生重新认知世界的方法之一。所谓自我合理化，就是当一个人遭遇打击时，为自己的失败寻找一个冠冕堂皇的理由，冲淡内心的不安以安慰自己，求得心理平衡。在各种危机面前，大学生应学会悦纳自我、接受现实，善于用各种理由把环境进行合理化。这种方法只要运用得当，对大学生进行积极的心理危机应对是非常有效的。事实上，很多事情发展的最终结果并不像我们想象的那么严重。

（二）积极调适情绪

危机的出现会使人们极度紧张和沮丧，而且消极的挫折体验将使危机进一步恶化，因而调适情绪就显得很重要。通过调整情绪，使诸如焦虑导致恐慌、沮丧导致失望等情绪的恶性循环得到控制。当危机超出我们的控制以及我们无力改变外部事物时，将注意力集中在努力调整自己的情绪上，把握自己的情绪尤为重要。调适情绪的方法很多，如过分紧张的消除、尽情痛哭、呐喊宣泄都是以情绪调适为主要目标的应对方法。

（三）建立良好的人际关系

孤立无援的个体很希望能够得到别人的帮助。在危机期间和危机过后，个体都需要与周围的人保持一种良好的人际关系，不一定是要求他们提供强烈的情感支持，而是与他们保持日常的联系、共同分享经验、共同面对事物。这有助于遭受危机的个体重新适应社会，还可以分散他们的注意力，使得他们不再为消极紧张的情绪所困扰。保持良好人际关系的方式可以表现为找人倾诉烦恼以及与自己的朋友一起散步、听音乐或是静静地坐一会儿。

（四）寻求社会支持

心理危机之所以产生，是因为大学生靠自己一个人的力量不能够独立应对，因此社会支持就显得十分重要。实际上，针对大学生的社会支持越来越多，如学校的心理咨询机构、社会上的心理热线等，均能有效地为处于危机状态的大学生提供及时的帮助。只要大学生能主动寻求专业心理咨询人员的帮助，就有可能缓解心理危机。

（五）创造良好的外部环境

外部环境对大学生心理健康的影响极大，如何营造积极健康的社会及校园文化氛围？对于社会来说，要形成公平竞争的良好风气，抑制丑恶现象泛滥；宣扬积极健康的文化和价值观，形成良好的社会文化氛围；不断加强校园文化建设，丰富大学生课余文化生活；开展各种学术活动，形成浓厚的校园学术风气；为大学生提供合理的情绪表达机会，使不良情绪得以宣泄；向特殊群体提供支持等。

知识拓展

心理危机干预六步法

尽管人类会遇到错综复杂、各式各样的危机，但危机干预工作者仍可使用相对直接和有效的干预方法来处理危机。危机干预六步法已广泛被专业咨询工作者和一般工作人员所采纳，用于帮助许多不同类型危机的求助者。

第一步：确定问题

即从求助者的角度，确定和理解求助者本人所认识的问题。在整个危机干预过程中，工作人员应该围绕所确定的问题来把握倾听和应用有关技术。为了帮助确定危机问题，推荐在干预开始时，使用核心倾听技术：同情、理解、真诚、接纳以及尊重。

第二步：保证求助者安全

在危机干预过程中.危机干预工作者应将保证求助者安全作为首要目标。简单地说，就是对自我和他人的生理和心理危险性降低到最小可能性。

第三步：给予支持

危机干预的第三步是强调与求助者沟通与交流，使求助者知道工作人员是能够给予其关心帮助的人。工作人员不要去评价求助者的经历与感受是否值得称赞，或是否是心甘情愿的，而是应该提供这样一种机会，让求助者相信“这里有一个人确实很关心我”。

第四步：提出并验证可变通的应对方式

这一步侧重于求助者与工作人员常会忽略的一面——有许多适当的方法或途径可供求助者选择。因为多数情况下，求助者处于思维不灵活的状态，不能恰当地判断什么是最佳的选择，有些处于危机的求助者甚至认为无路可走了。

在这一步中，工作者有效的工作能帮助求助者认识到，有许多可变通的应对方式可供选择，其中有些选择比别的选择更为适宜。应该从多种不同途径思考变通的方式：(1)环境支持。这是提供帮助的最佳资源，求助者知道有哪些人现在或过去能关心自己；(2)应付机制，即求助者可以用来战胜目前危机的行动、行为或环境资源；(3)积极的、建设性的思维方式，可用来改变自己对问题的看法并减轻应激与焦虑水平。如果能从这三方面客观地评价各种可变通的应对方式，危机干预工作者就能够给感到绝望和走投无路的求助者以极大的支持。

虽然危机干预工作者可以考虑有许多可变通的方式来应对求助者的危机，但只需与求助者讨论其中的几种。因为处于危机之中的求助者不需要太多的选择，他们需要的是能现实处理其境遇的适当选择。

第五步：制订计划

危机干预的第五步是制订计划，这是从第四步逻辑地、直接地发展而来的。危机干预工作者要与求助者共同制订行动步骤来矫正其情绪的失衡状态。计划应该：(1)确定有另外的个人、组织团体和有关机构能够提供及时的支持；(2)提供应付机制——求助者现在能够采用的、积极的应付机制。确定求助者能够理解和把握的行动步骤。根据求助者的应付能力，计划应注重切实可行和系统地帮助求助者解决问题，可以包括求助者与危机干预工作者的共同配合——如使用放松技术。

计划的制订应该与求助者合作，让其感到这是他自己的计划，这一点很重要。制订计划的关键在于让求助者感到没有剥夺他们的权力、独立性和自尊。有些求助者可能并不会反对由帮助者来决定他们应该做什么，但此时这些求助者往往过分地关注于自己的危机而忽略自己的能力，他们甚至会认为将计划强加给他们是应该的。让受情绪困扰的求助者接受一个善意强加给他们的计划往往很容易。因此在计划制订过程中的主要问题是求助者的控制性和自主性，让求助者将计划付诸实施的目的是恢复他们的自制能力和保证他们不依赖于支持者，如危机干预工作者。

第六步：得到承诺

第六步得到承诺紧接在第五步之后，同样，控制性和自主性问题也存在于得到恰当的保证这一过程中。如果制订计划这一步完成得较好的话，则保证这一步就比较容易。多数情况下，保证这一步比较简单，让求助者复述一下计划："现在我们已经商讨了你计划要做什么，下一步将看你如何向他或她表达自己的愤怒情绪。请跟我讲一下你将采取哪些行动，以保证你不会大发脾气，避免危机的升级。"在这一步中，危机干预工作者要明确，在实施计划时是否达成同意合作的协议。

在第六步中，危机干预工作者不要忘记其他帮助的步骤和诸如评估、保证安全和给予支持的技术。在结束危机干预前，工作者应该从求助者那里得到诚实、直接和适当的承诺。然后，在检查、核实求助者的过程中用理解、同情和支持的方式来进行询问。也就是说，核心的倾听技术在这一步中也很重要，与在确定问题或其他步骤中一样。

第三节　大学生心理危机的预防与干预

一、心理危机干预的概念

心理危机干预，简称为危机干预，早期对于危机干预的定义是对暴露在重大创伤事件与正常生活压力源的人类进行评估、预防、减除及改善有害影响，促进成长与发展的干预。20 世纪 90 年代之后，危机干预的内涵进一步向外扩展，积极的、预防性的危机干预理念开始渗透进危机干预的理论与实践。

帕拉德(Parad)认为，心理危机干预是指在混乱不安的时期，一种积极主动地影响心理社会运作的历程，通过危机干预，可以减少具有破坏性的生活压力事件带来的直接冲击，并协助受到危机直接影响的人们，激活其明显的与潜伏的心理能力及社会支持资源，以便能适当地应对生活压力事件所造成的后果。

我国学者翟书涛认为，危机干预是一个短期的帮助过程，是对于处于困境或遭受挫折的人予以关怀和支持，使之恢复心理平衡。它是从简短的心理治疗基础上发展起来的心理治疗方法，以解决问题为目的，不涉及来访者的人格矫治。

综上所述，危机干预指的是给处于危机中的个人或家庭提供有效帮助和支持的一种技术。通过调动他们自身的潜能来重新建立和恢复其危机前的心理平衡状态。简言之，就是及时帮助处于危机中的人们恢复心理平衡。

知识拓展

几种具有代表性的心理危机干预模式理论

平衡模式

平衡模式又可称为：平衡/失衡模式，是最纯粹的危机干预，主要应用于危机干预的起始期。危机状态下的当事人通常处于一种心理情绪失衡状态，在这种状态下，他们原有的应对机制和解决问题的方法不能满足他们当前的需要。平衡模式就是要帮助人们利用各种可利用的资源走出不平衡状态,重新获得平衡。

认知模式

认知模式认为危机根源于对事件和事件的境遇的错误思维,而不是事件本身或与事件和情景有关的事实。该模式要求危机干预工作者帮助当事人认识到存在于自己认知中的非理性和自我否定成分,通过获得思维中的理性和自我肯定成分,人们能够获得对自己生活中危机的控制。认知模式比较适合于那些心理危机状态基本稳定下来并逐渐接近危机前心理平衡状态的当事人。也就是危机干预的中后期阶段。

心理社会转变模式

心理社会转变模式认为人是先天遗传和后天环境学习的产物。危机反应可能与内部和外部(心理的、社会的、环境的)困难有关,而不是一种单纯的内部状态。相应地,危机干预的模式也要求涉及到个体以外的环境,测定与危机有关的内部和外部困难,帮助求助者选择替代他们现有行为、态度和使用环境资源的办法,从而帮助求助者将适当的内部的应付方式、社会支持和环境资源结合起来,以帮助他们获得对自己正常生活的自主性。心理社会模式同样适用于危机干预的中后期干预阶段。

二、高校心理危机干预的主要目标

1.通过宣传普及心理健康知识,使大学生认识自身,了解心理健康对成才的重要意义,树立心理健康意识。

2.通过介绍增进心理健康的途径,使大学生掌握科学、有效的学习方法,养成良好的学习习惯,自觉地开发智力潜能,培养创新精神和实践能力。

3.通过危机干预,使大学生学会自我心理调适,有效消除心理困惑,自觉培养坚韧不拔的意志品质和艰苦奋斗的精神,提高承受和应对挫折的能力,以及社会生活的能力。

4.帮助大学生树立心理健康意识,优化心理品质,增强心理调适能力和社会生活的适应能力,预防和缓解心理问题。

5.帮助大学生处理好环境适应、自我管理、学习成才、人际交往、交友恋爱、求职择业、人格发展和情绪调节等方面的困惑,提高健康水平,促进学生的全面发展。

三、高校心理危机干预应采取的措施

大学生心理危机的产生有着复杂的生理、心理和社会文化环境的发生因素和发生机制,因此解决大学生心理危机是一项系统工作,必须本着预防和干预并重的原则,才能有效地解决大学生的心理问题。

(一)开展心理普查活动,筛选心理危机学生

高校应该通过SCL－90(临床心理状况自测量表)和EPQ对大学生进行心理普查,了解大学生的个性特征,筛选出大学生心理高危人群,并予以重点关注、定期分析、重点跟踪、重点帮助,预防大学生心理危机的产生和某些突发事件。同时,建立心理危机学生心理健康档案,有利于我们对危机学生的心理状况进行及时了解和跟踪,较准确地掌握他们心理

上的变化，并对有较严重心理问题的大学生，予以重点关注和辅导。但要注意严格保密，及时存档，一旦发现其心理有异常变化，就必须及时地加以疏导防治。如果发现有精神病倾向者，应及时同精神病专科医院联系，请精神病专家协同诊断，以免误诊漏诊事故的发生，以防自杀事件的出现。

（二）加强对心理危机大学生的心理健康教育

针对大学生中普遍存在的心理问题，高校要加强心理健康教育活动，一方面，开展普及性的心理健康教育讲座，帮助大学生树立良好的心理健康意识，认识到心理问题和生理健康问题一样的存在，帮助他们了解有关青年期心理特征、心理问题的症状表现及其危害，增强他们的心理卫生保健意识，帮助他们掌握一些自我心理调节技巧，提高他们的抗挫折能力。同时，引导他们树立正确的心理咨询观念，出现心理问题，要及时找心理医生咨询，以便及时能得到心理咨询员的帮助，缓解焦虑不安的心情，避免心理问题加重。另一方面，开展各种有益于学生身心健康的心理健康教育活动。充分利用学校的心理协会和心理健康辅导中心举办“心理健康教育活动周”、“心理健康服务月”、“心理健康沙龙”等活动，开设“心理热线”帮助大学提高心理素质和心理的调适能力，并利用学校内一切可以使用的宣传媒体，普及心理健康知识，强化学生的自我保健意识。

（三）采取针对性措施干预大学生的心理危机

引起大学生心理危机的原因是多方面的，我们在对大学生进行心理危机干预时也应对症下药。

1. 采用“现实疗法”干预大学新生由不适应而引起的心理危机

一般而言，当大学生由一个已经习惯了的环境进入一个全新的环境时，因为无法摆脱原有的生活方式，便产生了一种不协调，进而导致其心理失调。生活上的不适应，极易导致学习上的落后，进而产生深度的自卑感。对生活的态度，由自信变为自卑，由希望变为失望，有些大学生甚至产生绝望心理。对此，可以采用心理咨询中的“现实疗法”进行干预。“现实疗法”的干预重视现在，它强调过去的事实已无可改变，因而应将眼光放在现在与将来的发展之上，注重承担责任对于个人成长的重要性，并将其当做心理咨询的核心，强调人只有积极面对现实，才能承担责任，获得“成功的认同”。通过这种干预，使身处心理危机的大学生们形成对现实的清晰了解，并根据自己的实际情况制订切实可行的计划，使自己迅速融入这个全新的环境，做一个“现实人”而非“过去人”。以更加自信的姿态去生活、学习和交往。

2. 采用“理性情绪疗法”干预严重自卑和心理偏激的大学生

对于严重自卑和心理偏激等心理危机要通过“理性情绪疗法”进行干预。人既是理性的，又是非理性的，人的精神烦恼和情绪困扰大多来自于其思维中不合理、不符合逻辑的信念，它使人逃避现实，自怨自艾，不敢面对现实中的挑战而产生偏激行为。当人们长期坚持某些不合理的信念时，便会导致不良的情绪体验，而当人们接受更加理性与合理的信念时，其焦虑与其他不良情绪就会得到缓解。运用 ABCD 理论进行干预，即在诱发事件 A、个人对此所形成的信念 B 和个人对诱发事件所产生的情绪与行为后果 C 这三者关系中，A 对 C 只起间接作用，而 B 对 C 则起直接作用。通过治疗 D 对 B 的劝导、干预作用，使其认识发生转变，进而使其行为发生改变。这种干预，目的在于帮助大学生认清其思想中的不合理信念，建立合乎逻辑、理性的信念，以减少个人的自我失败感，对个人和他人都不再苛求，学会容忍自我与他人。通过这种干预，使有的学生对自己早已形成的错误的观点、想法、信念加以纠正，建立一个更为切实可行的信念，以此作为行动的指南，改变其自卑心理或心理偏激的表现。

3.采用"认知领悟"干预"感情受挫"和学业失败引发的心理危机，一部分大学生由于经历了感情的挫折或学业的失败，从而导致心理偏激或自杀等行为，可以通过"认知领悟"进行干预。因为认知过程对人的情绪变化和行为动机有着支配作用，所以通过改变心理危机学生的认知模式，并辅之以行为疗法的技术，可以矫正他们的不良情绪和行为。这样，随着危机者认知方式的改变，他的不良情绪和人格障碍也会随之得到缓解。通过引导大学生对自己面临的问题症结中的非理性、非逻辑观念的深刻领悟，来帮助他们重新认识、评价自我，建立合乎情理的认知模式，摆脱非理性观念对自我的干扰，消除其心理危机。

（四）加强就业指导，缓解大学生由于就业压力而引发的心理危机

就业压力一直是大学生所面临的重要心理压力之一，高校应该重视对大学生的就业指导，以缓解学生对未来就业的心理压力。随着高校就业制度改革的深入及高校"大众化"教育的到来，高校毕业生的就业面临着新的机遇和挑战。学校应充分利用校内、校外的各种资源，在人员和经费等方面向毕业生就业指导工作予以支持，安排专职人员担任大学生的就业指导教师，同时启动大学生就业信息化工程，帮助大学生随时了解有关的就业形势，做到心中有数，切实减轻就业形势对他们形成的压力。同时还可以采用心理咨询理论中的"来访者中心疗法"加以干预。人都有两个自我，即现实自我和理想自我。其中前者是个人在现实生活中获得的自我感觉，而后者则是个人对"应当是"或"必须是"等的自我概念，两者之间的冲突导致了人的心理失常。人在生活中获得的肯定越多，则其自我冲突越少，人格发展也越正常，所以通过心理干预，协助大学生自省自悟，充分发挥其潜能，最终感觉到自我的实现，减轻心理焦虑和危机。

课堂活动与体验：假若你是小A，你该怎么办

活动主题：探究生命的意义

小A因在一次考试中一时糊涂作弊，被老师发现，并受到了严重的处分，觉着面子上过不去、没脸见人了，时时都感觉老师和同学都用异样的眼光看自己，于是整天躲在宿舍里，连上课也不去了。最近常常冒出这样的念头：活着有什么意义，还不如死了好！

假如你是小A，你该怎么办？请同学们就生命的意义和危机预防进行讨论。

第十一章

大学生心理咨询与辅导

学习目标：

- ◆ 了解心理辅导、心理咨询与心理治疗的基本概念和功能。
- ◆ 了解心理辅导与心理咨询的内容与类型。
- ◆ 能够建立正确的心理咨询与辅导观念。
- ◆ 能够形成心理健康的自助、求助意识。

第一节　心理咨询与辅导概述

全面实施和推进素质教育，是我国教育改革和发展面临的长期重大任务和主旋律。素质教育的重要内容和任务之一，就是使学生具有良好的心理素质，提高学生的心理健康水平。然而，面对急剧变化和迅速发展的现代社会，大学生成长的生态环境日趋复杂，身心健康所受的负面影响日益增大，致使当代大学生心理问题不断产生，心理健康水平逐渐下降，心理素质越来越令人担忧。因此，提高学生的心理素质，大力加强学校心理健康教育，势在必行。然而学校心理健康教育在我国尚处于初始阶段，由于基础薄弱，起步较晚，迄今为止，关于此项工作的一些基本问题仍处在不断探索和实践之中，甚至一些主要的、关键的基本术语和概念都没有定论，众说纷纭。这种状况极易造成广大教育实践工作者的困惑，引起一些不必要的混乱，从而在客观上不利于学校心理健康教育工作开展的科学性、规范性和有效性。我们有必要对其基本术语和基本概念予以澄清与诠释，这对学校心理健康教育的实际开展具有十分重要的意义。

一、心理辅导、心理咨询和心理治疗

心理咨询、心理辅导和心理治疗是三个在学校心理健康教育中经常会遇到的名词，它们有什么区别与联系？如何正确使用这三个概念？这些都是教育者比较关注的问题，同时也是专业人员和研究人员关注的问题。

（一）心理辅导

辅导(Guidance)，在古汉语里，辅是帮助、佐助、辅助的意思，导是指引、带领、传导、引导的意思，英语里辅导的含义和中文相同或一致，泛指有关专业人员对当事人的协助与服务。

心理辅导(Psychological guidance)是学校教育者根据学生心理发展的特点与规律，在一种新型的建设性的人际关系中，有关专业人员运用心理学等专业知识技能，设计与组织各种教育性活动，以帮助学生形成良好的心理素质，充分发挥个人潜能，进一步提高心理健康水平的过程。

心理辅导这个词是港台学校心理健康教育活动中常用的概念，中国大陆过去使用得不是很普遍。近年来，有些学者开始使用这一词，但是其含义具有广泛性，多数情况下，就是指心理健康教育，有时这两个概念相互通用。

（二）心理咨询

咨询(Counseling)，在古汉语中，咨是商量的意思，询是询问，合起来就是与人协商、征求意见。英语的咨询含有协商、商讨、会谈、征求意见、寻求帮助、顾问、参谋、劝告、辅导等含义。

心理咨询(Psychological counseling)一词，既表示一门学科即咨询心理学，也可以表示一种心理技术工作，即心理咨询服务。作为一种技术与服务的心理咨询，其含义是：运用心理学的理论和技术，借助语言、文字等媒介，与咨询对象建立一定的人际关系，进行信息交流，帮助咨询对象消除心理问题与障碍，增进心理健康，发挥自身潜能，有效适应社会生活环境的过程。

（三）心理治疗

心理治疗在英语中有时被称为“心理治疗”(Psychotherapy)，有时直接被称之为“治疗”(Therapy)。心理治疗的含义是指在良好治疗关系的基础上，由经过专业训练的治疗者运用心理学的有关理论和技术，对当事人进行帮助的过程，以消除和缓解当事人较严重的心理问题和障碍，促进其人格向健康协调发展，恢复其心理健康。

二、心理辅导、心理咨询与心理治疗的区别与联系

对人的心理问题的处理，目前大致有医学模式和教育模式两种，前者重心理的治疗和重建，后者重心理的预防和发展。按使用这两种模式因素的多少，可区分为心理辅导、心理咨询和心理治疗三个层次和类型。由此，心理辅导、心理咨询和心理治疗在对象、目标、手段、功能、方式、方法、过程、时间等方面各有差异。

心理辅导的对象往往是处在转变或转折时期的普通学生，即他们的心理健康状况相对良好。关注对象的未来，心理干预的重点是预防，根本目标是为防止未来问题的发生而提供的知识性服务，促使学生形成良好的心理素质，充分发挥个人潜能。

心理咨询是以遇到心理困惑或有强烈心理冲突与矛盾的正常学生为对象，关注对象的现在。心理干预的重点是发展，根本目标是改善学生个体的心理机能，提高心理健康水平。

心理治疗是以心理健康水平较低或心理机能失调及心理上有障碍的疾患学生为对象，关注对象的过去。心理干预的重点是矫治，根本目标是纠正与治疗学生心理与行为的失常

问题，恢复其心理健康。

除此之外，三者在方式、时间、过程、方法上也有不同。在方式上，心理辅导多倾向采用团体辅导或与个别辅导相结合的方式，而心理咨询与治疗多采用个别对待的方式；在时间上，心理辅导可以是终生的，伴随着整个教育过程。相对而言，咨询与治疗则是一个可长可短的时段，难以持续终生；在实施过程的积极主动性上，心理辅导多表现为辅导人员积极主动的过程，而心理咨询与治疗相对被动，要等求助者主动来访，主动对问题学生进行咨询与治疗则难以奏效；在方法上，心理辅导有更多的组织、计划和具体方法等结构化成分，而心理咨询与治疗则更加灵活、富有弹性和针对性，需适时调整结构和计划。

从学校心理健康教育的途径来看，心理辅导、心理咨询和心理治疗都是实现心理健康教育的重要途径，三者是并列的关系；从概念的种属来说，学校心理健康教育是种概念，心理辅导、心理咨询和心理治疗是属概念；从服务的范围广度出发，心理健康教育、心理辅导、心理咨询与心理治疗依次是包含关系，即心理治疗∈心理咨询∈心理辅导∈心理健康教育；就纵向的解决问题的深度而言，则表现为由表及里的依次递进关系，即心理健康教育→心理辅导→心理咨询→心理治疗；若就其共同点来说，心理辅导、心理咨询和心理治疗三者都被认为是心理有问题者的一个学习过程，即通过学习来改变其不健康的心理和行为，所以三者都强调双方之间的合作，以建立一种民主、平等、和谐的人际关系。三者关系如图11－1所示。

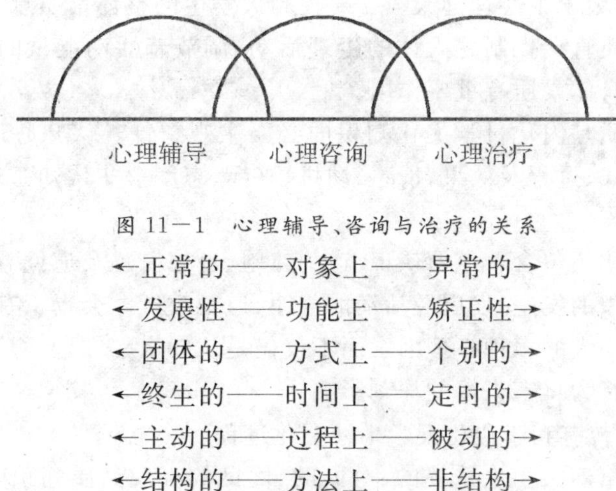

图11－1　心理辅导、咨询与治疗的关系

←正常的——对象上——异常的→

←发展性——功能上——矫正性→

←团体的——方式上——个别的→

←终生的——时间上——定时的→

←主动的——过程上——被动的→

←结构的——方法上——非结构→

需要强调的是，上述三个概念都是狭义的，而在实际开展学校心理健康教育的活动中，这三个概念的使用不仅有很大程度的交叉和重叠，而且多数时候都是在广泛意义上使用某个概念，如心理辅导，就可能包括所有的咨询、辅导和治疗在内。同样，使用心理咨询与心理治疗这两个概念往往也都是包括其他两个概念。之所以只使用其中某一个概念，可能是由于具体的学校开展心理健康教育在对象、任务、内容、方法、手段等方面的侧重点不同而已。现在较多统一的提法“心理健康教育”一词实际上也包括了上述三者，因为仅仅只使用三者中某一个概念来涵盖学校心理健康教育都是很不全面的，所以，学校最终统一使用心理健康教育这一概念不仅是学术上的慎重选择，更是学校教育现实状况和实际需要的反映。

虽然心理咨询、心理辅导和心理治疗是互相紧密联系的，不能也无法完全区别开来，但是这三者毕竟是不同的，从真正意义上说，都具有各自不同的特点，所以它们应该区别开来。只有这样才有利于学校心理辅导、心理咨询和心理治疗工作的开展，也有利于提高学校心理健康教育工作的准确性、针对性和科学性。

三、学校心理健康教育的作用

学校心理健康教育是大教育视野、大教育观念中的一种教育活动，其内涵与心理辅导、心理咨询和心理治疗相比要丰富得多。学校心理健康教育是指教育者根据学生的生理、心理发展特点，运用心理学、教育学及其相关学科的理论与技术，通过心理健康教育课程、心理健康教育活动、学科渗透、心理辅导与咨询以及优化教育环境等有关心理健康教育的途径和方法，帮助学生解决成长过程中的心理问题，促进全体学生心理素质提高和心理机能健康发展的一类教育活动。这种称谓既体现了学校心理健康教育工作的特殊性，又包含了心理素质的内容和辅导、咨询的方法形式，无疑是一种较为准确而科学的称谓。学校心理健康教育有效促进了学生的全面发展。

（一）心理健康教育是整体素质教育的重要基础

大学期间是大学生成才的关键阶段，成才需要个体素质的全面、充分、综合的发展，在大学生的整体素质的发展中，心理素质既是整体素质的重要内容之一，又是综合素质发展的中介和基础。所以，大学生心理健康教育对提高大学生的整体素质意义非凡。

1.良好的心理素质直接控制着人体的生理活动，调节着活动能量的释放，对增进人的生理机能和提高人的身体素质有重要作用。

2.良好的心理素质是内化科学文化知识的必要主观条件。认知心理能力直接影响科学文化知识内化的方式、过程及效果；情感、动机、兴趣、态度等非认知心理品质则往往成为内化过程中的动力因素。

3.良好的心理素质还包含着道德认识、道德体验、道德情感及道德意志等方面的因素。只有遵循人的心理现象的发生、发展及活动的规律，道德教育才会真正有效。

4.人的外在行为受人的多种心理因素而不仅仅是认知水平支配，心理素质对人的整个行为模式以及一生的行为具有直接的深刻影响。

（二）心理健康教育有利于优化大学生社会化过程

心理健康教育是培养大学生系统的、全面的、优良的心理品质并预防和消除各种心理障碍的教育。所以大学生心理健康教育要以健全的人格为核心。而人格则是社会化的产物。社会化是人们获得知识、技能和能力，成为符合相应社会要求的标准的合格成员的过程。社会化同时也是人们在特定的社会环境中相互影响、相互渗透、相互作用的社会互动过程。通过这一过程人们逐渐形成了自己独特的个性，学会了自己所在社会的生活方式以及赖以生存的各种生活技能。

积极开展学校心理健康教育工作有利于增强大学生的心理适应能力和抵御各种不利于自身发展的逆境。开设心理健康教育课程，教给学生一些提高心理素质、塑造心理品质、维护心理健康的知识、方法和技巧，将有利于大学生顺利地接受学校施加的一系列社会化过程。社会化的涵义本身不仅在于使个体被动、消极地接受社会的影响，而且还在于使其成为一个具有主动精神和创新意识的个性丰富的人。

（三）心理健康教育有助于培养健全个性的合格人才

良好的个性是人才成功的关键。一个人只有正确地认识自己、评价自己、看待自己，尤其是了解自己的独特品质和个性，才能更好地驾驭自己的情绪和行为，有效地适应各种不断变化的新环境。不论是在学校教育的范畴中，还是在更大社会的教育范畴中，个性化心理健康教育都是一个非常重要的问题。

个性化心理健康教育的一个重要课题就是促进大学生健康、稳定的自我发展，培养其独立自主、灵活变通、勇于挑战和创新的个性心理特征。当代学校教育中提倡个性化心理健康教育是有其深刻道理的。个性化心理健康教育不仅对于学生个人的全面发展、身心健康、事业成功和人生幸福具有十分重要的意义，还适合当代社会对新型人才的需要。

（四）心理健康教育有利于促进和完善大学生思想政治工作

1.心理健康教育有利于预防心理疾病的产生和消除心理疾病

一个人的思想和心理往往是密切相关的，心理健康的人通常更容易接受思想政治教育，并内化为自己的信念，外化为自己的行为；而人的错误思想、不良品德又往往是在不健康的心理状态下形成的，其中有些违法乱纪行为就是由于没有积极的心理预防，从而导致心理障碍的结果。

2.有利于培养目标的实现

心理健康教育不仅要解决学生的心理问题，使其不断地反省自己的思想和行为，正确对待自己和他人，还要在更高层次上引导学生认识未来更有价值的奋斗目标，促使其不断自我完善、自我发展，使其优良的人格特质得到进一步的发展，不良的人格特质得到矫正。大学生教育的目标是培养德、智、体全面发展的人，而培养这种全面发展的人的先决条件是人的心理健康、人格健全。

3.心理健康教育能增强思想政治教育的作用

从本质上讲，心理健康教育同思想政治工作均是转化人的思想的工作，都是从认知、情感、意志和行为四个层次上进行，都立足于引导和教育，都是以培养全面适应社会进步的人才为宗旨。但是，要看到心理健康教育在一定意义上是思想政治教育所不及的，离开心理健康教育就不易做到倾听与情感沟通，以至于削弱思想政治教育的作用。

第二节　大学生心理咨询的特点和意义

一、大学生心理咨询的特点

（一）咨询的内容具有发展性

众所周知，当代青年及大学生年龄一般在18～25岁之间。其生理发育已基本成熟，但心理上却呈现出以下特点：第一，认知发展已达到成熟水平，表现最为突出的是“理论型”和抽象思维居主导地位。因思维的独立性提高，导致批判性较强，但辩证思维不清晰，缺乏科学的方法论。在观察分析事物时，尤其对比较复杂的社会现象存有偏见，看待问题较为主观、片面、固执，甚至会走极端。第二，情感、意志发展已接近成熟，道德感、理智感趋于稳定。他们珍视友谊，向往美好的未来，但情绪生活占主导地位，即情境性、波动性表现相当明显，并且难以控制。情绪的外显性与内隐性并存，如浮躁、孤独、社交恐惧、无聊心态以及很多人具有的失落感是当代青年、大学生特有的心理特征，其原因是情绪、情境这些心理因素不健康所致。第三，个性发展已进入塑造成型的关键阶段，自我意识在发展过程中矛盾较多，自我评价、自我教育的自觉性、客观性、稳定性却存在着较大的个性差异，对个人的价值取向、人生目标缺乏正确的认识。因此，面向青年的心理咨询主要是以发展性咨询为主。

（二）咨询的交往具有双向性

大学生心理咨询过程是由心理咨询师给他们以帮助、启发和教育的过程。它具有双向性，需要双方相互依赖、相互信任、相互配合，缺少任何一方都不能构成心理咨询的过程。心理咨询师在心理咨询过程中起着主导作用。这是因为心理咨询师有着丰富的心理知识，具有窥视人的内心世界的专业技巧，在解决心理问题方面受过专门的训练，所以能帮助他们分析问题，查找问题产生的根源，提供解决问题的参考意见。但咨询师绝不能把自己的意见强加于人，因为针对青年、大学生群体的心理咨询主要是为了“助人自助”，心理咨询师只是扮演“参谋”、“建议者”的角色。大学生是心理咨询过程中的主体，他们存在的心理问题的根本解决有赖于其主观的努力。因此，在心理咨询过程中，不仅要求他们认真听取咨询师的意见，积极配合心理咨询师的帮助，同时也要求心理咨询师能及时洞察他们的心理变化，并根据其反应来调节自己咨询的方法和手段，以达到最佳咨询效果。

（三）咨询的背景具有社会性

人是生活在社会中的，从来就不是一个孤立的个体。大学生作为一个社会人，不可能不受到社会各方面因素的影响，他们所有的心理品质和心理结构都是在这个社会环境中逐步形成的。心理咨询对于来访者来说，是社会各方面的影响因素之一，同时还受到学校、家庭、同伴等方面的影响。如果其他方面的影响与心理咨询过程的影响保持一致的话，就能帮助来访者比较顺利地或更好地克服心理问题或障碍。如果有一部分因素与心理咨询的作用相反，将会阻碍或削弱心理咨询的作用，这时候，心理咨询师必须把心理咨询与学校、家庭、社会联系起来，统一教育的步伐，携手帮助来访者。在实施心理咨询时，除了分析来访者本身的问题外，更要注意分析产生此心理问题的社会背景。同时，在解决心理问题时，要取得学校、家庭、社会各方面的配合，利用各方面的积极力量来消除或克服与心理咨询相违背的消极因素，使心理咨询取得较好的效果。

（四）咨询的过程具有渐进性

大学生的心理品质的形成与发展是渐进的，同样，他们的心理问题和心理障碍的克服和消除也是渐进的，需要一个过程。接受心理咨询的过程也是一个学习和发展的过程。在这个过程中，心理咨询师要帮助来访者逐渐学会抛弃与周围环境不适应的心态和行为；指导来访者学会正确对待自己和他人，放弃那些由于错误的自我观念而带给自己的痛苦，并学会怎样与人和睦相处。这一点对于来访者的心理健康来说是非常重要的，因为人的基本心理需要，多数是通过人际交往得到满足的。特别是一些不良习惯的纠正，不能操之过急，否则会适得其反，使来访者丧失信心。因此，要求心理咨询师在治疗过程中，要仔细、耐心，对来访者的帮助要循序渐进，逐步提高。

（五）咨询的目标具有双重性

大学生心理咨询起步于20世纪80年代，并从产生之日起，就与高校思想政治教育工作结下了不解之缘。在大学生心理咨询倡导、推动和发展的过程中，我国高等学校心理咨询队伍主要由三个方面构成，即思想政治教育工作者、专业的心理学工作者和医务保健工作者。在这三方面的人员中，思想政治教育工作者始终是大学生心理咨询的主力军，是当前构成我国高校大学生心理咨询队伍中人数最多的一支力量（约占70%）。这也是我国大学生心理咨询最为显著的特点。在大学生心理咨询迅速发展、高校思想政治教育面临进一步加强和改进的今天，特别是在《中共中央国务院关于进一步加强和改进大学生思想政治教育的意见》(2004)发出以后，展望两者结合的发展趋势，既有助于我国的大学生心理咨询沿着健康、有序的轨道发展，更有利于新形势下思想政治教育工作的科学化。因此，大学生心理咨询从咨询师的工作特征看，它具有双重性。值得说明的是，在这种状况下的大学生心理咨询，我们必须防止两种错误的认识。一种认识是认为在高校思想政治教育中没有必要开展大学生心理咨询。这种认识主要是把大学生心理咨询与高校思想政治教育完全割裂，或把大学生心理咨询错误地看做等同于高校思想政治教育。另一种认识是过分夸大大学生心理咨询的地位和重要性，认为高校思想政治教育工作应该让位于大学生心理咨询。事实上，高校思想政治教育与大学生心理咨询之间既有联系又有区别，若将两者完全等同或者取代，那不仅影响大学生心理咨询的效果，而且也会削弱高校思想政治教育工作的职能。

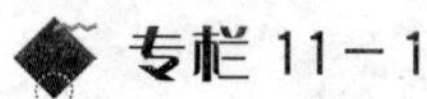

心理健康教育与思想政治教育的区别

性质任务不同

心理健康教育是指教育工作者运用心理学、教育学的知识与技能，按照心理发生、发展和变化的规律，对受教育者施加一定的影响，帮助学生化解心理矛盾，减少心理冲突，缓解心理压力，克服心理障碍，优化心理素质，顺利完成心理发展的任务，形成良好的个性和品质，积极适应社会生活。思想政治教育则是教育工作者根据思想政治教育学的知识和技能，按照一定社会或阶级的要求对工作对象施以政治、思想、道德的影响，使其具有科学的世界观、人生观和价值观，具有正确的政治立场观点及一定社会要求的道德行为。

工作侧重点不同

心理健康教育侧重把学生放在人际关系中研究，关注学生心理上同周围环境相互适应的情况，在帮助学生社会化的同时，特别注重学生个性的和谐发展、心理的平衡与潜能的发挥，主要解决学生心理健康与成熟的问题，致力于帮助学生克服成长中的障碍，较好地完成心理发展任务，提高心理成熟度，增强认知能力、选择能力、适应能力，确立并实现有益于个人发展和社会进步的生活目标。思想政治教育侧重把学生放在社会大系统中去考察和培养，要求学生按照他所承担的和将要承担的社会角色去塑造自己，按社会规范约束自己，主要致力于学生的政治和思想倾向及道德选择问题，例如解决世界观、人生观、道德规范及法律意识等问题。

主客体关系不同

心理健康教育中主客体双方主要是需要提供帮助的当事人和提供帮助的服务者、协助者的关系。教育者更像是学生的参谋、朋友，强调“同感”(有的称为“通情”)的作用，要求给予学生尊重、理解和帮助。思想政治教育中主要是教育者和被教育者的关系，教育者以对学生进行教育和评价为己任，其权威和主导地位能在某种程度上强化教育的作用，也可能引起受教育者的心理紧张和逆反。

理论依据不同

心理健康教育主要是以心理学理论为基础。思想政治教育主要是以马克思主义哲学和以马克思主义为指导的政治学、经济学、法学、伦理学等为依据。

原则方法不同

心理健康教育强调个体的自然属性，重视学生的内在需求和本能的发展，是在尊重、理解学生的前提下，按照心理活动和认知的形成规律，进行价值观引导，价值导向是“隐性”的，且具有个人本位的倾向。心理健康教育方法主要有心理测量、个别晤谈、团体咨询、心理暗示、角色转换、行为矫正等，具有保密性、教育者倾听性等特点。思想政治教育强调个体的社会属性，强调社会要求等外在影响，有明确的政治导向，往往要求旗帜鲜明，对于个体行为反映出来的世界观、价值观、道德观，符合导向的就给予公开性肯定、奖励，不符合的就予以公开性否定、批评，价值导向是“显性”的，有社会本位的倾向性，主要有说服教育、批评表扬、榜样示范、环境陶冶等方法，具有公开性、群众性等特点。

工作内容不同

心理健康教育工作主要包括建立学生心理档案、开设心理健康教育系列课程、开展心理健康团体训练、进行发展性心理咨询、进行个体心理咨询与危机干预等，主要内容包括；学习辅导、智力发展、人际关系、情感问题、人格辅导、择业辅导、心理障碍的矫治等，不直接解决政治观点、政治立场问题。思想政治教育工作的内容主要包括：爱国主义、集体主义、社会主义思想道德规范、劳动观念及社会主义民主和法制等，关注的是社会对个人的政治、思想、行为规范方面的要求，不解决学生焦虑、强迫、厌食等心理卫生方面的问题。

二、大学生心理咨询的作用

心理咨询能够为大学生提供全新的人生经验和体验。那些由于心理问题而遇到麻烦的大学生，可以在心理咨询师的帮助下逐渐改变与外界格格不入的思维、情感和反应方式，并学会与外界相适应的方式。有的大学生通过一次或数次心理咨询，提高了认识，发展了人格，促进了自身的成长和成熟。

1. 建立新的人际关系

咨询关系是一种诚实的人际关系。心理咨询师总是带着善意、真诚的态度回答来访大学生的问题。咨询过程也为来访的大学生提供了真诚交流的机会。咨询关系是一种相互理解的人际关系。为了达到帮助对方的目的，咨询师要想方设法理解对方。咨询关系是鼓励人们勇敢地自我表现的人际关系。在与咨询师的关系中，大学生可以直抒胸臆而不必承担破坏性的后果。在咨询中，大学生可以做出任何过激的或者冷淡的反应，他们的真诚的付出不需要代价，咨询师常常用积极的态度回应。咨询关系促使大学生做出新的反应。

咨询师对来访大学生做出的反应是崭新的、具有建设性的，并且促使来访大学生自我理解，增进了来访大学生的自尊、自信和独立自主的精神，并有利于其潜力的发挥。来访大学生能够把他与咨询师的关系以及发展关系的经验，成功地应用于其他人际关系之中。

2.辨明问题，认识内部冲突

大学生的许多心理问题并非心理疾病，它们是在纷繁复杂的社会生活中引发的，有些是与学习有关的心理问题，如学习动机、厌学情绪、考试焦虑等；有些是与自我观念有关的心理问题，如自卑、自恋、自傲、自闭等；有些是人际交往中产生的心理问题，如交往焦虑、回避交往、对人敌意、过分依赖等。心理咨询可以帮助来访大学生认识到，其实大部分心理问题并不是源于外部世界，而是源于自己尚未解决的内部冲突。通过心理咨询，大学生可以逐渐认识到，只要改变了自己的内部冲突，不仅问题可以解决，自己也变得更加坚强。

3.深化自我认识

心理咨询中这样的一种经验，它可以引导大学生去发现真实的自我并相应地生活。通过对大学生咨询实践的总结，我们发现，来访大学生关于自我的问题不外三种：有的大学生能明确认识自己，但却要制造假象给别人看；有的大学生自认为认清了自己，但实际上并非如此；有的大学生则对自己迷惑不解，不知道自己到底是什么样的人。

通过咨询，来访大学生可以真正地认识到自己的需要、价值观、态度、动机、长处和短处，而且可以根据自己的心理状况设计自己的行为，从而使自己成长并获得最大的进步。这也意味着，心理咨询不仅可以帮助来访大学生认清自己，还可以促进自己根据这个真实的自我同别人交往，进行社会活动。

4.学会面对现实问题

学校的心理咨询主要属于发展性咨询，即主要帮助来访者解决在成长过程中产生的各种心理问题，而不是治疗精神疾病。心理咨询可以帮助来访大学生更加有效地面对现实问题，从而把身心集中到现在，对此时、此地的体验敞开胸怀，用双眼看、双耳听，不因过去曾经发生的事情而后悔，也不为将来没有发生的事情而忧虑。

5.增加心理自由度

心理咨询允许人们有不足，并且帮助来访大学生明白，一个人成长的道路总是与不完善和不足相伴的，而一旦这些人按照他们自身的本性自然而然地成长起来的时候，他们就有更大的自由去享受生活了。

6.纠正错误观念，尝试新的有效的行为

许多前来咨询的大学生头脑里存在着不同性质的错误观念，正是这些错误观念导致了大学生各种心理问题的产生。心理咨询也许可以使来访大学生有生以来第一次有机会审视其思想观念和理解的准确性，使来访大学生对错误的观念进行反思，尝试新的有效的行为，如友好关系的体验、成就感等。

三、走出大学生心理咨询的误区

大学生正处于身体发育和人格发展的关键时期，在这一时期，心理上比较敏感，认识也不够成熟，产生这样那样的心理问题是必然的。但对心理咨询常有以下几方面的误解。

1. 只有心理有问题的学生才去心理咨询

日常生活中，很多有心理问题的大学生不敢去心理咨询，怕有人说自己神经有毛病、精神有问题；而有些精神病人为逃避社会舆论压力却到咨询中心求助。这两者看法都不正确，按心理咨询的要求，心理咨询对象是生理正常而心理不健康的人，即有心理问题、心理障碍者。而生理异常的心理疾病则不属心理咨询范畴，需要采取生物医学模式的心理疾病治疗。

2. 心理咨询就是安慰聊天、同情来访者

心理咨询是以求助者为中心，通过对求助者的启发帮助，促使其自我探索、自我发现、实现自我、完善人格，是助人自助的过程，不是安慰和同情，也不是强加于人的说教。

3. 心理咨询就是逻辑分析

心理咨询需要站在客观的立场分析问题，更需要咨询师与求助者的互动。良好的咨访关系是很重要的，否则，再好的咨询技术也无用武之地。

4. 心理咨询就是替人解决问题

心理咨询只解决来访者的心理问题。在咨询过程中，来访者是主体，咨询师协助、启发来访者自我探索，实现自助，是个体自觉能动的过程。同时，咨询效果取决于来访者的积极配合。

5. 心理咨询就是信息提供过程

心理咨询提供的信息并不是心理咨询的主要内容，它更强调通过构建咨询师与来访者之间的积极关系解决问题，不同于其他行业的信息咨询。

第三节　大学生心理咨询与心理辅导的内容与类型

一、大学生心理咨询与辅导的内容

大学生自我定位较高，成才欲望较强，但社会阅历比较浅，心理发展并不成熟，极易出现情绪波动。随着经济社会的发展，特别是涉及大学生切身利益的各项改革措施的实行，大学生面临的社会环境、家庭环境和学校环境日益纷繁复杂，同时又面临着学习、就业、经济和情感等方面的压力，不可避免地会形成各种各样的心理问题，急需疏导和调节。这就要求我们要加强研究新时期人才需求的特点，并据此确定当前大学生心理咨询与辅导的主要内容。

1. 认知发展教育。认知发展教育是使大学生了解认知发展规律、特点及自身认知心理发展的水平。通过心理学知识的学习和技能训练，使之正确认识自我，纠正自身幼稚的或不成熟的想法，并学会冷静、科学和客观的分析和思考所面临的各种问题。

2. 情绪稳定教育。情绪稳定教育是使大学生了解人的情绪变化的特点，情绪波动的有效控制方法，使其学会调节自己的心境，形成适度的情绪反应和较强的抗挫折能力。避免情绪失衡所造成的大起大落或两极化波动，培养积极、开朗、乐观的情绪状态。

3.意志优化教育。意志优化教育是使大学生充分了解意志在成才中的作用以及自身意志品质的弱点，提高大学生勇于克服困难的主观能动性，使之逐渐养成果断、坚毅、有恒与自制等良好意志品质。

4.人际和谐教育。人际和谐教育是通过学习和训练，帮助大学生掌握人际交往的特点和规律、人际交往的艺术和技能，学会欣赏他人和悦纳自己，富有同情心或人情味，在群体中与人和睦相处。

5.积极适应教育。积极适应教育是使大学生从思想上理智地接受和面对自身、环境及社会的各种变化，主动、积极地排解心理困扰和压力，保持良好或平和的心理状态。同时还要使大学生充分认识到青春期的特殊生理、心理变化特点，从而顺利地度过青春期。

6.主体幸福感教育。主体幸福感立足于个体的主观感受，尊重个体对自己生活的评价与体验。对大学生主观幸福感进行教育，有助于大学生深入而自觉地把握自己的主观生活状态，使其更经常地使用积极的策略应对生活，较多地体验愉快情绪，较少地体验不快，这种状态将有利于大学生心理潜能的发挥。因此，有意识地提高大学生的主观幸福感对于帮助大学生更好地适应与应对人生挫折，使生活更加充实美好有重要意义。

二、大学生心理咨询的类型

心理咨询按照不同的标准可以划分出很多种类型。

1.按咨询的内容划分

心理咨询按其内容可分为障碍咨询和发展咨询。

障碍咨询是针对存在不同程度心理障碍的来访者进行的咨询，即存在程度不同的非精神病性的心理障碍、心理生理障碍者。目的在于宣泄来访者的消极情绪，改变来访者在认知上的错误观念，缓解心理压力并确立正确合理的思考方向和方法，指导来访者进行有效的自我调控，激发来访者的自愈机制与潜能，帮助来访者重新建立包括和谐的人际关系在内的良好的社会适应行为。

发展咨询主要针对希望开发自己潜能并能作出更好选择的来访者所进行的咨询，主要是帮助来访者更好地认识自己和社会，充分开发心理潜能，增强适应能力，提高自我生活质量，促进人的全面发展。发展咨询所涉及的内容十分广泛，凡是在人生各时期出现的各种心理问题都属于咨询的范围，如工作、学习、恋爱、婚姻、家庭生活和职业选择等。目的在于帮助来访者了解心理发展的规律，重视自己在心理发展过程中已经出现或将要出现的各种发展性心理问题，并提供有效的处理方法，使其更好地认识自我、防患于未然，同时，帮助来访者充分挖掘潜在能力，从而更好地适应环境，促进自我更健全地发展。

2.按咨询对象的数量划分

心理咨询根据咨询对象的数量可分为个别咨询和团体咨询。

个别咨询是咨询者与来访者之间的单独咨询，由来访者单独向咨询机构提出咨询要求，由单个咨询者出面解答、劝导和帮助的一种形式。这也是心理咨询中最常见的形式。其优点是针对性和保密性好，咨询效果明显，但咨询的成本较高，需要双方投入较多的时间和精力。

团体咨询亦称集体咨询、群体咨询或小组咨询，是在团体情景下提供心理帮助与指导的一种咨询形式。由咨询者根据来访者问题的相似性组成小组，通过团体内人际的交互作用，促使个体在交往中通过观察、学习和体验，认识自我、探讨自我、接纳自我并且了解他人心理，从而达到改善人际关系、增加社会适应性、促进人格成长的目的。其突出的优点是咨询面广、咨询成本低，对某些心理问题或心理障碍效果明显优于个别咨询。不足之处是同一类问题也可能因个体差异而表现出不同，单纯的团体咨询往往难以兼顾每个个体的特殊性。另外，保密性也较个别咨询差。

3. 按咨询的途径划分

心理咨询按其途径可分为门诊咨询、书信咨询、电话咨询、专栏咨询、现场咨询和网络咨询。

门诊咨询是通过医院的心理咨询门诊或专门的心理咨询机构进行的咨询。其面谈咨询的形式，可以使来访者充分详尽地倾诉，并且咨询者可对来访者进行直接观察，有利于掌握来访者的全面情况，从而深入地为来访者提供有效的帮助。

书信咨询是针对来访者来信描述的情况和提出的问题，咨询者以通信方式解答其疑难问题，对其进行疏导教育的一种形式。其优点是可以打破地域的限制和在来访者不愿向咨询者当面倾诉的情况下应用。不足之处：一是由于双方不能直接面谈，不利于咨询者深入了解情况，很难进行具体指导；二是受来访者文字表达能力的限制等原因，咨询者可能无法把握来访者问题的关键，从而影响咨询效果。

电话咨询是利用电话的通话方式对咨询对象给予劝告、安慰、鼓励和指导，是一种较为方便而又快捷的心理咨询方式。这种形式主要用于防止咨询对象由于心理危机的一时冲动而酿成悲剧。其隐蔽性和保密性强的特点深受咨询对象的喜爱。

专栏咨询是通过报刊、广播和电视等大众媒介对群体的典型心理问题进行公开解答的一种形式。其优点是受益面广，具有治疗与预防并重的功能，但同时也存在模糊和泛泛而论的缺陷。

现场咨询是咨询者深入到基层，如学校、家庭、工厂、农村和企业等实际现场，对广大来访者提供多方面服务的一种咨询形式。

网络咨询是利用网络为咨询对象提供有效帮助的一种形式。网络以其极强的保密性、互动性、隐蔽性、快捷性和实时性，为心理咨询提供了无限发展的空间。通过网络，咨询对象可以毫无顾忌地倾诉和暴露自己存在的问题，从而使咨询者能在短时间内掌握其基本情况并做出适时分析和判断，从而做出切合实际的引导和处理。随着互联网技术的发展和普及，各高校已相继建成校园网。因此，大学生心理咨询工作要充分利用网络的优势，促进网络心理教育的健康发展。

4. 按咨询的内容划分

根据美国心理学家联合会（APA）出版的《咨询心理学手册》（The Handbook of Counseling Psychology）规定，咨询心理学在总体上可以被分为两部分：其一是与个人发展有关的各类咨询，包括儿童行为问题、婚姻恋爱问题、环境适应问题和老人问题等；其二是与个人职业活动有关的各类咨询，包括职业能力评价、适应指导和调适等。因此可以看出心理咨询几乎直接服务于人类生活的各个方面。

三、大学生常见心理障碍

（一）强迫症

强迫症是神经症的一个亚型，指一种以强迫症状为主的神经症，其特点是有意识的自我强迫和反强迫并存，二者强烈冲突使病人感到焦虑和痛苦。病人体验到观念或冲动系来源于自我，但违反自己意愿，虽极力抵抗，却无法控制；病人也意识到强迫症状的异常性，但无法摆脱。病程迁延者以仪式动作为主而精神痛苦减轻，但社会功能严重受损。强迫症的共同特点包括：

1.患者意识到这种强迫观念、意向和动作是不必要的，但不能为主观意志加以控制。

2.患者为这些强迫症状所苦恼和不安。

3.患者可仅有强迫观念或强迫动作，或既有强迫观念又有强迫动作，强迫动作可认为是为了减轻焦虑不安而做出来的准仪式性活动。

4.患者自知力保持完好，求治心切。

（二）焦虑症

焦虑症是一种以焦虑情绪为主的神经症。主要分为惊恐障碍和广泛性焦虑两种。焦虑症的焦虑症状是原发的，凡继发于高血压、冠心病、甲状腺机能亢进等躯体疾病的焦虑应诊断为焦虑综合征。其他精神病理状态如幻觉、妄想、强迫症、疑病症、抑郁症、恐惧症等伴发的焦虑，不应诊断为焦虑症。广泛性焦虑又称慢性焦虑症，是焦虑症最常见的表现形式，指一种以缺乏明确对象和具体内容的提心吊胆，及紧张不安为主的焦虑症，并有显著的植物神经症状、肌肉紧张，及运动性不安。病人因难以忍受又无法解脱，而感到痛苦。惊恐障碍又称急性焦虑障碍，是一种以反复的惊恐发作为主要原发症状的神经症。这种发作并不局限于任何特定的情境，具有不可预测性。惊恐发作作为继发症状，可见于多种不同的精神障碍，如恐惧性神经症、抑郁症等，并应与某些躯体疾病鉴别，如癫痫、心脏病发作、内分泌失调等。焦虑症的临床表现主要有两类：

1.广泛性焦虑症(Generalized anxiety disorders)：占焦虑症的57%。临床表现包括：①心理障碍：担心、紧张、害怕，终日心烦意乱、忧心忡忡，坐卧不安，似有大祸临头之感；有的患者不能明确意识到他担心的对象或内容，而只是一种提心吊胆、惶恐不安的强烈内心体验，称为自由浮动性焦虑。有的患者担心的或许是现实生活中可能发生的事情，但其担心、焦虑和烦恼的程度与现实很不相称，称为预期焦虑。②躯体症状：以交感神经系统活动过度为主，如心动过速、皮肤潮红或苍白，口干，便秘或腹泻，出汗，尿意频繁等，有的患者可出现早泄、阳痿、月经紊乱等。运动性不安，表现为无目的的小动作增多，搓手顿足，来回走动，静不下来，有的病人表现舌、唇、指肌或肢体的震颤。另外，患者还常表现有胸骨后的压缩感，伴有气短。肌肉紧张、酸痛、紧张性头痛等。③觉醒度提高：表现为过分的警觉，对外界刺激敏感，对声音过敏，容易出现惊跳反应；易激动、注意力不集中；难以入睡，睡中易惊醒；有的患者还能感受到自身肌肉的跳动、血管的搏动等。④其他症状：患者常合并疲劳、抑郁、恐惧等症状。

2.惊恐发作(Panic attack)：约占焦虑症的41.3%。临床表现包括：①明显的植物神经症状，如心悸，剧烈的心跳、心慌、呼吸困难、胸闷、胸痛、头痛、头昏、眩晕、四肢发麻，不能控制的发抖出汗。②有濒死之感、感到灾难将至，四处奔走、惊叫、呼救。③常起病急骤，终止也迅速，发作时短则5～20分钟，长可达数小时，有时发作后可数天卧床不起。约60%的患者由于担心发病时得不到帮助而产生回避行为，如不敢单独出门等。

（三）抑郁症与恶劣心境

一般人们说"抑郁症"包括上述的"抑郁发作"和"恶劣心境"，而按照专业分类，"抑郁症"是指"抑郁发作"。恶劣心境与抑郁症也是大学生常见的心理障碍，主要临床表现在以下几个方面。

1.躁狂发作：已称为躁狂症

典型症状为"三高"：①情感高涨：患者主观体验特别愉快，自我感觉良好，整天兴高采烈，得意洋洋，笑逐颜开，洋溢着欢乐的风趣和神态，感到无比幸福，而且有一定的感染力。患者常伴有情绪不稳、变幻莫测，时而欢乐愉悦，时而激动暴怒，甚至可出现破坏及攻击行为，但常常很快转怒为喜或赔礼道歉。②思维活动加速：思维奔逸、随境转移、音联、意联，患者自觉才思敏捷，思维内容丰富多变，头脑中的概念接踵而至，有时感到自己的舌头在和思想赛跑，常表现为言语增多、滔滔不绝、手舞足蹈、眉飞色舞。③活动增多：表现精力旺盛，兴趣范围广，动作快速敏捷，活动明显增多，爱管闲事，乱开玩笑，当众表演，任意挥霍，过分慷慨，随意送人礼物，狂妄自大，专横跋扈，整天忙忙碌碌，但做事虎头蛇尾，有始无终，一事无成。

另外，不少患者还常见思维内容障碍如夸大观念、夸大妄想，过分夸大自己的才智、背景、身份、地位、经济能力等；并伴有躯体症状，常见交感神经兴奋症状如便秘等，食欲增加，性欲亢进，睡眠需要减少，因体力过度消耗，体重减轻，然而患者仍是红光满面、神采奕奕。

躁狂发作包括轻躁狂、无精神病性症状的躁狂、有精神病性症状的躁狂、复发性躁狂。

2.抑郁发作：亦称为抑郁症

典型症状为"三低"：①情感低落：较重的患者终日忧心忡忡、以泪洗面、痛不欲生、悲观绝望、愁眉苦脸、唉声叹气，较轻者整天闷闷不乐、郁郁寡欢，对任何事情都不感兴趣，对平时爱好的活动也觉得乏味，感到"高兴不起来"。②思维迟缓：患者自觉"特别笨"、"脑子开动不了"，反应迟钝，思路闭塞，表现为主动语言减少，语速明显变慢，声音低沉，工作和学习能力下降。③意志活动减少：患者表现为行动缓慢，不想做事，不愿和周围人接触交往，常独坐一边，或终日卧床，不愿外出，回避社交，不愿参加活动。

不少患者还伴有思维内容障碍，常见自责自罪观念或妄想，轻者感到自己无能、无所作为，连累了家庭和社会，没有前途，重者觉得自己罪大恶极、罪恶滔天、不可饶恕，还有的病人有厌世想法、自杀打算。自杀企图与自杀行为是抑郁发作最危险的症状。

另外，抑郁患者还常见躯体症状，如躯体不适，这种不适可涉及身体各器官，食欲和性欲均下降，体重减轻，入睡困难和早醒，有的抑郁患者以躯体不适为主要临床表现，上述"三低"表现并不明显，曾被称为"隐匿性抑郁"。而抑郁的睡眠障碍主要表现为早醒，一般比平时早醒2～3小时，醒后不能再入睡，这对抑郁发作诊断有特征性意义。而少数患者表现为睡眠过多。

抑郁发作包括轻抑郁、无精神病性症状的抑郁、有精神病性症状的抑郁、复发性抑郁。

3.双相障碍

双相障碍的临床特点表现为反复(至少两次)出现心境和活动水平明显紊乱的发作,有时表现为躁狂,有时表现为抑郁,发作间期通常以完全缓解为特征。

4.环性心境障碍

环性心境障碍的临床特点表现为情感高涨与低落反复交替出现,但程度较轻,且均不符合躁狂或抑郁发作时的诊断标准。轻度躁狂发作时患者感到相当愉悦、活跃和积极,并在社会生活中会作出一些承诺;但转变为抑郁时,不再乐观自信,甚至有点悲观、痛苦,有失败感。其主要特征是持续性心境不稳定,一般心境相对正常的间歇期可长达数月。这种心境的波动与生活应激无明显关系,而与患者的人格特征有密切关系。

5.恶劣心境

恶劣心境是以持久的心境低落状态为主的轻度抑郁,常伴有焦虑、躯体不适感和睡眠障碍,生活不受严重影响,患者有求治要求。无明显的精神运动性抑制或精神病性症状,从不出现躁狂。在我国 CCMD－2－R 里无此类型,而称之为“抑郁性神经症”归入神经症中。但在 CCMD－3 中恶劣心境已被列为心境障碍的一个亚型。

患者在大多数时间里,感到心情不好,沉重沮丧,周围一片灰暗,看事物总像戴着一副墨镜;常感到精神疲惫、能力下降、精力不足;对工作缺乏热情和兴趣,自信降低,对未来悲观失望。抑郁程度加重时也会有轻生念头。常感到躯体不适,如便秘或腹泻、胃肠不适、头痛、背痛、四肢痛等,睡眠障碍以入睡困难、噩梦、睡眠较浅为特点。尽管如此,患者的工作、学习、生活能力、社会功能无明显受损,知道自己心情不好,主动要求治疗,有自知力。病程较长,多在两年以上。

心境障碍患者的体格检查、神经系统检查、实验室检查及其他特殊检查无异常所见。

16～25 岁首次发病最多,病程多为发作性,预后一般较好。

主要参考文献

彭聃龄.普通心理学[M].北京:北京师范大学出版社,2001.

林崇德.发展心理学[M].杭州:浙江教育出版社,2002.

黄希庭.心理学导论[M].北京:人民教育出版社,1991.

黄希庭.人格心理学[M].台北:华东书局,1998.

车文博.心理咨询大百科全书[M].杭州:浙江科学技术出版社,2001.

冯江平.挫折心理学[M].太原:山西教育出版社,1991.

车文博.心理学原理[M].哈尔滨:黑龙江人民出版社,1997.

张春兴.现代心理学[M].上海:上海人民出版社,1994.

张 玲.心理健康研究与指导[M].北京:教育科学出版社,2001.

李平收.青年战胜挫折能力训练教程[M].北京:知识出版社,2002.

时蓉华.新编社会心理学[M].上海:东方出版中心,1998.

蔡秀玲,杨智馨.情绪管理[M].合肥:安徽人民出版社,2001.

孟绍兰.人类的情绪[M].上海:上海人民出版社,1989.

孟绍兰.普通心理学[M].北京:北京大学出版社,1994.

沙莲香.社会心理学[M].北京:中国人民大学出版社,2002.

彭泗清.超越焦虑[M].上海:上海三联书店,2000.

卢家楣.情感教学心理学[M].上海:上海教育出版社,2000.

游一行.你为什么还没有成功[M].北京:石油工业出版社,2005.

李心天.医学心理学[M].北京:人民卫生出版社,1991.

白玉群.大学生心理健康教育[M].上海:复旦大学出版社,2005.

周家华.大学生心理健康教育[M].北京:清华大学出版社,2007.

钟向阳.大学生挫折管理与辅导[M].北京:北京师范大学出版社,2010.

申继亮.大学生心理健康教育读本[M].北京:高等教育出版社,2007.

陈鸿.大学生心理健康与自我调适[M].兰州:兰州大学出版社,2009.

[美]马斯洛(许金声等译).动机与人格[M].北京:华夏出版社,1987.

[美]克劳德·史坦纳.别再闹情绪[M].桂林:广西师范大学出版社,2001.

[美]M.艾森克.心理学——一条整合的途径[M].上海:华东师范大学出版社,2000.

[美]丹尼尔·戈尔曼.情感智商[M].上海:上海科学技术出版社,1997.

打造学术精品　服务教育事业

河南大学出版社
读者信息反馈表

尊敬的读者：

感谢您购买、阅读和使用河南大学出版社的＿＿＿＿＿＿＿＿一书，我们希望通过这张小小的反馈表来获得您更多的建议和意见，以改进我们的工作，加强我们双方的沟通和联系。我们期待着能为您和更多的读者提供更多的好书。

请您填妥下表后，寄回或发 E－mail 给我们，对您的支持我们不胜感激！

1. 您是从何种途径得知本书的：

　□书店　□网上　□报刊　□图书馆　□朋友推荐

2. 您为什么决定购买本书：

　□工作需要　□学习参考　□对本书感兴趣　□随便翻翻

3. 您对本书内容的评价是：

　□很好　□好　□一般　□差　□很差

4. 您在阅读本书的过程中有没有发现明显的专业及编校错误，如果有，它们是：

＿＿＿＿＿＿＿＿＿＿＿＿＿＿＿＿＿＿＿＿＿＿＿＿＿＿＿＿＿＿

＿＿＿＿＿＿＿＿＿＿＿＿＿＿＿＿＿＿＿＿＿＿＿＿＿＿＿＿＿＿

＿＿＿＿＿＿＿＿＿＿＿＿＿＿＿＿＿＿＿＿＿＿＿＿＿＿＿＿＿＿

5. 您对哪一类的图书信息比较感兴趣：＿＿＿＿＿＿＿＿＿＿＿＿＿＿＿＿

＿＿＿＿＿＿＿＿＿＿＿＿＿＿＿＿＿＿＿＿＿＿＿＿＿＿＿＿＿＿

6. 如果方便，请提供您的个人信息，以便于我们和您联系（您的个人资料我们将严格保密）：

　您供职的单位：＿＿＿＿＿＿＿＿＿＿＿＿＿＿＿＿＿＿＿＿＿＿＿＿

　您教授的课程（老师填写）：＿＿＿＿＿＿＿＿＿＿＿＿＿＿＿＿＿＿

　您的通信地址：＿＿＿＿＿＿＿＿＿＿＿＿＿＿＿＿＿＿＿＿＿＿＿＿

　您的电子邮箱：＿＿＿＿＿＿＿＿＿＿＿＿＿＿＿＿＿＿＿＿＿＿＿＿

请联系我们：

电话：0371－86059712　0371－86059713　0371－86059715

传真：0371－86059713

E－mail：spengw@163.com

通讯地址：河南省郑州市郑东新区 CBD 商务外环路商务西七街中华大厦 2304 室

河南大学出版社高等教育出版分社